计算机科学与技术专业核心教材体系建设 —— 建议使用时间

机器学习
物联网导论
大数据分析技术
数字图像技术

计算机图形学

人工智能导论
数据库原理与技术
嵌入式系统

计算机体系结构

计算机网络

计算机系统综合实践

操作系统

计算机原理

软件工程综合实践

软件工程
编译原理

算法设计与分析

数据结构

面向对象程序设计
程序设计实践

计算机程序设计

数字逻辑设计
数字逻辑设计实验

电子技术基础

离散数学(下)

离散数学(上)
信息安全导论

大学计算机基础

四年级下　四年级上　三年级下　三年级上　二年级下　二年级上　一年级下　一年级上　课程系列

选修系列　应用系列　系统系列　程序系列　电类系列　基础系列

面向新工科专业建设计算机系列教材

数字媒体技术导论
（微课版）

晏 华 邱 航 周 川◎编著

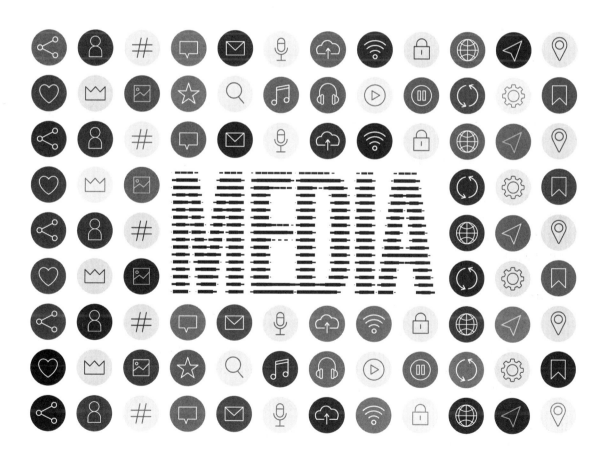

清华大学出版社
北京

内 容 简 介

数字媒体技术是依托计算机科学与技术，融合传媒学与艺术为一体的多学科交叉专业。本书以引导学生进入专业学习，培养学生专业兴趣为主要任务，简要介绍了与专业相关的计算机基础知识与数字媒体技术。其中，第1～4章，从计算机的信息表示开始，由内向外描述了现代计算机系统的主要层次和相关概念与术语；第5章介绍了传媒学的基础概念与数字媒体行业应用领域与发展；第6章介绍了数字媒体类设备；第7～9章介绍了音视频原理、图形图像技术的基本概念；第10章和第11章介绍了数字媒体技术的热门应用数字游戏与虚拟现实相关的理论基础。

本书写作力求语言通俗易懂，文字简洁，描述清晰，为数字媒体技术专业及相关专业新生建立数字媒体技术专业的知识架构，贯通相关知识。

图书在版编目（CIP）数据

数字媒体技术导论：微课版/晏华，邱航，周川编著. —北京：清华大学出版社，2023.4（2023.11重印）
面向新工科专业建设计算机系列教材
ISBN 978-7-302-62843-9

Ⅰ.①数…　Ⅱ.①晏…②邱…③周…　Ⅲ.①数字技术－多媒体技术－高等学校－教材
Ⅳ.①TP37

中国国家版本馆 CIP 数据核字（2023）第 035279 号

责任编辑：白立军
封面设计：刘　乾
责任校对：徐俊伟
责任印制：沈　露

出版发行：清华大学出版社
　　　　　网　　　址：http://www.tup.com.cn，http://www.wqbook.com
　　　　　地　　　址：北京清华大学学研大厦 A 座　　　　　**邮　　　编**：100084
　　　　　社 总 机：010-83470000　　　　　**邮　　　购**：010-62786544
　　　　　投稿与读者服务：010-62776969，c-service@tup.tsinghua.edu.cn
　　　　　质量反馈：010-62772015，zhiliang@tup.tsinghua.edu.cn
　　　　　课件下载：http://www.tup.com.cn，010-83470236
印 装 者：三河市龙大印装有限公司
经　　销：全国新华书店
开　　本：185mm×260mm　　　**印　张**：19.75　　　**插　页**：1　　　**字　　数**：498 千字
版　　次：2023 年 4 月第 1 版　　　　　　　　　　　　　　　　　**印　　次**：2023 年 11 月第 2 次印刷
定　　价：69.00 元

产品编号：085374-01

出版说明

一、系列教材背景

人类已经进入智能时代,云计算、大数据、物联网、人工智能、机器人、量子计算等是这个时代最重要的技术热点。为了适应和满足时代发展对人才培养的需要,2017 年 2 月以来,教育部积极推进新工科建设,先后形成了"复旦共识""天大行动"和"北京指南",并发布了《教育部高等教育司关于开展新工科研究与实践的通知》《教育部办公厅关于推荐新工科研究与实践项目的通知》,全力探索形成领跑全球工程教育的中国模式、中国经验,助力高等教育强国建设。新工科有两个内涵:一是新的工科专业;二是传统工科专业的新需求。新工科建设将促进一批新专业的发展,这批新专业有的是依托于现有计算机类专业派生、扩展而成的,有的是多个专业有机整合而成的。由计算机类专业派生、扩展形成的新工科专业有计算机科学与技术、软件工程、网络工程、物联网工程、信息管理与信息系统、数据科学与大数据技术等。由计算机类学科交叉融合形成的新工科专业有网络空间安全、人工智能、机器人工程、数字媒体技术、智能科学与技术等。

在新工科建设的"九个一批"中,明确提出"建设一批体现产业和技术最新发展的新课程""建设一批产业急需的新兴工科专业"。新课程和新专业的持续建设,都需要以适应新工科教育的教材作为支撑。由于各个专业之间的课程相互交叉,但是又不能相互包含,所以在选题方向上,既考虑由计算机类专业派生、扩展形成的新工科专业的选题,又考虑由计算机类专业交叉融合形成的新工科专业的选题,特别是网络空间安全专业、智能科学与技术专业的选题。基于此,清华大学出版社计划出版"面向新工科专业建设计算机系列教材"。

二、教材定位

教材使用对象为"211 工程"高校或同等水平及以上高校计算机类专业及相关专业学生。

三、教材编写原则

(1) 借鉴 *Computer Science Curricula* 2013(以下简称 CS2013)。CS2013

的核心知识领域包括算法与复杂度、体系结构与组织、计算科学、离散结构、图形学与可视化、人机交互、信息保障与安全、信息管理、智能系统、网络与通信、操作系统、基于平台的开发、并行与分布式计算、程序设计语言、软件开发基础、软件工程、系统基础、社会问题与专业实践等内容。

（2）处理好理论与技能培养的关系，注重理论与实践相结合，加强对学生思维方式的训练和计算思维的培养。计算机专业学生能力的培养特别强调理论学习、计算思维培养和实践训练。本系列教材以"重视理论，加强计算思维培养，突出案例和实践应用"为主要目标。

（3）为便于教学，在纸质教材的基础上，融合多种形式的教学辅助材料。每本教材可以有主教材、教师用书、习题解答、实验指导等。特别是在数字资源建设方面，可以结合当前出版融合的趋势，做好立体化教材建设，可考虑加上微课、微视频、二维码、MOOC 等扩展资源。

四、教材特点

1. 满足新工科专业建设的需要

系列教材涵盖计算机科学与技术、软件工程、物联网工程、数据科学与大数据技术、网络空间安全、人工智能等专业的课程。

2. 案例体现传统工科专业的新需求

编写时，以案例驱动，任务引导，特别是有一些新应用场景的案例。

3. 循序渐进，内容全面

讲解基础知识和实用案例时，由简单到复杂，循序渐进，系统讲解。

4. 资源丰富，立体化建设

除了教学课件外，还可以提供教学大纲、教学计划、微视频等扩展资源，以方便教学。

五、优先出版

1. 精品课程配套教材

主要包括国家级或省级的精品课程和精品资源共享课的配套教材。

2. 传统优秀改版教材

对于已经出版、得到市场认可的优秀教材，由于新技术的发展，计划给图书配上新的教学形式、教学资源的改版教材。

3. 前沿技术与热点教材

反映计算机前沿和当前热点的相关教材，例如云计算、大数据、人工智能、物联网、网络空间安全等方面的教材。

六、联系方式

联系人：白立军

联系电话：010-83470179

联系和投稿邮箱：bailj@tup.tsinghua.edu.cn

面向新工科专业建设计算机系列教材编委会

2019 年 6 月

面向新工科专业建设计算机系列教材编委会

FOREWORD

前言

1. 本书读者对象

本书是一本关于数字媒体技术概念与基础知识的书籍,概述了作为数字媒体行业支撑技术的计算机入门概念与基础,同时讲解了与数字媒体紧密相关的音视频、图形图像等基础知识。本书既可用作高等院校数字媒体技术专业新生的导论教材,也可用作数字媒体艺术专业学生的专业教材,还可用作对数字媒体技术感兴趣的其他领域读者的自学指南。

2. 本书特色

数字媒体技术专业是近年来国内高校新开设的专业,由于开设时间短,教材数量相对一些成熟专业而言并不多。此外,数字媒体技术专业的教学内容需要多学科的综合,因而需要在教学体系和教学内容上进行新的探索。为了满足新工科人才培养的要求,本书作者根据多年的教学经验及在对现有数字媒体导论教材调研的基础上,建立了新的数字媒体技术导论教材写作思路,即强调数字媒体技术是计算机科学与技术的二级学科,要求数字媒体技术专业学生掌握计算机基础知识,同时掌握数字媒体热门应用与相关计算机技术的关系。

作为面向新工科的教学,为数字媒体技术专业学生开设导论课程,勾画专业的整体框架,其重要性毋庸置疑。数字媒体技术导论课程以引导学生进入专业学习研究,培养学生专业兴趣为主要任务。本书以数字媒体热门应用为话题,探讨背后的计算机支撑技术,全书分为计算机基础和数字媒体技术概论两篇。计算机基础篇从计算机的信息表示开始,由内向外简要介绍现代计算机系统的主要层次和相关概念与术语。数字媒体技术概论篇主要从技术的角度探讨了音频、图像与视频、图形基础概念与动画、数字游戏、虚拟现实等应用相关的理论基础与发展现状,试图为专业新生了解和贯通数字媒体技术专业的相关领域知识和技术发展趋势打下坚实的基础。

本书的特色主要包括以下几个方面。

(1)体系新颖。本书分为两篇,将计算机基础知识与数字媒体技术核心话题分开描述,力图使读者全面认识和深入理解数字媒体技术与计算机科学的关系。

（2）内容丰富。既有以计算机系统的结构为线索分层描述的计算机软、硬件基础知识，也有人类传播学的发展史、数字媒体概念与应用，还分章讨论了数字媒体技术的热门核心话题：数字音频、数字图像与视频、计算机图形学与动画、数字游戏与虚拟现实。

（3）兼顾理论性与实用性。在本书的编写过程中参阅了大量文献，对书中专业术语的描述力求概念准确，同时列举读者日常生活中熟悉的例子帮助理解。特别是数字媒体技术部分的核心话题，既有理论基础的介绍，又有数字作品设计与制作相关的流程及开发工具的概述。

（4）通俗易懂。本书写作充分考虑专业新生的实际情况，力求语言通俗易懂，文字简洁，知识脉络清晰，使学生了解各项话题及与后续课程的衔接关系。

3. 教材内容

教材共分两篇11章，前4章为计算机基础知识部分，后7章为数字媒体技术相关内容。

第1章　计算机概述，讲述计算机的发展史，从机械计算机到电子计算机的问世，简要描述计算机硬件和软件的发展进程，讨论计算机系统的分层结构，介绍计算机科学的学科分支情况。

第2章　信息的表示，给出数制系统的定义，重点讲述二进制、八进制、十进制和十六进制的定义和相互转换步骤，给出信息分类，重点介绍数值数据在计算机中的表示和存储方法，包括原码、反码和补码的编码方法及文本的两种编码标准。

第3章　计算机硬件基础，介绍晶体管、门电路和集成电路的概念，在此基础上讲述CPU芯片的概念、性能指标和发展历程。重点讲解冯·诺依曼(John von Neumann)体系结构的概念及该结构下各部件的功能和相关设备，简要介绍其他体系结构。

第4章　计算机软件基础，介绍软件的概念，讲述程序语言的定义和类型，编译执行与解释执行的概念，算法的定义和表示方法、算法的设计方法、数据结构与抽象数据类型的概念，算法、数据结构和编程语言的关系，详细介绍操作系统的功能和演变过程，选择人工智能、信息系统、仿真和计算机安全4个应用方向进行简要介绍，最后讲述计算机网络相关的概念和术语。

第5章　数字媒体概述，介绍人类传播学发展史，讲述媒体的定义和技术角度的媒体分类，重点讲述数字媒体的概念、特性、传播模式、数字媒体技术的研究内容以及数字媒体的应用领域及产业发展状况。

第6章　数字媒体类设备，主要介绍数字媒体计算机系统常用输入设备、输出设备、存储设备和传输设备。

第7章　数字音频，介绍声音的声学特性，音频和数字音频的概念，数字音频采集、处理和播放设备，讲述音频的数字化原理，音频编码原理，并介绍常见音频编码标准和音频处理软件。

第8章　数字图像与视频，讲述图像基本概念与颜色模型，图像信息的存储标准和压缩方法，介绍常用的图像处理软件，讲述视频的基本概念，视频的存储文件格式和压缩方法，介绍常用的视频处理软件。

第9章　计算机图形学与动画，讲述计算机图形学的概念、主要研究内容和应用领域，介绍动画的原理和发展历史，讲述动画分类和常用计算机动画设计软件。

第10章　数字游戏，讲述数字游戏的定义和发展历史，基于视角和内容的数字游戏分类，描述数字游戏开发流程，介绍数字游戏的开发环境，包括开发语言、开发工具包和游戏引擎。

第11章　虚拟现实，讲述虚拟现实和增强现实的基本概念，虚拟现实的发展历程，虚拟现实的分类，立体显示技术，介绍虚拟现实开发、虚拟现实硬件设备以及虚拟现实应用领域。

其中，第1～4章由晏华编写，第5～8章由周川编写，第9～11章由邱航、晏华编写。全书由晏华统稿，研究生徐慧慧协助编写第1～4章，冷凯轩、王丁东协助编写第5～8章，孙渊、陈梦蝶协助收集第9～11章的资料。

由于编者水平有限，成书时间仓促，数字媒体技术的不断更新和发展，书中难免存在不妥和错漏之处，敬请读者批评指正。

4. 致谢

在本书的编写过程中，得到了清华大学出版社的大力支持，并得到电子科技大学本科课程建设方面的支持，在此表示感谢。

编　者

2023 年 1 月

CONTENTS

目录

第1篇　计算机基础

第 2 篇　数字媒体技术概论

第 1 篇

计算机基础

本篇介绍计算机基础知识，从什么是计算，什么是计算机开始，依次回答初学者心中对计算机的种种疑问：为什么算盘是计算机？从键盘输入的字符，计算机怎么识别和存储呢？计算机主板上是哪些部件？学计算机就是学 C 语言、C++、Java 编程吗？为什么计算机要正常工作，都要装操作系统呢？个人计算机是如何跟互联网连接上的呢？本篇从计算机的信息表示开始，由内向外简要介绍现代计算机系统的主要层次和相关概念与术语。

第1章

计算机概述

当今社会,人们无论是在工作中还是生活上,随时都可能与计算机打交道,计算机已经成为了大家的"好伙伴"。例如,购物(票),看电影,听音乐,游戏,交友,资料的查阅、编辑和保存及数据计算等活动都依赖于计算机。计算机的产生和发展经历了漫长的阶段,最早的计算机可不是我们现在熟知的模样,那么,现代计算机是如何一步一步地演变出来的呢? 本章将概述计算机的发展史。

◆ 1.1 计算机的历史

要理解什么是计算机,首先要理解什么是计算,什么是自动计算。

计算,从数学的角度来看,是一种将单个或多个输入值转换为单个或多个结果的一种思考过程。这个思考过程可以是由人或者机器完成。我们的祖先使用手指(或石头)计数,手指(或石头)即是一种计算工具;由机器自动完成的计算过程称为自动计算。由此可以理解计算机是一种能执行自动计算的工具。

计算工具的演化经历了由简单到复杂、从低级到高级的不同阶段,例如,从"结绳计数"中的绳结到算筹、算盘、计算尺、机械计算机等。它们在不同的历史时期发挥了各自的历史作用,同时也启发了现代电子计算机的研制思想。

结绳计数是比手指更为牢靠的计数方法。相传波斯王大流士一世派军队去远征斯基福人,并命令他的卫队留下来保卫耶兹德河上的桥。他在皮带上拴了60个结交给他们说:"卫队的勇士们,拿着这根皮条,并按照我说的去做:从我宣布打斯基福那天起,你们每天解一个结,当这些结所表示的日子都已经过去时,你们就可以回家了。"原始社会生产力低下,接触的数很小,这种简陋计数方法已经足够。

算盘,如图 1-1 所示,是我国古代的重大发明之一。它是一种手动的辅助计算工具,具有结构简单,运算简易、携带方便的特点。在我国被广泛使用后,又流传到世界各地,为世界文明做出了重要贡献。一些早期的电子计算器做加减法时,它们的计算速度可能还不及一些算盘熟练操作者的计算速度。

随着社会的发展,更为先进的计数和运算工具被发明创造出来。回顾历史,可以粗略地将计算机的产生和发展过程分为三个阶段,即机械计算机阶段、电子计算机诞生前阶段以及电子计算机诞生后阶段。

图1-1　算盘

1.1.1　机械计算机

机械计算机主要指1930年以前的计算机发明。这个阶段的计算机,虽然与现代计算机没有相同之处,但也可以在早期电子计算机上发现它们的身影。这个阶段具有代表性的计算机包括:①帕斯卡加法器;②莱布尼茨机械式四则运算器;③巴比奇的木齿铁轮计算机;④赫尔曼·霍尔瑞斯的穿孔卡片制表系统。

1. 帕斯卡加法器

1623年,法国哲学家和数学家帕斯卡(Blaise Pascal)出生在一个数学家家庭,他的父亲是一名税务官。从小他就显示出对科学研究浓厚的兴趣,想为父亲制作一台可以计算税款的机器。1642年,19岁的帕斯卡发明了世界上第一台机械计算机——帕斯卡加法器,如图1-2所示。它是利用齿轮传动原理制成的机械式计算机,通过手摇方式操作运算。

图1-2　帕斯卡和他发明的加法器

帕斯卡加法器外形像一个长方体盒子,用类似儿童玩具钥匙旋紧发条后才能转动,只能够做加法和减法。然而,即使只做加法,也有"逢十进一"的进位问题,聪明的帕斯卡采用了一种"小爪子"式的棘轮装置。当定位齿轮朝9转动时,棘爪便逐渐升高;一旦齿轮转到0,棘爪就"咔嚓"一声跌落下来,推动十位数的齿轮前进一挡。帕斯卡加法器现今至少还有5台原型机留存于世,在法国巴黎工艺学校、英国伦敦科学博物馆都可以看到。

帕斯卡认为"这种算术机器所进行的工作,比动物的行为更接近人类的思维",这一思想对以后计算机的发展产生了重大的影响。计算机领域为了纪念帕斯卡在"浑沌中点燃的亮光",使他的英名长留在计算机时代,1971年发明的程序设计语言Pascal是以他的名字命名的。

2. 莱布尼茨机械式四则运算器

1671 年,著名的德国哲学家和数学家戈特弗里德·威廉·莱布尼茨(Gottfried Wilhelm Leibniz,1646 年 7 月 1 日—1716 年 11 月 14 日)制成了第一台能够进行加、减、乘、除四则运算的机械式计算机,如图 1-3 所示。莱布尼茨发明的新型计算机约有 1 米长,内部安装了一系列齿轮机构,除了体积较大之外,基本原理与帕斯卡加法器相同。不过,莱布尼茨为计算机增添了一种名叫"步进轮"的装置。步进轮是一个有 9 个齿的长圆柱体,9 个齿依次分布于圆柱表面,旁边另有一个小齿轮可以沿着轴向移动,以便逐次与步进轮啮合。每当小齿轮转动一圈,步进轮可根据它与小齿轮啮合的齿数,分别转动 1/10 圈、2/10 圈……,直到 9/10 圈。这样一来,它就能够连续重复地做加法。实际上这种连续重复计算加法的方法正是现代计算机中 CPU 实现乘法运算所采用的技术。

图 1-3　莱布尼茨和他的机械式四则运算器

莱布尼茨,德国哲学家、数学家,历史上少见的"通才",被誉为 17 世纪的亚里士多德。他本人是一名律师,经常往返于各大城镇,他的许多公式都是在颠簸的马车上完成的。

莱布尼茨在数学史和哲学史上都占有重要地位。在数学上,他和牛顿先后独立发明了微积分,而他所发明的微积分数学符号因为更综合,适用范围更大而被更广泛地使用。莱布尼茨还在 1679 年发明了基数为 2 的记数系统,对二进制的发展做出了贡献。

莱布尼茨从机械式四则运算器的使用看到了更本质的东西:符号演算可以由机器来完成,加、减、乘、除就是符号演算。莱布尼茨认为人类所有的思维活动都可以转换为符号演算,符号演算可以由机器完成。因此,莱布尼茨梦想寻找一个包含人类全部思想的符号系统,建立操作这些符号的演算规则——通用语言,构建操作这种语言的计算装置。

3. 巴比奇的木齿铁轮计算机

19 世纪早期,法国里昂是世界闻名的丝织之都,里昂的丝织工人们织出的丝绸锦缎图案精美绝伦,被人们视为珍品。然而工人们使用的提花机工作强度大、效率低下。这种机器需要有人手动将经线一根一根地提起、放下,才能织出不同图案。

1804 年,法国人约瑟夫·玛丽·雅卡尔(Joseph Marie Jacquard,1752—1834 年),在老式提花机的基础上发明了**穿孔纸带控制编织花样**的提花机,将提花机的工作效率提高了 25 倍多。其工作原理就是预先根据需要编织的图案在纸带上打孔,然后根据孔的有无来控制经线与纬线的上下关系。雅卡尔的穿孔纸带不只为丝织行业带来了巨大技术革命,同时也打开了一扇信息控制的大门,因为穿孔纸带是早期电子计算机的信息输入设备。

1836 年,雅卡尔去世两年之后,英国数学家查尔斯·巴比奇(Charles Babbage,1792—

1871 年)制造了一台木齿铁轮计算机(见图 1-4),可以解方程,用来计算很多数学难题。在这台木齿铁轮计算机中,巴比奇利用了雅卡尔穿孔纸带原理进行计算控制。当时巴比奇的助手艾达·洛夫莱斯(Ada Lovelace,1815—1852 年,著名诗人拜伦之女)称这台木齿铁轮计算机就如同提花机织布一样,在编织着代数模型。虽然巴比奇没有使用编程语言(程序语言一个世纪以后才正式出现),但他提出了为计算机编程的思想理念,这一理念启发了 20 世纪的计算机科学家们。因此,人们将巴比奇称为计算机的鼻祖;其助手艾达为巴比奇的分析机设计了求解伯努利方程的程序,因此人们称她为世界上第一位计算机软件工程师。为纪念艾达·洛夫莱斯的伟大贡献,美国国防部的标准程序语言——ADA 语言以她的名字命名。

图 1-4　巴比奇的木齿铁轮计算机

4. 赫尔曼·霍尔瑞斯的穿孔卡片制表系统

继巴比奇之后,1889 年美国人口统计局的统计学家赫尔曼·霍尔瑞斯(Herman Hollerith,1860—1929 年)根据雅卡尔提花织布机的原理,利用穿孔卡片存储数据,制成了第一台机电式穿孔卡系统-制表机(tabulating machine),如图 1-5(a)所示。这台机器参与了1890 年的美国人口普查工作,结果仅仅用了 6 周就得出了准确的数据。

(a)赫尔曼·霍尔瑞斯的穿孔卡片制表系统　　　　　(b) IBM601

图 1-5　穿孔卡片制表系统和 IBM601

霍尔瑞斯的穿孔卡片制表系统,实际上是一套机械式计算机系统,被认为是现代计算机的雏形。霍尔瑞斯创建的专业制表机公司是 IBM 公司(International Business Machines

Corporation)的前身。1935 年 IBM 公司在穿孔卡片制表系统的基础上,开发出了型号为 IBM601 的穿孔卡片式计算机,如图 1-5(b)所示。该产品迅速占领了美国市场,IBM 公司也因该产品的大量销售而积累了雄厚的财力和强大的销售服务能力。由此,IBM 公司奠定了它在全球计算机领域的霸主地位,并引领全人类快速进入到一个崭新的计算机时代。

1.1.2　早期的电子计算机

在第一台真正意义上的数字电子计算机发明出来前,电子计算机工业的先驱们发明了一些早期的计算机,有 5 种具有代表性的计算机:①ABC;②Z1;③Mark Ⅰ;④Colossus;⑤ENIAC。

1. ABC

ABC 计算机的全称是 Atanasoff-Berry Computer,即阿塔纳索夫-贝瑞计算机,是世界上第一台电子数字计算设备。这台计算机由爱荷华州立大学的约翰·文森特·阿塔纳索夫(John Vincent Atanasoff)在 1937 年设计,用于求解线性方程组,并在 1942 年成功进行了测试。这台计算机采用纸卡片读写器实现中间结果存储,然而该存储方式并不可靠。ABC 计算机开创了现代计算机的重要元素,包括二进制计算和电子开关。但是因为缺乏通用性、可变性与存储程序的机制,算不上是现代计算机。这台计算机在 1990 年被认定为电气与电子工程师协会(Institute of Electrical and Electronics Engineers, IEEE)里程碑之一。

2. Z1

1938 年,德国数学家康拉德·朱斯(Konrad Zuse)完成了首台采用继电器工作的计算器——Z1。Z1 是首台二进制电子驱动的机械计算器,编程能力有限,采用了"穿孔带"输入程序,穿孔带是 35 毫米的电影胶片,不是纸带;数据则由一个数字键盘敲入,计算结果用小电灯泡显示。该机器支持 22 位浮点数的加法和减法,通过一些控制逻辑可实现乘法(重复加)和除法(重复减)。朱斯在 Z1 基础上陆续设计和制造出 Z2 和 Z3,用继电器改进存储和计算单元。

Z1 的结构示意图如图 1-6 所示。Z1 是世界上第一台使用布尔代数和二进制浮点数编程的计算机,它几乎包含现代计算机的所有部件,例如,控制单元、内存、微序列、浮点逻辑和输入输出设备。

3. Mark Ⅰ

20 世纪 30 年代,美国海军和 IBM 公司共同资助哈佛大学研制自动计算机 Mark Ⅰ,主要用于计算弹道和编制射击表,也曾在曼哈顿计划中计算有关原子弹的问题。该项目在霍华德·艾肯(Howard Aiken)的领导下,经过长达 5 年的合作和努力,Mark Ⅰ 终于在 1944 年 5 月完工并投入使用。Mark Ⅰ 采用了 3000 多个继电器,重达 5t,是一个名副其实的巨型机。其核心是 71 个循环寄存器(register,把运算中暂时保存操作数的设备叫作寄存器就始于 Mark Ⅰ)。每个寄存器可存放一个正或负的 23 bit 的数字。数据和指令通过穿孔卡片机输入,输出则由电传打字机实现。其加法速度是 300ms,乘法速度是 6s,除法速度是 11.4s。这种计算速度与现代计算机当然无法相比,即使与晚它两年诞生的世界上第一台电

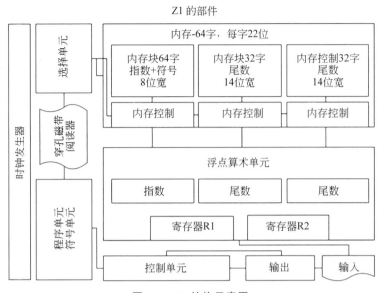

图 1-6　Z1 结构示意图

子计算机 ENIAC 相比也显得十分落后，但它却是世界上第一台实现顺序控制的自动数字计算机。IBM 公司把它命名为 ASCC，即 Automatic Sequence Controlled Calculator，是计算技术历史上的一个重大突破。4 个专家过去用 3 周才能完成的任务，在 Mark Ⅰ上只要 19h 就完成了，而且它非常可靠，每周工作 7 天，每天工作 24h，这是初期的电子计算机无法比拟的。Mark Ⅰ既使用了电子部件，也使用了机械部件。

4. Colossus

Colossus(巨人)是 1943 年英国人用来破译德国人 Enigma 密码的计算机。"巨人"计算机使用了数量庞大的真空电子管，以纸带作为输入部件，能够执行各种布尔逻辑运算，但仍然不是**图灵完备**（Turing Completeness)的计算机。

"巨人"计算机的实体器件、设计图样和操作方法直到 20 世纪 70 年代都还是一个谜。传说在第二次世界大战结束时，丘吉尔命令拆毁 12 台中的 10 台，全都拆解成巴掌大小的废铁，另两台在 1961 年也被拆毁，"巨人"计算机因此在计算机历史里都未留下一台实物。英国布莱切利园目前展有"巨人"计算机的重建机器，用 1500 个真空电子管组成十进制计数器，阅读速度提高到每秒 5000 字符。"巨人"计算机安装在两个用支架架起的 7ft(1ft＝0.3048m)高、16ft 宽的箱子里，中间隔开 6ft(1ft＝0.3048m)，总重量约 1t，功率达 4.5kW。"巨人"计算机的程序均以接插方式运行，有的是永久性的，有的是临时插入。密码文本则由 5 孔纸带输入，经打字机输出译文。由于它产生的热量很大，因而操作员不能戴帽子，以免热得汗流满面。

5. ENIAC

ENIAC，全称为 Electronic Numerical Integrator And Computer，即电子数值积分计算机。ENIAC 是世界上第一台通用计算机，也是继 ABC 之后的第二台电子计算机。

ENIAC 通过编程解决各种计算问题。它于 1946 年 2 月 14 日在美国宾夕法尼亚大学莫尔电机工程学院宣告诞生,主要设计者是约翰·莫克利(John Mauchly)和埃克特(J. Presper Eckert)。设计和开发小组成员还包括 Robert F. Shaw、Jeffrey Chuan Chu、Thomas Kite Sharpless、Frank Mural、Arthur Burks、Harry Huskey 和 Jack Davis。

ENIAC 长 30.48m,宽 1m,占地面积 170m²,有 30 个操作台,约相当于 10 间普通房间的大小,重达 30t,耗电量 150kW,造价 48 万美元。它包含了 17 468 个真空电子管,7200 个水晶二极管,70 000 个电阻器,10 000 个电容器,1500 个继电器,6000 多个开关,每秒执行 5000 次加法或 400 次乘法,是继电器计算机运算速度的 1000 倍、手工计算速度的 20 万倍。

1.1.3　电子计算机的问世

研制电子计算机的想法产生于第二次世界大战进行期间。当时第二次世界大战正酣,各国的武器装备还很差,占主要地位的战略武器就是飞机和大炮。因此,研制和开发新型大炮和导弹就显得十分必要和迫切。为此,美国陆军军械部在马里兰州的阿伯丁设立了"弹道研究实验室"。美国军方要求该实验室每天为陆军炮弹部队提供 6 张射表(fire table)以便对导弹的研制进行技术鉴定。事实上每张射表都要计算几百条弹道,而每条弹道的数学模型是一组非常复杂的非线性方程组,这些方程组是没有办法求出准确解的,因此只能用数值方法近似地进行计算。即使用数值方法近似求解也不是一件容易的事! 按当时的计算工具,实验室即使雇用 200 多名计算员加班加点工作也需要两个多月才能算完一张射表。在"时间就是胜利"的战争年代,这么慢的速度怎么能行呢? 恐怕还没等先进的武器研制出来,就败局已定。

为了改变这种不利的状况,当时 ENIAC 的设计者约翰·莫克利于 1942 年提出了试制一台"使用高速电子管的计算装置"的设想,期望用电子管代替继电器以提高机器的计算速度。美国军方得知这一设想,马上拨款大力支持,成立了一个以莫克利、埃克特为首的研制小组开始研制工作,预算经费为 15 万美元,这在当时是一笔巨款。

十分幸运的是,当时任弹道研究所顾问,正在参加美国第一颗原子弹研制工作的数学家冯·诺依曼(John von Neumann,1903—1957 年,美籍匈牙利人)带着原子弹研制过程中遇到的大量计算问题,在研制过程的中期加入了研制小组。

ENIAC 的存储单元仅仅用来存放数据,利用配线或开关进行外部编程。ENIAC 的问题是用布线接板进行控制,要搭接几天,计算速度也就被这一工作抵消了。1945 年,冯·诺依曼和他的研制小组在共同讨论的基础上,发表了一个全新的"存储程序通用电子计算机方案——EDVAC"。EDVAC 的全称为 Electronic Discrete Variable Automatic Computer。此方案对计算机的许多关键性问题的解决做出了重要贡献,从而保证了计算机的顺利问世。

1945 年,冯·诺依曼以"关于 EDVAC 的报告草案"为题,起草了长达 101 页的总结报告,即计算机史上著名的 101 报告。报告广泛而具体地介绍了制造电子计算机和程序设计的新思想。EDVAC 方案明确阐明新机器由 5 个部分组成,包括运算器、逻辑控制装置、存储器、输入和输出设备,并描述了这五部分的职能和相互关系。报告中,冯·诺依曼对 EDVAC 中的两大设计思想做了进一步的论证,为计算机的设计树立了一座里程碑。这份报告是计算机发展史上一个划时代的文献,它向世界宣告:"电子计算机的时代开始了"。

ENIAC 和 EDVAC 的建造者均为宾夕法尼亚大学的电气工程师约翰·莫克利和埃克

特。1944 年 8 月,EDVAC 的建造计划就被提出;在 ENIAC 充分运行之前,其设计工作就已经开始。

EDVAC 首次使用二进制而不是十进制。整台计算机使用了大约 6000 个真空电子管和 12 000 个二极管,占地 45.5m^2,重达 7850kg,功率 56kW。EDVAC 是二进制串行计算机,具有加、减、乘和软件除的功能。一条加法指令约需 $864\mu \text{m}$,乘法指令需 $2900\mu \text{m}$(或 2.9ms)。使用延迟线存储器,具有 1000 个 44 位(bit)的字。使用时需要 30 个技术人员同时操作。

EDVAC 物理部件包括:①一个磁带记录仪;②一个连接示波器的控制单元;③一个分发单元,用于从控制器和内存接收指令,并分发到其他单元;④一个运算单元;⑤一个定时器;⑥使用汞延迟线的存储器单元。

EDVAC 采用的这种体系结构一直沿用至今,一般被称为冯·诺依曼结构。鉴于冯·诺依曼在发明电子计算机中所起到的关键性作用,因此,他被誉为"计算机之父"。

1.1.4 计算机硬件发展简史

1950 年以后出现的计算机差不多都是基于冯·诺依曼结构的。随着硬件技术的发展,虽然计算机变得计算更快,体积更小,价格更便宜,但基本原理是相同的。史学家将计算机硬件的发展过程大致分为五代,即电子管时代、晶体管时代、集成电路时代、大规模集成电路时代以及尚未结束的新时代(注:对于每个时代的起止时间,不同文献划分略有不同。)。

第一代计算机(1950—1958 年) 这个时期的计算机都是以真空电子管为元器件,电子管体积大,运算速度慢,如图 1-7 所示。最初使用延迟线和静电存储器,容量很小,后来采用磁鼓,有了很大改进;输入设备是读卡机,可以读取穿孔卡片(见图 1-8)上的孔;输出设备是穿孔卡片机和行式打印机,速度很慢。在这个时代快要结束时,出现了磁带驱动器,它比读卡机快得多。这个时期计算机体积庞大,固定在一间大屋子里,用户都是专家级别的。

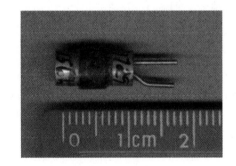

a) 真空电子管　　　　　　　　　　(b) 晶体管

图 1-7　真空电子管和晶体管

第二代计算机(1959—1965 年) 以 1959 年美国菲尔克公司研制成功的第一台大型通用晶体管计算机为标志。这个时期的计算机用晶体管做元器件,取代了真空电子管。相比电子管,晶体管具有体积小、重量轻、速度快、寿命长等一系列优点,使计算机的结构与性能都有很大的改进。FORTRAN 和 COBOL 是这个时期的高级编程语言,使得编程更加容易。

第三代计算机(1966—1970 年) 以 IBM 公司研制成功的 360 系列计算机为标志。第

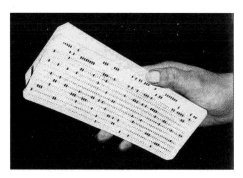

图 1-8　穿孔卡片

三代计算机的特征是使用集成电路。这个时期的内存储器采用半导体存储器,淘汰了磁芯存储器,使存储容量和存取速度有了大幅度的提高;输入设备采用键盘,使用户可以直接访问计算机;输出设备出现了显示器,可以向用户显示计算结果。

　　第四代计算机(1971—1985 年)　以 Intel 公司研制的第一代微处理器 Intel 4004 为标志,这个时期的计算机最为显著的特征是使用了大规模集成电路和超大规模集成电路。Intel 4004 的主要指标如图 1-9 所示。

　　第五代计算机(1986 年至今)　这个时代出现了台式计算机、笔记本计算机、掌上计算机、移动终端等众多多媒体设备。

1.1.5　计算机软件发展简史

　　计算机软件经过几十年的发展发生了巨大变化,无论是计算机软件功能、计算机编程语言、程序员角色,还是计算机软件用户,变化之大都是毋庸置疑的。计算机编程语言经历了机器语言到汇编语言,再到高级语言的发展历程,计算机用户从早期的专家用户(既是编程人员,也是用户),发展到没有任何编程基础的儿童都能熟练操作计算机,计算机软件大致经历了五代,由于不同文献对五个时期的划分时间有些微出入,因此本教材不列出具体时间跨度。

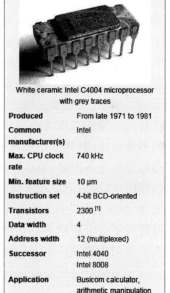

Intel 4004

White ceramic Intel C4004 microprocessor with grey traces

Produced	From late 1971 to 1981
Common manufacturer(s)	Intel
Max. CPU clock rate	740 kHz
Min. feature size	10 µm
Instruction set	4-bit BCD-oriented
Transistors	2300 [1]
Data width	4
Address width	12 (multiplexed)
Successor	Intel 4040 Intel 8008
Application	Busicom calculator, arithmetic manipulation
Package(s)	16-pin DIP

图 1-9　Intel 4004

1. 第一代软件

　　20 世纪 50 年代,第一台计算机通过改变电线和设置数十个表盘和开关进行编程。有时这些设置可存储在打孔的纸带或纸片上,一孔代表一个二进制位,通过纸带或纸片上孔的状态告诉机器如何以及何时做什么工作。编程员需要非常了解计算机具体设计才能写出无瑕疵的程序,很小的错误都会使计算机崩溃。

　　毫无疑问,第一代程序员是数学家和工程师。编写机器代码不仅耗时,且容易出错。由于机器语言对用户来说非常不友好,计算机先驱们开始寻求快速且易于理解的方法,一些程序员开发了一些工具辅助程序设计。在 20 世纪 50 年代中期,利用符号的汇编语言诞生了。

使用汇编语言,程序员不再使用 0、1,而是符号。这些符号被称作助记符,例如,STO 代表存储,ADD 代表加法,SUB 代表减法,每个助记符代表一条机器指令。对每种处理器而言需要不同的汇编器。使用汇编语言编程需要一种转换工具,能将符号指令转换为处理器指令,人们称这个转换工具为汇编器(assembler)。

编写辅助工具的程序设计员,简化他人的程序设计,是最早的系统程序员。在第一代软件时代,程序员分为编写工具的程序设计员和使用工具的程序员。

2. 第二代软件

当硬件变得更强大时,就需要更强大的软件工具提高计算机的使用效率。汇编语言向正确的方向前进了一大步,但是程序员还是必须记住很多汇编指令。第二代软件开始使用高级程序设计语言(简称高级语言,相应地,机器语言和汇编语言称为低级语言)编写,高级语言的指令形式类似于自然语言和数学语言。例如,计算 2+6 的高级语言指令就是 2+6,不仅容易学习,方便编程,也提高了程序的可读性。

IBM 公司从 1954 年开始研制高级语言,同年发明了第一个用于科学与工程计算的 FORTRAN 语言,FORTRAN 主要用于科学计算。十年后国际标准化组织(ISO)制定了 FORTRAN 标准。1958 年,麻省理工学院的约翰·麦卡锡(John McCarthy)发明了第一个用于人工智能的 LISP 语言。1959 年,格蕾丝·霍普(Grace Hopper)发明了第一个用于商业应用程序设计的 COBOL 语言(Common Business Oriented Language),直到现在仍用于商业领域。1964 年达特茅斯学院的约翰·凯梅尼(John Kemeny)和托马斯·卡茨(Thomas Kurtz)发明了 BASIC 语言。

高级语言的出现使得在多台计算机上运行同一个程序成为可能。每种高级语言都有配套的翻译程序,翻译程序可以把高级语言编写的语句翻译成等价的机器指令。系统程序员的角色变得更加明显,系统程序员编写诸如翻译程序这样的辅助工具,使用这些工具编写应用程序的人,称为应用程序员。随着包围硬件的软件变得越来越复杂,应用程序员距离计算机硬件"越来越远"了。那些仅仅使用高级语言编程的人不需要懂得机器语言和汇编语言,这就降低了对应用程序员在硬件及机器指令方面的要求。因此,这个时期有更多的应用领域人员参与程序设计。

由于高级语言程序需要转换为机器语言程序来执行,因此,高级语言对软硬件资源的消耗就更多,运行效率也较低。由于汇编语言和机器语言可以利用计算机的所有硬件特性并直接控制硬件,因而汇编语言和机器语言的运行效率较高。因此,在实时控制、实时检测等领域,许多应用程序仍然使用汇编语言和机器语言来编写。高级语言、汇编语言与机器语言的关系如图 1-10 所示。

图 1-10　编程语言层次关系

在第一代和第二代软件时期,计算机软件实际上是规模较小的程序,程序的编写者和使用者往往是同一个(或同一组)人。由于程序规模小,编写起来比较容易,也没有什么系统化的方法,对软件的开发过程更没有进行任何管理。这种个体化的软件开发环境使得软件设计往往只是在人们头脑中隐含进行的一个模糊过程,除了程序清单之外,没有其他文档资料。

3. 第三代软件

在这个时期,由于用集成电路取代了晶体管,处理器的运算速度得到了大幅度的提高。处理器在等待计算机准备下一个作业时处于空闲状态。因此,需要编写一种程序管理所有计算机资源,提高处理器的利用率,操作系统这种系统程序应运而生。

不断发展的操作系统使计算机运转得更快。但是,从键盘和屏幕输入输出数据的速度比在内存中执行指令慢得多,这就导致了处理器越来越强大的能力和外设速度不匹配的问题。因此,这个阶段出现了分时操作系统,负责组织和安排各个作业,使得许多用户用各自的终端同时与一台计算机进行通信,分时完成多个作业。

1967 年,塞缪尔(A. L. Samuel)发明了第一个下棋程序,开启了人工智能的研究。1968年,荷兰计算机科学家迪杰斯特拉(Edsger W. Dijkstra)发表了论文《GOTO 语句的害处》,指出调试和修改程序的困难与程序中包含 GOTO 语句的数量成正比,从此,各种结构化程序设计理念逐渐确立起来。

20 世纪 60 年代以来,计算机用于管理的数据规模更为庞大,应用越来越广泛,同时,多种应用、多种语言互相覆盖地共享数据集合的要求越来越强烈。为解决多用户、多应用共享数据的需求,使数据为尽可能多的应用程序服务,出现了数据库技术以及统一管理数据的软件系统——数据库管理系统(DataBase Management System,DBMS)。

随着计算机应用的日益普及,软件数量急剧增多,在计算机软件的开发和维护过程中出现了一系列严重问题,例如,在程序运行时发现的问题必须设法改正;用户有了新的需求必须相应地修改程序;硬件或操作系统更新时,通常需要修改程序以适应新的环境。上述种种软件维护工作,以令人吃惊的比例消耗资源。更严重的是,许多程序的个体化特性使得它们最终成为不可维护的,“软件危机”就这样开始出现了。1968 年,北大西洋公约组织的计算机科学家召开国际会议,讨论软件危机问题,在这次会议上正式提出并使用了“软件工程”这个名词。

4. 第四代软件

20 世纪 70 年代出现了结构化程序设计技术,Pascal 语言和 Modula-2 语言都是采用结构化程序设计规则制定的;BASIC 这种为第三代计算机设计的语言也被升级为具有结构化的版本;此外,还出现了灵活且功能强大的 C 语言。

更好用、更强大的操作系统被开发了出来。为 IBM PC 开发的 PC-DOS 和为兼容机开发的 MS-DOS 都成了微型计算机的标准操作系统,Macintosh 机的操作系统引入了鼠标的概念和点击式的图形用户界面,彻底改变了人机交互的方式。

20 世纪 80 年代,随着微电子和数字化音像技术的发展,在计算机应用程序中开始使用图像、语音等多媒体信息,出现了多媒体计算机。多媒体技术的发展使计算机的应用进入了一个新阶段。

这个时期还出现了多用途的应用程序,这些应用程序面向没有任何计算机经验的用户。典型的应用程序是电子制表软件、文字处理软件和数据库管理软件。Lotus 1-2-3 是第一个商用电子制表软件,WordPerfect 是第一个商用文字处理软件,dBase Ⅲ 是第一个实用的数据库管理软件。

5. 第五代软件

第五代软件中有三个著名里程碑事件:在计算机软件业具有主导地位的 Microsoft 公司的崛起,面向对象的程序设计方法的出现以及万维网(World Wide Web)的普及。

在这个时期,Microsoft 公司的 Windows 操作系统在 PC 市场占有显著优势,Microsoft 公司的 Word 成了最常用的文字处理软件。20 世纪 90 年代中期,Microsoft 公司将文字处理软件 Word、电子制表软件 Excel、数据库管理软件 Access 和其他应用程序绑定在一个程序包中,称为办公自动化软件。

面向对象的程序设计方法最早是在 20 世纪 70 年代开始使用的,当时主要是用在 Smalltalk 语言中。20 世纪 90 年代,面向对象的程序设计逐步代替了结构化程序设计,成为最流行的程序设计技术。面向对象程序设计尤其适用于规模较大、具有高度交互性、反映现实世界中动态内容的应用程序。Java、C++、C♯、Python 等都是面向对象程序设计语言。

1990 年,英国研究员蒂姆·伯纳斯-李(Tim Berners-Lee)创建了一个全球互联网文档中心,并创建了一套技术规则和创建格式化文档的 HTML 以及能让用户访问全世界站点上信息的浏览器,此时的浏览器还很不成熟,只能显示文本。

软件体系结构从集中式的主机模式转变为分布式的客户机/服务器模式(Client/Server)或浏览器/服务器模式(Browser/Server)。专家系统和人工智能软件从实验室走出来,进入了实际应用,完善的系统软件、丰富的系统开发工具和商品化的应用程序的大量出现,以及通信技术和计算机网络的飞速发展,使得计算机进入了一个大发展的阶段。

在计算机软件的发展史上,需要注意“计算机用户”这个概念的变化。起初,计算机用户和程序员是一体的,程序员编写程序来解决自己或他人的问题,程序的编写者和使用者是同一个(或同一组)人;在第一代软件末期,编写汇编器等辅助工具的程序员的出现带来了系统程序员和应用程序员的区分,但是,计算机用户仍然是程序员;20 世纪 70 年代早期,应用程序员使用复杂的软件开发工具编写应用程序,这些应用程序由没有计算机背景的从业人员使用,计算机用户不仅是程序员,还包括使用这些应用软件的非专业人员;随着微型计算机、计算机游戏、教育软件以及各种界面友好的软件包的出现,许多人成为计算机用户;万维网的出现,使网上冲浪成为一种娱乐方式,更多的人成为计算机的用户。今天,计算机用户可以是学习阅读的学龄前儿童,可以是下载音乐的青少年,可以是准备毕业论文的大学生,可以是制定预算的家庭主妇,可以是安度晚年的退休人员,……,所有使用计算机的人都是计算机用户。

目前我们已经看到下一代软件模糊的外形,例如,会使用自然语言,程序语言变得更加直观,语音、动画、代理,宏、神经网络等技术成为软件的基础。

◈ 1.2　计算机系统的分层

计算机系统
的分层

计算机系统是一个由硬件与软件组成的综合复杂体,为了对这个系统进行描述、分析、设计和使用,人们从不同的角度提出了观察计算机的观点和方法。例如,从语言的角度,将计算机分为微程序级、机器语言级、汇编语言级、操作系统级、高级语言级五级。为了方便读者理解,本书从计算机系统功能的角度,结合计算机软硬件产生、发展的历程,把计算机系统划分为一个多层次结构的系统,包括信息层、硬件层、程序设计层、操作系统层、应用程序层、通信层,如图 1-11 所示,并以此为线索组织本书计算机基础部分的章节内容。本节由内至外,简要介绍各层的基本功能。

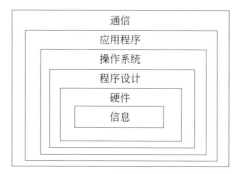

图 1-11　计算机系统的层次结构图

（1）信息层。处于计算机系统的最内层,是计算机系统的处理对象。如今计算机系统能处理的信息类型丰富,不仅包括早期的数值数据和文本数据,还能处理图形图像、语音和视频等复杂数据。信息层主要讨论如何用二进制表示各类型数据。

（2）硬件层。顾名思义,由计算机的硬件部件组成。计算机硬件的最基本单位是门和电路,门是对电信号执行基本运算的设备,电路由门组合而成,可完成更复杂的功能。计算机硬件部件由多个门和电路组合构成,通过电流的控制,实现信息的输入输出、运算、存储等基本功能。硬件层主要介绍门和电路的基本概念,以及计算机系统的硬件构成。

（3）程序设计层。该层的主要任务是如何将用户的意图转换为计算机硬件能执行的指令,实现用户期望的功能。更具体一些,对于用户的一个具体任务,如何分解实现步骤,如何用数据结构管理数据、采用哪种语言实现、如何生成机器能执行的代码,涉及的内容包括算法、数据结构和程序语言。

（4）操作系统层。随着计算机的发展,可接入系统的硬件越来越多,需要满足的用户需求也越来越多,计算机系统需要一套系统软件,负责管理计算机的资源,使用户与计算机系统进行交互,管理硬件设备,管理程序和数据间的交互方式。本书主要介绍操作系统的发展历程、主要功能以及当前主流的操作系统。

（5）应用程序层。应用程序层主要包含解决现实世界问题的各类应用软件,是计算机的计算能力在其他行业、领域的应用。例如,医疗行业应用数据库管理系统管理病人信息。再如,建筑行业应用计算机辅助设计软件进行建筑楼宇设计。本书主要在信息系统、人工智能、计算机安全、仿真领域进行了介绍。

（6）通信层。随着通信技术的发展,单个计算机不再是孤立的系统。利用计算机网络基础设施和通信软件,计算机可以和地球上任意位置的一台计算机通信。通信层主要解决计算机互连、共享信息和资源的问题。本书主要介绍计算机网络、互联网、万维网相关的一些基本概念,例如,什么是网络的拓扑结构？什么是网络协议？互联网和万维网是同一事物吗？

◆ 1.3　计算机科学的学科分支

从学科的角度来看,计算机科学是一门交叉学科,综合了数学学科、科学学科和工程学科的特点。例如,构建自然现象模型并仿真需要用到数学和科学理论,而设计越来越复杂的计算机系统时,需要采用工程学相关的技术。

计算机协会(Association for Computing Machinery,ACM)计算机科学核心攻关组提出的计算机科学作为学科的知识框架,得到计算机协会教育委员会认可并批准发行。在该框架下,计算机科学从理论(数学)、实验(科学)和设计(工程)三方面分为多个领域分支。CSAB(Computing Sciences Accreditation Board)由 ACM 和 IEEE Computer Society (IEEE-CS)的代表组成,确立了计算机科学学科的 4 个主要领域:计算理论、算法与数据结构、编程方法与编程语言及计算机元素与架构。CSAB 还确立了其他一些重要领域,例如,软件工程、人工智能、计算机网络与通信、数据库系统、并行计算、分布式计算、人机交互、机器翻译、计算机图形学、操作系统及数值和符号计算等。与理解和构建计算工具相关的领域被称为系统领域,例如,算法与数据结构、程序设计语言、体系结构、操作系统、软件方法学和工程学及人机交互领域等。而与计算机作为工具的用途相关的领域,则被称为应用领域。当前对系统领域和应用领域的研究同时在进行,且相互促进。系统研究可以带来更好的通用工具,应用研究为特定领域的应用提供更好的工具。表 1-1 列出了计算机科学部分系统领域和应用领域。

表 1-1　计算机科学部分系统领域和应用领域

系 统 领 域	应 用 领 域
算法与数据结构	数值和符号计算
程序设计语言	数据库和信息检索
体系结构	人工智能和机器人技术
操作系统	图形学与多媒体
软件方法学和工程学	生物信息学
人机交互	信息安全

算法与数据结构领域研究一些特定类型的问题及它们的有效解。基本问题包括:对给定类型的问题,最好的算法是什么? 它们要求多少存储空间和时间? 空间与时间的折中方案是什么? 存取数据最好的方法是什么? 最好算法的最坏情况是什么? 算法的运行按平均来说好到何种程度? 算法一般化到何种程度,即什么类型的问题可以用类似的方法处理?

程序设计语言领域研究执行算法的虚拟机的符号表达、算法和数据的符号表达以及从高级语言到机器码的有效的翻译。基本问题包括:由一种语言给出的虚拟机的可能的组织(数据类型、运算、控制结构、引入新类型和运算的机制)是什么? 这些抽象怎样在计算机上实现? 用什么样的符号表达(语法)可以有效地指明计算机应该做什么?

体系结构领域研究将硬件(和相应软件)组织成有效和可靠系统的方法。基本问题包括:在一个机器中实现处理器、存储和通信的好方法是什么? 如何设计和控制大的计算系统并且证明它们能够在有错误和故障的情况下完成"预期的工作"? 什么类型的体系结构能使许多处理单元有效地协同工作,实现一个计算的并行? 怎样度量计算机的性能?

操作系统领域研究允许多种资源在程序执行中有效配合的控制机制。基本问题包括:在计算机系统运行的各层次上可见对象和允许的操作是什么? 对每一类资源(某一级上的可见对象),允许它们有效使用的最小操作集是什么? 怎样组织接口,使得用户只处理资源的抽象形式,而可以不管硬件的实际细节? 对作业调度、存储器管理、通信、软件资源存取、并发任务间的通信、可靠性和安全的有效控制策略是什么? 系统应该在功能上可以扩展,只要反复应用少量的构造规则就可以了,那么,这种扩展应遵循的原则是什么? 怎样组织分布式计算,使得许多由通信网络连接起来的自治的机器能够参与同一计算,而详细的网络协议、主机位置、带宽和资源名称都是不可视的?

软件方法学和工程学领域研究满足技术要求、安全、可靠、可信的程序和大型软件系统的设计。基本问题包括:在程序和程序设计系统的开发背后的原理是什么? 怎样去证明程序或系统满足它的技术要求? 怎样给定技术要求,使之不遗漏重要的情况,而且可以分析它的安全性? 怎样使软件系统通过不同阶段不断改进? 怎样使软件设计得易理解和易修改?

人机交互领域研究人类和机器通过各种方式进行的有效的信息交换,并研究反映人类的概念化的信息结构。基本问题包括:表示对象并自动创造可视画面的有效方法是什么? 接收输入或给出输出的有效方法是什么? 怎样使错误理解及之后的人的差错导致的危险减到最小限度? 怎样用图形和其他工具通过存储在数据集中的信息去理解自然现象?

数值和符号计算领域研究有效和精确地求解由系统的数学模型导出方程的一般方法。基本问题包括:怎么才能用有穷离散过程去精确地逼近连续或无穷的过程? 怎么处理逼近导致的误差? 怎样才能按照给定精度很快地解出给定类型的方程? 怎样对方程进行符号运算,如积分、微分和化简为最小项等? 怎样把这些问题的回答加入到有效的、可靠的、高质量的数学软件包中去?

数据库和信息检索领域研究对大量持续的分享的数据集合的组织,使之能够进行有效地查询和刷新。基本问题包括:用什么样的模型化概念去表示数据元和它们之间的关系? 怎样把存储、定位、匹配和检索等基本操作组合成有效的事务处理? 这些事务处理怎么与用户有效地交互作用? 怎样把高级查询翻译成高性能的程序? 什么样的机器结构能导致有效的检索和刷新? 怎样保护数据,以抵制非法存取、泄露或破坏? 怎样保护大型数据库不会由于同时刷新而导致不相容? 当数据分散在许多机器上时,怎样使保护和性能二者得以兼顾? 怎样索引和分类正文,以达到有效的检索?

人工智能和机器人技术领域研究动物和人类(智能)行为建模。基本的问题包括:行为的基本模型是什么以及怎样建造机器来模拟它们? 由规则赋值、推理、演绎和模式计算所描写的智能可以达到什么程度? 由这些模型模拟行为的机器最终能达到什么性能? 感知数据应如何编码,使得类似的模式有类似的编码? 学习系统的体系结构如何以及这些系统如何表示它们对外部世界的知识?

生物信息学领域是研究生物信息的采集、处理、存储、传播,分析和解释等各方面的学科。随着生命科学和计算机科学的迅猛发展,生命科学和计算机科学相结合形成新应用领域。具体来讲,是在生命科学的研究中,以计算机为工具对生物信息进行存储、检索和分析的科学,是 21 世纪自然科学的核心领域之一。生物信息学主要研究基因组学和蛋白质组学,从核酸和蛋白质序列出发,分析序列中表达的结构功能的生物信息,从而揭示生物数据潜藏的生物学奥秘。

关于图形学与多媒体、信息安全应用领域,读者可参见本书后续章节。

◇ **思 考 题 1**

1. 什么是自动计算？什么是计算机？

2. 计算机的发展分为哪几个阶段？试列出各阶段的代表计算机。

3. 简述电子计算机硬件的发展历史。

4. 计算机软件的发展经历了哪几个阶段？

5. 从计算机系统功能的角度,试画出计算机系统的层次结构图并简述每层的功能。

6. 从学科的角度看,计算机科学包含哪些分支领域？哪些分支属于系统领域？哪些分支属于应用领域？

信息的表示

信息作为计算机系统的处理对象,首先需要了解什么是信息。"信息"一词在英文、法文、德文、西班牙文中均是 information,日文中为"情报",我国古代用的是"消息",上述名称集中反映了信息的媒体特性。作为科学术语,其定义并不统一,不同的研究领域给出了不同的定义。信息一词最早出现在哈特莱(R. V. Hartley)于 1928 年撰写的《信息传输》一文中。20 世纪 40 年代,信息论的奠基人香农(C. E. Shannon)认为"信息是用来消除随机不确定性的东西",这一定义被人们看作是经典定义并加以引用。控制论创始人维纳(Norbert Wiener)认为"信息是人们在适应外部世界,并使这种适应反作用于外部世界的过程中,同外部世界进行互相交换的内容和名称"。经济管理学家认为"信息是提供决策的有效数据"。电子学家、计算机科学家认为"信息是电子线路中传输的信号"。从计算机系统的处理对象角度,人们更倾向于将信息定义为"用有效的方式组织或处理过的数据"。

计算机的主要工作是运算,无论是执行何种任务(PS 图像,游戏),计算机内部都是在执行数字运算,并且使用计算机存储和管理的信息都是以二进制数存储的,这是由计算机的硬件构成决定的。因此,信息的数字化对计算机而言至关重要,它关系到信息在计算机内部如何表示。

数制

◇ 2.1 记 数 系 统

记数系统,又称为数制,英文表示为 Number System/Numerical System,定义如何用确切的符号表示数量。不同的记数系统,相同的数量有不同的表示法。类似于对于同一实体"马",中文、英文和法文有不同的表示。在具体讲述计算机内部采用的记数系统前,先描述下日常生活中记数系统的两种主要类型。

2.1.1 位置化记数系统与非位置化记数系统

记数系统有两类基本类型,即位置化记数系统与非位置化记数系统。位置化记数系统是指数字符号所在的位置决定其具体的数量。而非位置化记数系统所采用的每个符号有一个固定值,但符号所在位置对其代表的数量没有影响。典型的位置化记数系统是已广泛使用的十进制系统,而罗马数字系统是非位置化记数系统的代表。

首先给出位置化记数系统的一般形式,简称为 R 进制。

$$\pm(R_{n-1}\cdots R_2R_1R_0R_{-1}R_{-2}\cdots R_{-m})$$

其中,R 是一组有限符号集。

设 R 的符号总数为 b,定义为基数,则从右至左小数点前的整数位置 k 具有一个固定的权值 b^{k-1},而从左至右小数点后的小数位置 j 具有权值 b^{-j}。因此,上述数字串的数量计算式为:

$$q=\pm R_{n-1}\times b^{n-1}+\cdots+R_2\times b^2+R_1\times b^1+R_0\times b^0+R_{-1}\times b^{-1}+\cdots+R_{-m}\times b^{-m}$$

$$(2\text{-}1)$$

例如,十进制数 678.34,十进制的符号集 $R=\{0,1,2,3,4,5,6,7,8,9\}$,$b=10$。其值的计算依据是

$$678.34=6\times10^2+7\times10^1+8\times10^0+3\times10^{-1}+4\times10^{-2}$$

人类日常生活中记数最常用的是十进制系统,可能跟人类有十根手指有关,一般认为十进制起源于印度。计时系统是六十进制,因而 1h 有 60min 而 1min 有 60s,是苏美尔人和他们在美索不达米亚的继承者所使用的。在计算机系统中,常用的是二进制、八进制和十六进制。

非位置化记数系统,是一个有限符号集,数字的值是所有符号表示的值相加或相减。罗马数字系统是一个典型的非位置化记数系统,该系统由罗马人发明,并在欧洲使用到 16 世纪。该系统的符号集由 7 个字母组成,即 $R=\{I,V,X,L,C,D,M\}$,每个符号的取值如表 2-1 所示。

表 2-1 罗马数字系统符号及取值

I	V	X	L	C	D	M
1	5	10	50	100	500	1000

值的计算规则如下。

(1) 相同的数字连写,所表示的数等于这些数字相加得到的数,如 Ⅲ=3。

(2) 小的数字在大的数字的右边,所表示的数等于这些数字相加得到的值,如 Ⅷ=8、Ⅻ=12。

(3) 小的数字(限于 Ⅰ、Ⅹ 和 C)在大的数字的左边,所表示的数等于大数字减小数字得到的值,如 Ⅳ=4、Ⅸ=9。

(4) 在一个数的上面画一条横线,表示这个数增值 1000 倍,如 $\overline{V}$=5000。

用罗马数字表示较大的数值非常麻烦,已经不常用了。在中文出版物中,罗马数字主要用于某些代码,如产品型号等。计算机 ASCII 码表收录有罗马数字 1~12。表 2-2 列出了一些罗马数字和对应的值。

表 2-2 罗马数字示例

罗 马 数 字	值	罗 马 数 字	值	罗 马 数 字	值
Ⅰ	1	Ⅲ	3	Ⅴ	5
Ⅱ	2	Ⅳ	4	Ⅵ	6

续表

罗马数字	值	罗马数字	值	罗马数字	值
Ⅶ	7	Ⅺ	11	XCIX	99
Ⅷ	8	Ⅻ	12	CCC	300
Ⅸ	9	XXII	22	DCC	700
Ⅹ	10	XL	40	CMXCIX	999

2.1.2　二进制与计算机

二进制系统是一种位置化记数系统,其基本符号集 $R=\{0,1\}$,基数为 2。

二进制记数法的思想源远流长,我国古代就有研究。在《易经》上就讲到两仪,即一黑一白阴阳互补的两条鱼,后来在两仪之上形成了八卦。《易经》中关于两仪及演变的叙述可以看成是二进制应用的萌芽。

二进制由 18 世纪德国数理哲学大师莱布尼茨发现。在德国郭塔王宫图书馆(Schlossbibliothke zu Gotha)保存着一份弥足珍贵的莱布尼茨手稿,其标题为"1 与 0,一切数字的神奇渊源。这是造物的秘密美妙的典范,因为,一切无非都来自上帝。"关于这个神奇美妙的记数系统,莱布尼茨只有几页异常精炼的描述。莱布尼茨通过他的朋友、法国传教士白晋(F. J. Bouvet)得到六十四卦易图,发现二进制可以给六十四卦易图一个很好的数学解释。莱布尼茨高兴地说:"可以让我加入中国籍了吧!"莱布尼茨发现了二进制,但并没有将二进制记数法用到自己的机械式四则运算器中。

二进制是现代计算机最重要的技术支撑,最早出现在由冯·诺依曼对 ENIAC 计算机的改进建议中。改进建议中主要的两条对后来计算机科学技术的发展产生了深远影响:第一,用二进制替代原来的十进制(decimal system),这样可以大大减少元器件数量,提高运算速度;第二,存储程序,就是把程序像数据一样放在计算机内部的存储器中,这也就是后人所说的冯·诺依曼计算机体系结构(见本书 3.3.2 节)。

1847 年英国数学家乔治·布尔将逻辑推理代数化,支持逻辑运算,发明了布尔代数。布尔代数能处理二进制值(0、1 组成的序列)之间的数学计算,包括合取(与运算)、析取(或运算)、否定(非运算)。显然,布尔发明布尔代数时并未想到有朝一日布尔代数会成为数字电路的基础,会应用到计算机中。1938 年香农在 MIT 获得电气工程硕士学位,硕士论文题目是《继电器与开关电路的符号分析》。当时他已经注意到电话交换电路与布尔代数之间的类似性,即把布尔代数的"真"与"假"和电路系统的"开"与"关"对应起来,并用 1 和 0 表示。于是他用布尔代数分析并优化开关电路,从而奠定了数字电路的理论基础。

现代计算机采用二进制表示、存储和处理数据。为什么计算机不采用人们熟悉的十进制表示数据呢?计算机领域的先驱们从可行性、简易性、可靠性以及逻辑性四方面进行了分析。

(1) 可行性。二进制只有 0 和 1 两个数字,要得到表示两种不同稳定状态的电子器件很容易,而且制造简单,可靠性高。例如,电位的高与低,电容的充电与放电,晶体管的导通与截止等。相反,若采用十进制,则需要表示 0~9 数字的 10 个物理状态,技术实现困难。

（2）简易性。在各种计数法中，二进制运算规则简单，有布尔代数作数学基础，简单的运算规则使得机器内部的操作也变得简单。二进制加法法则只有 4 条：① $0+0=0$；② $0+1=1$；③ $1+0=1$；④ $1+1=1$。而十进制加法法则从 $0+0=0$ 到 $9+9=18$，有 100 条。二进制的乘法法则也是简单的 4 条：① $0\times0=0$；② $0\times1=0$；③ $1\times0=0$；④ $1\times1=1$。而十进制的乘法法则是大家熟悉的九九乘法表，规则数远大于二进制的 4 条法则，比较复杂。

（3）可靠性。二进制只有两种状态，数据传输处理不易出错。

（4）逻辑性。可以用 0、1 分别代表逻辑代数中的"假"和"真"。

2.1.3 二进制、八进制、十六进制与十进制

二进制、八进制和十六进制都是计算机常用的进制。虽然计算机的内部采用二进制存储数据，但二进制不方便用于计算机数据的外部表示。与人们熟悉的十进制字符串相比，二进制字符串的长度过长，特别是对一些具有较大数值的数。那么计算机外部是用十进制表示数据吗？答案是否定的。因为十进制和二进制之间没有明显的对应关系，相互转换不快捷。八进制和十六进制正是为克服此问题而发明的。

二进制的英文表示为 binary，来源于拉丁词根 bini，代表"二"。二进制的符号集由 0、1 组成，即 $R=\{0,1\}$，$b=2$，整数固定位置 k 上的权值为 2^{k-1}，小数固定位置 j 上的权值为 2^{-j}，其数值计算的一般形式为

$$q=\sum_{i=-m}^{n-1}R_i\times2^i \tag{2-2}$$

例如，整数二进制字符串 $(10010)_2$，其值为 $q=1\times2^4+0\times2^3+0\times2^2+1\times2^1+0\times2^0=18$。

再如，实数二进制字符串 $(10010.11)_2$，其值为 $q=1\times2^4+0\times2^3+0\times2^2+1\times2^1+0\times2^0+1\times2^{-1}+1\times2^{-2}=18.75$。

八进制的英文表示为 octal，来源于拉丁词根 octo，代表"八"。八进制的符号集有 8 个符号，即 $R=\{0,1,2,3,4,5,6,7\}$，$b=8$，整数固定位置 k 上的权值为 8^{k-1}，小数固定位置 j 上的权值为 8^{-j}，其数值计算的一般形式为

$$q=\sum_{i=-m}^{n-1}R_i\times8^i \tag{2-3}$$

例如，八进制字符串 $(24)_8$，其值为 $q=2\times8^1+4\times8^0=20$。

虽然八进制可以表示实数，但是八进制通常用于表示整数。因此，不再列举八进制的实数表示。

类似地，十六进制的英文表示为 hexadecimal，来源于希腊词根 hex（六）和拉丁词根 decem（十）。十六进制记数系统的符号集 $R=\{0,1,2,3,4,5,6,7,8,9,A,B,C,D,E,F\}$，$b=16$，符号 A、B、C、D、E、F 分别代表数值 10、11、12、13、14、15。整数固定位置 k 上的权值为 16^{k-1}，小数固定位置 j 上的权值为 16^{-j}，其数值计算的一般形式为

$$q=\sum_{i=-m}^{n-1}R_i\times16^i \tag{2-4}$$

例如，十六进制字符串 $(2A)_{16}$，其值为 $q=2\times16^1+10\times16^0=42$。

表 2-3 总结了四种进制记数系统的基数和符号集。

表 2-3　四种进制记数系统的基数和符号集

进　　制	基　　数	符　　号　　集
二进制	2	{0,1}
八进制	8	{0,1,2,3,4,5,6,7}
十进制	10	{0,1,2,3,4,5,6,7,8,9}
十六进制	16	{0,1,2,3,4,5,6,7,8,9,A,B,C,D,E,F}

2.1.4　记数系统之间的转换

在清楚了各个记数系统的定义后,接着需要考虑的一个问题是各个记数系统之间的转换问题。相对来说,二进制、八进制、十六进制转换为十进制比较简单,可根据公式(2-2)、公式(2-3)、公式(2-4)进行求和运算即可。下面重点介绍十进制转换为其他进制的过程。

1. 十进制转换为其他进制

十进制转换为其他进制分为整数部分转换和小数部分转换两部分。整数部分转换采用连续除法,具体处理流程如下。

进制转换

(1) 假定十进制数的整数部分为源数 S,待转换进制的基数为 b。

(2) 用 S 除以 b,得商 q 和余数 r。

(3) 记录 r,用商 q 替代 S。

(4) 重复步骤(2),直到 q 为 0。

(5) 反序输出前面求出的余数序列。

小数部分的转换采用连续乘法,具体处理流程如下。

(1) 假定十进制数的小数部分源数为 S,待转换进制的基数为 b。

(2) 用 S 乘以 b,得到乘积 P。

(3) 记录 P 的整数部分,将 P 的小数部分替代 S。

(4) 重复步骤(2),直到小数部分为 0 或满足误差要求。

(5) 正序输出前面求出的整数序列。

例 2-1　将 $(100.23)_{10}$ 转换为二进制。

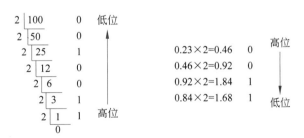

因此:$(100.23)_{10}=(1100100.0011)_2$。

例 2-2　将 $(100)_{10}$ 分别转换为八进制和十六进制。

$$
\begin{array}{r|l c}
8 & 100 & 4 \\
8 & 12 & 4 \\
8 & 1 & 1 \\
& 0
\end{array}
\qquad
\begin{array}{r|l c}
16 & 100 & 4 \\
16 & 6 & 6 \\
& 0
\end{array}
$$

因此：$(100)_{10} = (144)_8 = (64)_{16}$。

由于二进制数在阅读、记忆、书写上存在一定的困难,因此计算机领域常用八进制数和十六进制数作为二进制数的助记符形式。二进制数、八进制数、十六进制数之间的相互转换相对与十进制数之间的转换容易许多。下面介绍二进制数与八进制数、二进制数与十六进制数之间的转换规则。

2. 二进制数、八进制数间的相互转换

八进制记数系统有 8 种不同的符号,用 3 位二进制数能表示 8 种不同的组合。因此,采用三位二进制表示一个八进制符号,每个符号与二进制位串的对应关系如表 2-4 所示。

表 2-4　八进制数与二进制数的转换关系

八进制符号	二进制表示
0	000
1	001
2	010
3	011
4	100
5	101
6	110
7	111

二进制数转换为八进制数,需要分别处理整数部分和小数部分。对于整数部分:从低位开始,每 3 位 1 组,不足 3 位前面补零。而对小数部分:从高位开始,每 3 位 1 组,不足 3 位后面补零。例 2-3 说明了该转换过程。

例 2-3　试将二进制数 $(10110011.10101)_2$ 转换为八进制数。

$$
(\underline{010}\ \underline{110}\ \underline{011}.\underline{101}\ \underline{010})_2 = (263.52)_8
$$
$$
\quad 2 \qquad 6 \qquad 3 \quad\quad 5 \qquad 2
$$

注意:表达式首尾(最高位和最低位)各补足了一个 0。

八进制数转换为二进制数,只需将每 1 位八进制数转换为 3 位二进制数即可。具体过程见例 2-4。

例 2-4　试将八进制数 $(6415.64)_8$ 转换为二进制数。

$$
(6415.64)_8 = (\underline{110}\ \underline{100}\ \underline{001}\ \underline{101}.\underline{110}\ \underline{100})_2
$$
$$
\qquad\qquad\quad 6 \quad\ 4 \quad\ 1 \quad\ 5 \quad .6 \quad\ 4
$$

3. 二进制数、十六进制数间的相互转换

同样,十六进制记数系统有 16 种不同的符号,用 4 位二进制数能表示 16 种不同的组合。因此,采用四位二进制表示一个十六进制符号,每个符号与二进制位串的对应关系如表 2-5 所示。

表 2-5 十六进制数与二进制数的转换关系

十六进制符号	二进制表示	十六进制符号	二进制表示
0	0000	8	1000
1	0001	9	1001
2	0010	A	1010
3	0011	B	1011
4	0100	C	1100
5	0101	D	1101
6	0110	E	1110
7	0111	F	1111

二进制数转换为十六进制数,同样需要分别处理整数部分和小数部分。具体来讲,整数部分从低位开始,每 4 位 1 组,不足 4 位前面补零。而小数部分从高位开始,每 4 位 1 组,不足 4 位后面补零。例 2-5 说明了该过程。

例 2-5 试将二进制数 $(1011010101.101011)_2$ 转换为十六进制数。

$$(\underline{0010} \ \underline{1101} \ \underline{0101}.\underline{1010} \ \underline{1100})_2 = (2D5.AC)_{16}$$
$$\quad 2 \quad\quad D \quad\quad 5 \quad.A \quad\quad C$$

十六进制数转换为二进制数相对容易,只需要将每 1 位十六进制数转换为 4 位二进制数。具体过程见例 2-6。

例 2-6 试将十六进制数 $(A1D.C4)_{16}$ 转换为二进制数。

$$(A1D.C4)_{16} = (\underline{1010} \ \underline{0001} \ \underline{1101}.\underline{1100} \ \underline{0100})_2$$
$$\quad A \quad\quad 1 \quad\quad D \quad.C \quad\quad 4$$

◆ 2.2 计算机信息分类

现代计算机大多是多媒体计算机,能处理各种信息类型。信息不完全等同于数据。一般来说,数据是指具体的基本值或事实,而信息是用有效的方式组织或处理过的数据。

对计算机用户来说,信息以不同的形式出现,例如,电子邮件中传送的文本,媒体播放器播放的音乐和视频,等等。计算机能处理和存储的数据基本类型包括数值、文本、音频、图像和视频,如图 2-1 所示。其中,数值和文本是计算机处理的传统对象,而音频、图像和视频数据是随着多媒体技术发展而产生的处理数据。对于包含两种及以上基本类型的信息称为多

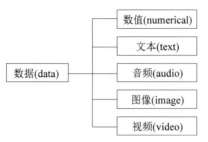

图 2-1　计算机数据基本类型

媒体信息,能综合处理多媒体信息的计算机即为多媒体计算机。

　　工程问题需要进行算术运算,求解代数方程等,从而产生数值数据。文本,通常是具有完整、系统含义的一个句子或多个句子的组合。文本数据是任何由书写所固定下来的任何话语,例如,存储在计算机中的用户技术文档,用户的电子邮件,等等。人类能够听到的所有声音都称为音频,可能包括噪声等。计算机通过一定的处理流程将声音转换为可存储、播放的音频数据。图像是指具有视觉效果的画面,根据图像记录方式的不同可分为模拟图像和数字图像。模拟图像通过某种物理量(如光、电等)的强弱变化来记录图像亮度信息;而数字图像则是用有限的离散量记录图像上各点的亮度信息。视频数据是序列图像数据的集合,与时间相关,同样分为模拟视频和数字视频。

　　上述数据类型存储在计算机内部时,无论它的外在表现形式如何,都会转换成二进制形式存储。而当计算机输出这些数据时,又会还原为用户熟悉的形式。计算机内部最小的存储单位被称为“位”,英文表示为 bit,是 binary digit 的缩写,其值为 0 或 1。8 个二进制位称为“字节”,英文表示为 Byte。无论是何种数据类型,计算机内部均采用二进制串(二进制流)模式表示数据。例如,大写字母 A 在计算机内部存储为 01000001(如果占用一字节存储单元的话)。数值 65 在计算机内部也存储为 01000001。同样,音频、图像和视频数据的某个片段也可能包含 01000001 二进制流,如图 2-2 所示。

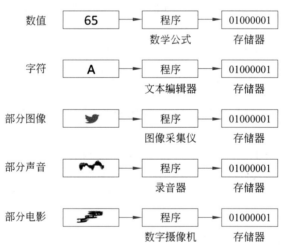

图 2-2　不同数据类型的存储

　　再如,Windows XP 自带的图片 Water lilies.jpg(见图 2-3),存储了如下的二进制串:
1111 1111 1101 1000 1111 1111 1110 0000 0000 0000……

　　Windows XP 自带的音乐 Beethoven's Symphony No.9 (Scherzo).wma 文件中有下列的二进制串:0011 0000 0010 0110 1011 0010 0111 0101 1000 1110……

图 2-3　Water lilies.jpg

◆ 2.3　数值数据的表示

数值数据在计算机内部转换为二进制存储需要考虑两个问题：①数值数据有正负值，如何存储符号？②数值数据有整数和非整数，对于非整数，如何处理小数点？

2.3.1　整数的存储

整数分为无符号整数与有符号整数。无符号整数，即正整数，理论上取值范围为 0 到正无穷，但在计算机内部存储的取值范围取决于分配的存储单元长度。假定存储单元长度为 n 位，则可存储的最大无符号整数为 2^n-1。例如，一个 8 位（1 字节）的存储单元，可存的最大整数为 255。整数的存储采用**定点表示法**，将小数点固定在最右端，小数点是假定存在的，实际并不存储。

假定存储单元长度为 n，无符号整数的存储过程如下。

（1）将整数转换为二进制数。

（2）如果二进制位数不足 n 位，则在二进制数的左边补 0 使总位数为 n；如果位数大于 n，则产生溢出，存储出错。

例 2-7　将正整数 26 存储在 8 位存储单元中。

首先，将 26 转换为二进制数 $(11010)_2$，然后左边补 0，使长度为 8，结果为 $(00011010)_2$。

例 2-8　将正整数 258 存储在 16 位存储单元中。

同样，258 转换为二进制数 $(100000010)_2$，左边补 7 个 0，表示为 $(0000000100000010)_2$。

例 2-9　将正整数 20 存储在 4 位存储单元中。

20 的二进制数形式为 $(10100)_2$，计算机会丢掉最左边的位，保存右边 4 位 $(0100)_2$，最终显示 4 而不是 20。

因为不必存储符号，无符号整数在很多场景下可以提高计算机的存储效率，如计数器、内存地址、文本、图像等以位模式存储的数据类型。

当然在工程计算中，大量使用的还是有符号整数，即正数、负数。在日常生活中，用"＋""－"号加绝对值表示数值的大小，但计算机是不能识别"＋""－"号。因此，需要将数据的符号数字化，即将正负号转换为计算机所能识别的 0 或 1 这两个二进制代码。一般情况下，约定二进制数的最高位为符号位,0 表示正号,1 表示负号。这种在计算机内部使用的、连同数据符号一起数字化了的数,称为"机器数"。由此可以看出,机器数实际上是由两部分组成:一部分是表示该数的正负;另一部分是有效数值。机器数有原码、反码、补码三种表现形式。

1. 原码

原码表示法,又称为符号加绝对值方法,是最简单和最直观的机器数表示法。其基本思想为在存储单元的最高位存储符号,0 表示正,1 表示负,其余位存储数的绝对值。计算原码的过程为:①将整数的绝对值转换为二进制数;②在存储单元的最左位记录符号,0 为正,1 为负。例如,分别用 8 位二进制位存储 +11 和 −11,它们的原码分别为 $(+11)_{10}=(0000\ 1011)_2$,$(-11)_{10}=(1000\ 1011)_2$。

由于符号占用一位存储位,对于 n 位存储单元而言,其能存储的数值范围是 $[-(2^{n-1}-1),(2^{n-1}-1)]$。例如,8 位存储单元的数值范围是 $[-127,127]$。

原码表示法,采用最高位作为符号位,符合人类的习惯,简明易懂,且乘除法运算简单。但是 0 有 +0 和 −0 两种形式。例如,8 位存储单元可以存储 $(00000000)_2$ 表示 +0,$(10000000)_2$ 表示 −0。此外,原码的加减运算很不方便。由于符号位不能和数值一样参与运算,所以要根据两数的符号情况,同号相加,异号相减,还要根据两数的绝对值大小,令大数减去小数,最后还要判断结果的符号。这样要求运算器既做加法,又做减法,还附加了许多判断条件,增加了运算器的实现复杂性,延长了运算的时间。例如,十进制运算 $1-2=1+(-2)=-1$。如果存储单元长度为 8,用原码表示 1 和 −2,分别为 $(1)_{10}=(00000001)_2$,$(-2)_{10}=(10000010)_2$,带符号位直接对两个原码执行加法操作,其运算结果为 −3,显然是错误的,如图 2-4 所示。

二进制	十进制
0000 0001	+1
+ 1000 0010	−2
1000 0011	−3

图 2-4 带符号位的原码加法

2. 反码

在描述反码定义前,先给出二进制数求反运算的定义。所谓求反,即将 0 转换为 1,将 1 转换为 0。一个二进制数的求反运算是将二进制数所有位按位取反(包括符号位),即把 0 变为 1,把 1 变为 0。例如,对二进制数 00110110 求反,$(00110110)_反=(11001001)$。

有符号整数的反码定义过程为:①将整数绝对值转换成二进制数(n 位);②正数直接存储,负数存储二进制数的反。相反地,对于给定的二进制数反码,将其还原成十进制整数的过程为:①如果最左位是 1,取其的反;如果最左位是 0,不操作;②将二进制数转换为十进制数;③添加符号位。

例如,8 位存储单元存储 (+11) 和 (−11) 的反码,分别是 $(+11)_{10}=(00001011)_2=(00001011)_反$,$(-11)_{10}$ 绝对值的二进制数为 $(00001011)_2$ 求反为 $(11110100)_反$。

对于 n 位存储单元,反码表示法仍然使用了一位作为符号位,因此数值的存储范围是 $[-(2^{n-1}-1),(2^{n-1}-1)]$,与原码表示法相同。例如,8 位存储单元的数值范围仍然是 $[-127,127]$。数值零同样有 +0 和 −0 两种形式,8 位二进制数反码分别为 $+0=(00000000)_反$ 和 $-0=(11111111)_反$。

同上，我们对十进制运算 1－2＝1＋(－2)＝－1 采用反码形式进行运算。如果存储单元长度为 8，用反码表示 1 和－2，分别为$(1)_{10}=(00000001)_2$，$(-2)_{10}=(11111101)_2$，带符号位直接对两个反码执行加法操作，其运算结果的反码为$(11111110)_2$，求反后考虑符号位，结果为－1，正确，如图 2-5 所示。

反码表示操作简单，容易获取，但与原码相同，做加减运算不方便，有时还需要在和的基础上考虑进位，否则会得到错误得结果。例如，十进制运算 2－1＝2＋(－1)＝1 采用反码形式进行运算，如果存储单元长度为 8，用反码表示 2 和－1，分别为$(2)_{10}=(00000010)_2$，$(-1)_{10}=(11111110)_2$，带符号位直接对两个反码执行加法操作，其运算结果的反码为$(00000000)_2$，进位后产生溢出，如果不考虑进位，结果为 0，考虑进位后才能得到正确得结果 1，如图 2-6 所示。

二进制	十进制	
0000 0001	+1	
+ 1111 1101	−2	
1111 1110		反码
0000 0001	1	求反
	−1	符号

图 2-5　带符号位的反码加法

二进制	十进制	
0000 0010	+2	
+ 1111 1110	−1	
1 0000 0000		溢出 ✗
0000 0000	0	
+ 0000 0001		进位
0000 0001	+1	✓

图 2-6　进位的反码加法

反码通常出现在老式的计算机中，如 PDP-1、CDC 160A、UNIVAC 1100/2200 系列等，在现代计算机中已经很少采用。为了解决原码和反码运算中符号位的问题，计算机科学家们提出了补码表示法。

3. 补码

补码表示法使符号位能参与有效数值位的运算，提高运算效率，可方便地将减法运算转化为加法运算，从而简化运算器的硬件线路设计。因此，补码表示法在计算机内部广泛使用。

首先，给出二进制数求补运算的定义。二进制运算求补可有两种方法，第一种方法过程为：从右边复制位，直到有 1 被复制；接着，其余的位取反。第二种方法过程为：进行 1 次求反运算，接着，末位加 1。

例 2-10　求二进制数 0011 0100 的补。

$$(0011\ 0100)_{补}=1100\ 1100$$

$$\begin{aligned}(0011\ 0100)_{补}&=(0011\ 0100)_{反}+0000\ 0001\\&=1100\ 1011+0000\ 0001\\&=1100\ 1100\end{aligned}$$

对于一个有符号整数，假定存储单元长度为 n，其补码的计算过程为：①将整数绝对值转换为 n 位二进制数；②正数直接存储，负数存储其的补。对于 n 位存储单元，补码表示法的数值存储范围为$[-2^{n-1},(2^{n-1}-1)]$。对于 $n=8$，则存储值范围为(－128，127)。0 有唯一的表示方式 0000 0000。

例 2-11 用 8 位存储单元存储 6 和 -7 的补码。

$(6)_{10}=(0000\ 0110)_2=(0000\ 0110)_\text{补}$

$(-7)_{10}=(0000\ 0111)_\text{反}+0000\ 0001=1111\ 1000+0000\ 0001=(1111\ 1001)_\text{补}$

从二进制数补码还原成十进制整数的过程为：①如果最左位是 1，取其的补；如果最左位是 0，不操作；②将二进制数转换为十进制数；③添加符号位。

练习 1：将 $(0111\ 1010)_\text{补}$ 从二进制数补码还原成十进制整数。

练习 2：将 $(1000\ 1001)_\text{补}$ 从二进制数补码还原成十进制整数。

下面用例 2-12 说明采用补码表示法，符号位参与加法运算的过程。

例 2-12 采用补码计算表达式 $-1+2$，假定存储单元长度为 8。

首先写出 -1 和 2 的补，$(-1)_\text{补}=(|-1|)_\text{反}+(0000\ 0001)=(0000\ 0001)_\text{反}+(0000\ 0001)=(1111\ 1110)+(0000\ 0001)=(1111\ 1111)_\text{补}$；

$(2)_\text{补}=(0000\ 0010)_\text{补}$。

补码计算结果为 1，结果正确，如图 2-7 所示。

二进制	十进制
1111 1111	-1
+ 0000 0010	$+2$
1 0000 0001	
0000 0001	$+1$

溢出

图 2-7　补码加法

2.3.2 实数存储

实数是带有整数部分和小数部分的数字。例如，30.897 的整数部分是 30，而 897 是小数部分。计算机内部通常不采用固定小数点的方法来表示实数。所谓固定小数点，是指规定小数点左右两边各几位。这样容易导致表达的实数不一定精确或达不到需要的精度，特别是整数部分很大或小数部分很小的实数。

浮点表示法是解决实数存储正确度和精度问题的方法，与十进制数的科学记数法类似。对于十进制数 3721000000000000，如果采用科学记数法表示，则可表示为。

实际数字：$+3721000000000000.00$。

科学记数法：$+3.721\times10^{15}$。

存储在计算机内部，浮点表示法由 3 部分组成：符号、位移量和定点数，如图 2-8 所示。

符号	位移量	定点数

图 2-8　浮点表示法

以 $+3.721\times10^{15}$ 为例，符号部分记录实数的正负情况（$+$），位移量是采用科学记数法后的指数部分（15），定点数是规范化后的非零数，即小数点左边只有一位非零数（3.721）。当然计算机内部存储的是二进制序列。

例 2-13 二进制数 $+1010\ 1000\ 0000\ 0000$ 采用浮点表示法，情况如下。

符号	位移量	定点数
$+$	15	1.0101

例 2-14 二进制小数 $-0.0000\ 0000\ 0101$ 采用浮点表示法，情况如下。

符号	位移量	定点数
$-$	-10	1.01

需要说明的是,上述例子是浮点表示法定义的基本说明,浮点数的存储规则有相应的 IEEE 标准规定,后续专业课程"计算机组成原理"也有详细讨论,此处不再赘述。

◆ 2.4 文本数据的表示

文本,从文学角度说,通常是具有完整、系统的含义(message)的一个句子或多个句子的组合。一个文本可以是一个句子、一个段落或者一个篇章。计算机记载和存储的文字信息即是一类文本数据,有别于声音、图像等类型的数据。

世界上各个国家和地区的文字发展经历了漫长的过程,不同的语言有不同的文字表达形式。大多数语言通常由特定的符号集构成,是一类拼音文字。例如,英语文本由 26 个字母、10 个数字符号以及一些特殊符号构成;汉字则属于表意文字,由一类图形符号演化而来,数量很庞大,大约十万个,常用的汉字也有 3000 多个。

无论是拼音文字还是表意文字,存储于计算机内部时都需要一个二进制串唯一标识该文字,该二进制串定义为位模式。问题是该如何估算位模式的长度呢?不同语言的文字需要的位模式长度相同吗?位模式的长度取决于需要表达的符号数量,两者呈对数关系。怎么理解这个关系呢?如果要表示 2 个符号,则只需要一位,即位模式长度为 1($\log_2 2 = 1$)。如果需要表示 4 个符号,则位模式长度为 2,因为 $\log_2 4 = 2$。同理,如果要表达 128 个符号,则 $\log_2 128 = 7$,需要 7 位二进制位。

不同的语言由于符号数不相同,因此所需要的位模式长度也不尽相同。对应某种语言不同符号的位模式集合称为文本代码。事实上,在计算机的发展历史过程中,不断发展出各种编码,一些成为标准,而一些编码变得不太流行。下面介绍国际上广泛采用的两种文本编码标准:ASCII 和 Unicode。

2.4.1 ASCII 字符集

ASCII 是国际上广泛且最早采用的文本编码标准,其英文全称是 American Standard Code For Information Interchange,即美国信息交换标准码。ASCII 编码是从电报码发展而来,最早的商用是贝尔数据服务推广的 7 位电传打字机编码。美国国家标准协会(the American National Standards Institute,ANSI)于 1963 年发布第一版标准 X3.2,经过多次修改直到 1986 年发布的 ANSI INCITS 4-1986。

ASCII 标准定义了 128 个符号,包括 33 个不可打印的控制符(影响文本和空格的处理),95 个可打印字符(数字 0~9,小写字母 a~z,大写字母 A~Z,标点符号),如表 2-6 所示。

为了能表示更多字符,各厂商制定了很多种 ASCII 码的扩展规范(Extended ASCII)。通常扩展规范采用 8 位二进制码表示一个字符,可标识 256 个字符。扩展 ASCII 字符集不仅包含 7 位 ASCII 字符集,还包含附加的 128 个特殊符号字符、外来语字母和图形符号。

表 2-6　ASCII 字符集

十六进制码	字符	十六进制码	字符	十六进制码	字符	十六进制码	字符
00	NUL	20	SP	40	@	60	`
01	SOH	21	!	41	A	61	a
02	STX	22	"	42	B	62	b
03	ETX	23	#	43	C	63	c
04	EOT	24	$	44	D	64	d
05	ENQ	25	%	45	E	65	e
06	ACK	26	&	46	F	66	f
07	BEL	27	'	47	G	67	g
08	BS	28	(	48	H	68	h
09	HT	29	)	49	I	69	i
0A	LF	2A	*	4A	J	6A	j
0B	VT	2B	+	4B	K	6B	k
0C	FF	2C	,	4C	L	6C	l
0D	CR	2D	-	4D	M	6D	m
0E	SO	2E	.	4E	N	6E	n
0F	SI	2F	/	4F	O	6F	o
10	DLE	30	0	50	P	70	p
11	DC1	31	1	51	Q	71	q
12	DC2	32	2	52	R	72	r
13	DC3	33	3	53	S	73	s
14	DC4	34	4	54	T	74	t
15	NAK	35	5	55	U	75	u
16	SYN	36	6	56	V	76	v
17	ETB	37	7	57	W	77	w
18	CAN	38	8	58	X	78	x
19	EM	39	9	59	Y	79	y
1A	SUB	3A	:	5A	Z	7A	z
1B	ESC	3B	;	5B	[	7B	{
1C	FS	3C	<	5C	\	7C		
1D	GS	3D	=	5D	]	7D	}
1E	RS	3E	>	5E	↑	7E	~
1F	US	3F	?	5F	—	7F	DEL

2.4.2　Unicode 字符集

7 位 ASCII 规范只能标识 128 个字符和符号,而扩展 ASCII 规范只能支持 256 个字符和符号,ASCII 规范存在没有足够存储位数标识其他国家和地区语言的字符与符号的缺陷。如果需要标识世界上其他国家的文字符号,需要特别的设计。例如,我国汉字的数量上万,仅用一字节编码标识是不够的。为此,我国制定了 GB 2312—80 标准,设计用两个连续的扩展码(0xA0 以后的编码)标识一个汉字。同样,日文、韩文、阿拉伯文也采用类似的方法扩展了本地字符集的定义,统一称为多字节字符集(MBCS)。但是这种方法也是有缺陷的,因为各个国家地区定义的字符集有交集,使用 GB 2312 的软件,就不能在 BIG-5 的环境下运行(显示乱码),反之亦然。

国际标准化组织和多语言软件制造商组成了统一码联盟,即 Unicode 协会。Unicode 协会建立了一个通用的编码系统,即 Unicode。Unicode 又称为统一码、万国码、单一码,是为了克服上述 ASCII 规范局限性问题而设计产生的。Unicode 为每种语言中的每个字符设定了统一并且唯一的二进制编码,以满足跨语言、跨平台进行文本转换、处理的要求。1990 年开始研发,1994 年正式公布第一版,先后发布了 2 字节 Unicode 字符集和第五版的 4 字节 Unicode 字符集,并完全与 7 位 ASCII 和 扩展 ASCII 兼容。下面以 4 字节 Unicode 字符集为例,介绍 Unicode 编码方案。

Unicode 编码的基本思想是:将整个编码空间分割成平面,编码的两个高位字节定义平面编号,两个低位字节定义对应平面的字符和符号。两字节可以定义 2^{16} 个平面,即 65 536 个平面,每个平面可定义 2^{16} 个字符。Unicode 的 65 536 个平面,有 6 个预定义的平面,分别是:0000 为基本多语言平面,0001 为辅助多语言平面,0002 为辅助象形文字平面,000E 为辅助特殊平面,000F 为私有用户平面,0010 为私有用户平面,其余平面为保留平面。图 2-9 显示了 Unicode 编码的空间结构和平面定义。

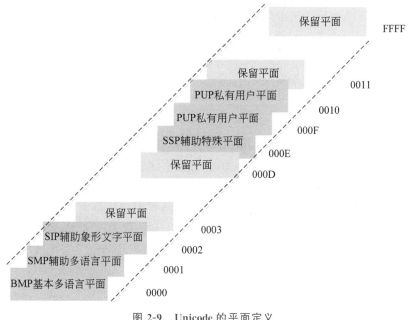

图 2-9　Unicode 的平面定义

2.4.3　文本压缩方法

文本压缩是指用较少的位或字节来表示文本,这样可以显著地减小计算机中文本存储的空间需求量。文本压缩方法发展到现阶段,已有很多算法,大致分为无损压缩和有损压缩两类。无损压缩指压缩过程中没丢失任何原始信息,数据能 100%复原;而有损压缩在压缩过程中会损失一些信息,数据不能 100%复原。压缩率可用原始数据的大小除压缩后的数据大小表示,是衡量压缩程度的指标。常见的文本压缩算法包括关键字编码(keyword encoding)、行程编码(run-length encoding)、哈夫曼编码(huffman encoding),下面做简要介绍。

关键字编码是一种最直接的文本压缩方法,用单个字符代替常用的单词,文本恢复过程是压缩的逆过程,即用对应的完整单词替换单个字符。关键字编码如表 2-7 所示。

表 2-7　关键字编码

word	symbol	word	symbol
as	^	the	~
and	+	that	$
must	&	well	%
these	#	those	!

例 2-15　有如下的英文段落。

The human body is composed of many independent systems,such as the circulatory system,the respiratory system,and the reproductive system. Not only must all systems work independently,they must interact and cooperate as well. Overall health is a function of the well-being of separate systems,as well as how these separate systems work in concert.

使用表 2-7 的关键字符号替换后,编码后的段落为。

The human body is composed of many independent systems,such ^ ~ circulatory system,~ respiratory system,+ ~ reproductive system. Not only & all systems work independently,they & interact + cooperate ^ %. Overall health is a function of ~ %-being of separate systems,^%^ how # separate systems work in concert.

关键字编码方法的优势是简单易懂,但在使用上有一个限制,即用于编码的字符不能出现在原始文本中。例如,上述例子中用~替换 the,则需要保证原始文本中不包含~。

行程编码是一种非常简单的无损压缩方法,对于连续出现的字符串记录字符和出现次数,适合应用于重复率高的文本,而对重复率不高的文本采用此方法会增加文本文件的长度。对于重复的字符序列,常用的替换方法是以一个标识符号+字符+重复次数代替原有字符串。例如,字符串"bbbbbbbbjjjkllqqqqqq+++++",如果以"*"做标识符,行程编码压缩后为"*b8jjjkll*q6*+5"。读者可能会问为什么字符串"jjj"和"ll"未被压缩呢?请读者仔细想想。上述例子的文本压缩率为 0.6。

行程编码方案曾是最流行的在线图像压缩方法(在 GIF 等高级图像格式出现前),1967

年就用于电视信号压缩,特别适合压缩基于调色板的位图图像,如计算机图标。

哈夫曼编码(huffman coding),于 1952 年由大卫·哈夫曼(David Huffman)在 MIT 攻读博士期间发表的论文 *A Method for the Construction of Minimum-Redundancy Codes* 中提出,是基于统计学的编码方案。该编码使用变长的二进制串表示字符,依据字符出现的概率确定字符编码长度,常用的字符具有较短的编码。

哈夫曼编码既可用于文本压缩,也可用于图像信息压缩。编码的基本过程分为三步:①扫描需编码的数据,统计原数据中各字符(像素)出现的概率;②利用得到的概率值创建哈夫曼树;③对哈夫曼树进行编码,形成哈夫曼编码并存储。哈夫曼树是一种最优二叉树,哈夫曼树创建以及编码具体过程可参考《数据结构》教材。下面举例说明哈夫曼编码的压缩效率,表 2-8 是一个哈夫曼编码表。

表 2-8　哈夫曼编码表

Huffman 编码	字　　符	Huffman 编码	字　　符
00	A	111	R
01	E	1010	B
100	L	1011	D
110	O		

基于上述的编码表,单词 BOARD 被编码为 1010110001111011,长度为 16 位。如果按照 ASCII 编码,每字符占用 8 位,则原始字符串长度为 40 位。采用哈夫曼编码后,长度为 16 位,压缩率为 0.4,可见哈夫曼编码的压缩相当有效。

◆ 2.5　数字媒体类数据

如今,媒体行业在计算机技术的支撑下,综合文字、音视频、图形图像,以多媒体信息进行传播,进入数字媒体时代。

音频表示语音或音乐,记录着每一时刻声音的密度,本质上是一类模拟数据。计算机内存储的音频数据是经过采样、编码和量化后的数字化信息。具体数字化过程以及相关术语见第 7 章。

计算机中存储的图形图像数据有两类:位图(光栅图)和矢量图。位图是指整个图像由一组独立的像素表示,每个像素有独立的值,这个值可以是光的亮度值或颜色值。矢量图使用线段或基本几何结构表示图形,通过扫描转换过程生成位图。图形图像数据的技术基础详见第 8 章、第 9 章。

视频数据是图像在时间上的表示,即由一组图像序列组成,连续播放而形成运动图像。视频数据量通常很大,需要压缩存储。视频信息压缩方法的多样性使得视频数据成为最复杂的一种数据类型。视频一词也泛指将一系列静态影像以电信号的方式加以捕捉、记录、处理、存储、传送与重现的各种技术。各类技术的基础信息详见第 8 章。

◆ 思 考 题 2

1. 什么是信息？试从计算机的角度进行阐述。

2. 日常生活中主要使用哪些类型的记数系统？

3. 为什么计算机系统采用二进制记数系统？

4. 将下列二进制数转换为十进制数，写出计算过程。

(1) $(10000)_2$ (2) $(10010110)_2$ (3) $(1111.111)_2$ (4) $(11000111.011)_2$

5. 将下列十进制数转换为二进制数，写出计算过程。

(1) 66   (2) 4321   (3) 15.88   (4) 101.25

6. 将下列八进制数转换为十进制数，写出计算过程。

(1) $(34)_8$ (2) $(107)_8$ (3) $(123.45)_8$ (4) $(307.11)_8$

7. 将下列十进制数转换为八进制数，写出计算过程。

(1) 1234   (2) 256   (3) 100.5   (4) 1024

8. 将下列十六进制数转换为十进制数，写出计算过程。

(1) $(34)_{16}$ (2) $(107)_{16}$ (3) $(123.45)_{16}$ (4) $(307.11)_{16}$

9. 将下列十进制数转换为十六进制数，写出计算过程。

(1) 512   (2) 2048   (3) 16.8   (4) 99.5

10. 将下列二进制数和八进制数互相转换，写出计算过程。

(1) $(10011001)_2$ (2) $(11110111.11)_2$ (3) $(54)_8$ (4) $(17.5)_8$

11. 将下列二进制数和十六进制数互相转换，写出计算过程。

(1) $(10100110)_2$ (2) $(1111111.111)_2$ (3) $(4F)_{16}$ (4) $(BB.C)_{16}$

12. 计算机能处理和存储哪些类型的数据？

13. 数值数据在计算机中如何表示和存储？

14. 将下列十进制数转换为8位原码、反码和补码。

(1) 72   (2) 100   (3) −27   (4) −107

15. 文本数据在计算机中如何表示和存储？

计算机硬件基础

  计算机是由大量的电子元器件组合而成的电子设备,基础元器件(实现简单逻辑运算的硬件单元)控制着电流,通过电流来完成计算机的二进制运算。本章主要介绍晶体管与门的定义,集成电路的概念,并在此基础上讨论计算机中央处理器 CPU 的构成,计算机的体系结构等基本概念。

◇ 3.1　晶体管、门电路与集成电路

  晶体管(transistor)是一种固体半导体器件,具有检波、整流、放大、开关、稳压、信号调制等多种功能。晶体管作为一种可变电流开关,能够基于输入电压控制输出电流。与普通机械开关(如继电器)不同,晶体管利用电信号来控制自身的开合,而且开关速度非常快,实验室中测试的切换速度可达 100GHz 以上。

  1947 年 12 月 16 日,威廉·肖克利(William Shockley)、约翰·巴顿(John Bardeen)和沃特·布拉顿(Walter Brattain)成功地在贝尔实验室制造出第一个晶体管。威廉·肖克利于 1950 年开发出双极晶体管(bipolar transistor),是现在通用的标准晶体管。助听器是第一个采用晶体管的商业化设备,第一台晶体管收音机 Regency TR1 仅包含 4 个锗晶体管。晶体管的问世,使人们能用一个小巧的、消耗功率低的电子器件,来代替体积大、功率消耗大的电子管,是 20 世纪的一项重大发明。1959年,美国菲尔克公司研制出第一台大型通用晶体管计算机,使得晶体管成为第二代计算机的标志。作为计算机的基础元器件,晶体管相对于第一代计算机采用的真空电子管,具有体积小、重量轻、速度快、寿命长等一系列优点。图 3-1 为威廉·肖克利。

图 3-1　晶体管之父——威廉·肖克利

  早期的晶体管采用锗材料,现代则采用硅材料。按晶体管使用的半导体材料可分为硅材料晶体管和锗材料晶体管。晶体管大多数是由 MOS 管构建,MOS 管分为 P 型和 N 型,按晶体管的极性可分为 NPN 型晶体管、PNP 型晶体管。晶体管的电气特性属于电子学课程知识,本书不具体描述。

  门是对电信号执行基本运算的设备,由两个及以上的晶体管构成。门的主要

功能是接收一个或多个输入信号,生成一个输出信号。门的种类很多,每种类型的门可完成一种特定的逻辑运算。相互连接的门可组合为电路,电路可以完成更为复杂的逻辑运算功能。

描述门的常用方法有 3 种,即布尔表达式、逻辑框图和真值表。布尔表达式的数学基础即是前面提到的英国数学家乔治·布尔发明的布尔代数,其变量和结果只有 0 和 1,是演示数字电路活动的极好方式。逻辑框图是电路的图形化表示方法,每类型的门都有一个特定的图形符号,通过不同方法将门连接在一起,可表达出整个电路逻辑。真值表是一张列出了所有可能的输入值以及对应输出值的表。

非门、与门、或门、异或门、与非门、或非门是 6 种基本类型的门,实现 6 种基本的逻辑运算,下面用上述 3 种描述方法表示。

非门,对输入信号 A 求反,输出为 X,即如果输入为 0,输出为 1;如果输入为 1,则输出为 0,如图 3-2 所示。

布尔表达式　逻辑框图　真值表

$X=A'$

A	X
0	1
1	0

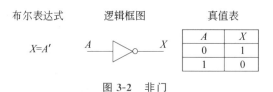

图 3-2　非门

与门,接收两个输入信号 A 和 B,由两个信号值确定输出信号 X 的值。只有在两个输入信号都是 1 情况下,与门输出为 1,否则输出为 0,如图 3-3 所示。

布尔表达式　逻辑框图　真值表

$X=A\cdot B$

A	B	X
0	0	0
0	1	0
1	0	0
1	1	1

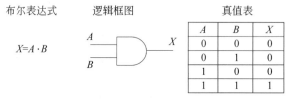

图 3-3　与门

或门,接收两个输入信号 A 和 B,只要有一个输入信号为 1,则输出信号 X 为 1;只有当两个信号都为 0 时,输出信号 X 为 0,如图 3-4 所示。

布尔表达式　逻辑框图　真值表

$X=A+B$

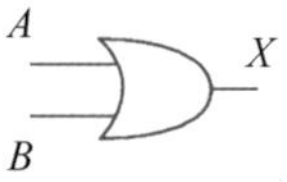

A	B	X
0	0	0
0	1	1
1	0	1
1	1	1

图 3-4　或门

异或门,接收两个输入信号 A 和 B。如果两个输入值相同,即同为 0 或同为 1,则输出值为 0;否则,输出为 1,如图 3-5 所示。

与非门,接收两个输入信号 A 和 B,对与运算的结果求反,如图 3-6 所示。

或非门,接收两个输入信号 A 和 B,对或运算的结果求反,如图 3-7 所示。

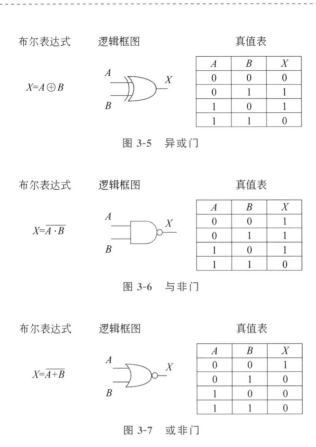

布尔表达式　　　逻辑框图　　　　　真值表

$X=A \oplus B$

A	B	X
0	0	0
0	1	1
1	0	1
1	1	0

图 3-5　异或门

布尔表达式　　　逻辑框图　　　　　真值表

$X=\overline{A \cdot B}$

A	B	X
0	0	1
0	1	1
1	0	1
1	1	0

图 3-6　与非门

布尔表达式　　　逻辑框图　　　　　真值表

$X=\overline{A+B}$

A	B	X
0	0	1
0	1	0
1	0	0
1	1	0

图 3-7　或非门

注：布尔代数中没有专用的与非门、或非门符号。

有了晶体管、门、电路的概念，就可以给出集成电路的定义了。杰克·基尔比（Jack Kilby）在 1958 年发明了基于锗的集成电路，同时代的罗伯特·诺伊斯（Robert Noyce）发明了基于硅的集成电路。当前半导体工业大多数应用的是基于硅的集成电路。杰克·基尔比获得了 2000 年诺贝尔物理学奖，而罗伯特·诺伊斯早于 1990 年过世，不然罗伯特·诺伊斯也有机会获得该奖。

集成电路（又称芯片），英文全称是 integrated circuits，是嵌入了多个门的硅片。具体来讲，采用一定的工艺，把一个电路中所需的晶体管、电阻、电容和电感等元件及导线互连在一起，集中在一小块或几小块半导体晶片或介质基片上，然后封装在一个管壳内，成为具有所需电路功能的微型结构。

集成电路具有体积小、重量轻、引出线和焊接点少、寿命长、可靠性高、性能好等优点，同时成本低、便于大规模生产。它不仅在工业、民用等领域得到广泛的应用，如收音机、电视机、计算机，同时在军事、通信、遥控等领域也得到广泛的应用。用集成电路来装配电子设备，其装配密度比晶体管可提高几十倍至几千倍，设备的稳定工作时间也大大提高。

集成电路按功能、结构的不同，可以分为模拟集成电路、数字集成电路和数/模混合集成电路三大类。

模拟集成电路又称线性电路，用来产生、放大和处理各种模拟信号。模拟信号是幅度随时间变化的信号。例如，半导体收音机的音频信号、录音机播放的磁带信号等，输入信号和输出信号成比例关系。

数字集成电路用来产生、放大和处理各种数字信号。数字信号是在时间上、幅度上离散取值的信号。例如，3G/4G/5G 手机、数码相机、计算机 CPU、数字电视的逻辑控制、音频信号和视频信号。

表 3-1 列出了集成电路的各类型名称以及逻辑门数量。

表 3-1　集成电路的各类型名称以及逻辑门数量

简　写	名　字	门　数
SSI	Small Scale Integration	1～10
MSI	Medium Scale Integration	11～100
LSI	Large Scale Integration	101～100000
VLSI	Very Large Scale Integration	10^6～10^7
ULSI	Ultra Large Scale Integration	10^7～10^9
GSI	Giga Scale Integration	＞10^9

集成电路按导电类型可分为双极型集成电路和单极型集成电路，它们都是数字集成电路。双极型集成电路的制作工艺复杂，功耗较大，代表集成电路有 TTL、ECL、HTL、LST-TL、STTL 等类型。单极型集成电路的制作工艺简单，功耗也较低，易于制成大规模集成电路，代表集成电路有 CMOS、NMOS、PMOS 等类型。

集成电路的分类形式还有多种，这里不再赘述。

◆ 3.2　CPU 芯片

3.2.1　CPU 概念

CPU（central processing unit）即中央处理单元，也称为微处理器，是计算机中最重要的集成电路芯片。CPU 是一台计算机的运算核心和控制核心器件，主要功能是解释、执行计算机指令以及处理计算机软件中的数据。CPU 芯片的发展是计算机发展的主要体现。每当一款新型的 CPU 出现时，就会带动计算机系统的其他部件的相应发展，例如，计算机体系结构的进一步优化，存储器存取容量的不断增大、存取速度的不断提高，外围设备的不断改进以及新设备的不断出现等。

CPU 主要由算术逻辑单元（arithmetic and logic unit，ALU）、寄存器组（registers）和控制单元（control unit）构成，如图 3-8 所示。

算术逻辑单元，由与门或门构成的电路，负责执行逻辑运算（与、或、非和异或）和算术运算（加法、减法、乘法和除法）。寄存器是由触发器构成的集成电路，用来临时存放数据的、高速独立的存储单元，包括数据存储器（R0～Rn）、指令寄存器（IR）和程序寄存器（PR）。控制单元负责对指令译码，并且发出为完成每条指令所要执行的各个操作的控制信号。

CPU 执行指令时的一系列步骤称为一个指令周期，主要分为取指令、指令译码、取数据（如果需要）、执行指令四阶段，如图 3-9 所示。

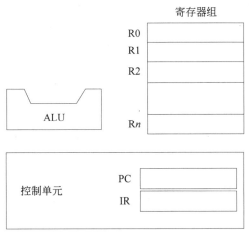

图 3-8　CPU 结构图

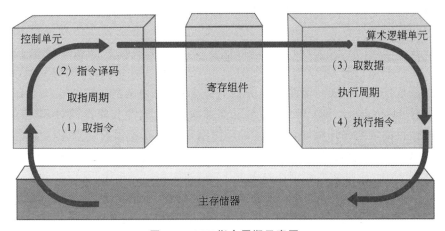

图 3-9　CPU 指令周期示意图

计算机的性能在很大程度上由 CPU 的性能决定,而 CPU 的性能主要体现在其执行指令的速度上。影响运行速度的性能指标包括 CPU 的工作频率、高速缓存(cache)容量、指令系统和逻辑结构等参数。

3.2.2　CPU 性能指标

1. CPU 频率

CPU 的工作频率相关的概念包括主频、外频、倍频系数、前端总线频率等。主频也称作时钟频率,单位是兆赫(MHz)或千兆赫(GHz),表示在 CPU 内数字脉冲信号振荡的速度,体现 CPU 的运算、处理数据的速度。通常,主频越高,CPU 处理数据的速度就越快。主频和实际的运算速度存在一定的关系,但并不是一个简单的线性关系。外频是 CPU 的基准频率,单位是 MHz。CPU 的外频决定着整块主板的运行速度。CPU 的主频＝外频×倍频系数。倍频系数是指 CPU 主频与外频之间的相对比例关系,在相同的外频下,倍频越高,CPU 的频率也越高。但实际上,在相同外频的前提下,高倍频的 CPU 本身意义并不大。这是因为 CPU 与系统之间数据传输速度是有限的,一味追求高主频而得到高倍频的 CPU 就会出现明显的"瓶颈"效应——CPU 从系统中得到数据的极限速度不能够满足 CPU 运算的速度。前端总线(FSB)频率(即总线频率)直接影响 CPU 与内存之间数据的交换速度。

2. CPU 缓存

高速缓存容量也是 CPU 的重要指标之一,而且缓存的结构和大小对 CPU 速度的影响非常大。高速缓存位于 CPU 与内存之间,运行频率极高,一般和 CPU 同频运作,是一个读写速度比内存更快的存储器,读写速度接近 CPU 速度,采用静态随机存储器(SRAM,定义见 3.3.3 节)。当 CPU 向内存中写入或读出数据时,这个数据也被存储到高速缓冲存储器中。当 CPU 再次需要这些数据时,CPU 就从高速缓冲存储器读取数据,而不是访问较慢的内存;如需要的数据在高速缓存中没有,CPU 才会去读取内存中的数据。实际工作时,CPU往往需要重复读取同样的数据块,高速缓存容量的增大,可以大幅度提升 CPU 内部读取数据的命中率,而不用再到内存或者硬盘上寻找,以此提高系统性能。但是综合考虑 CPU 芯片面积和成本等因素,高速缓存的容量都很小。高速缓存还被划分为多个等级,主要有一级缓存、二级缓存、三级缓存。

一级缓存(L1 cache)是 CPU 第一层高速缓存,分为数据缓存和指令缓存。内置的 L1高速缓存的容量和结构对 CPU 的性能影响较大,均由 SRAM 组成,结构较复杂,在 CPU 管芯面积的约束条件下,L1 级高速缓存的容量不可能做得太大,通常在 32～256KB。

二级缓存(L2 cache)是 CPU 的第二层高速缓存,分内部和外部两种芯片。内部芯片二级缓存的运行速度与主频相同,而外部的二级缓存则只有主频的一半。L2 高速缓存容量也会影响 CPU 的性能,原则是越大越好。家用计算机的 L2 容量可达 512KB,笔记本计算机中可以达到 2MB,而服务器和工作站上的 L2 高速缓存容量更大,可以达到 8MB 以上。

三级缓存(L3 cache)为读取二级缓存后未命中的数据设计的缓存。在拥有三级缓存的 CPU中,只有约 5% 的数据需要从内存中调用,从而进一步提高 CPU 的效率,特别提升了大数据量计算时处理器的性能,对游戏应用很有帮助。此外,三级缓存对服务器性能有显著的提升。

3. CPU 指令系统

CPU 依靠指令来计算和控制系统,每款 CPU 在设计时就规定了一系列与其硬件电路相配合的指令系统。指令系统的强弱是 CPU 的重要指标,指令集是提高微处理器效率的最有效工具之一。

从现阶段的主流体系结构来讲,指令集可分为 CISC 和 RISC 两类。

(1) CISC(complex instruction set computing)指令集,即复杂指令集。在 CISC 微处理器中,程序的各条指令是按顺序串行执行的,每条指令中的各个操作也是按顺序串行执行的。顺序执行的优点是控制简单,但计算机各部分的利用率不高,执行速度慢。Intel 公司生产的 x86 系列 CPU 及其兼容 CPU 及 AMD、VIA 都采用 CISC 指令集。

(2) RISC(reduced instruction set computing)指令集,即精简指令集,由约翰·科克(John Cocke)提出。1975 年,约翰·科克研究了 IBM370 CISC 系统,对 CISC 机进行测试表明,各种指令的使用频度相当悬殊,最常使用的是一些比较简单的指令,它们仅占指令总数的 20%,但在程序中出现的频度却占 80%。复杂的指令系统会增加微处理器的复杂性,使处理器的研制时间变长,成本高,并且复杂指令会降低计算机的速度。基于上述原因,20世纪 80 年代 RISC 型 CPU 诞生了。RISC 指令集是高性能 CPU 的发展方向。与传统的 CISC 相比而言,RISC 的指令格式统一,种类比较少,寻址方式也比复杂指令集少,处理速度提高很多。目前,中高档服务器普遍采用 RISC 类型的 CPU,特别是高档服务器全都采用 RISC 类型的 CPU。在中高档服务器中采用 RISC 类型的 CPU 主要有以下几类:PowerPC处理器、SPARC 处理器、PA-RISC 处理器、MIPS 处理器、Alpha 处理器。

3.2.3 CPU 芯片的发展历程

CPU 芯片的发展历程大致划分为以下 6 个阶段:

1. 低档微处理器时代

第 1 阶段(1971—1973 年)是 4 位和 8 位低档微处理器时代,通常称为第 1 代,其典型产品是 Intel 4004 和 Intel 8008 微处理器和分别由它们组成的 MCS-4 和 MCS-8 微机。基本特点是采用 PMOS 工艺,集成度约 4000 个晶体管/片,系统结构和指令系统都比较简单,主要采用机器语言或简单的汇编语言,指令数目为 20 多条,基本指令周期为 $20\sim50\mu s$,用于简单的控制。

Intel 公司在 1969 年为日本计算机制造商 Busicom 的一项项目,着手研发可编程计算机的多款芯片。最终,Intel 在 1971 年 11 月 15 日向全球市场推出 4004 微处理器,每颗售价为 200 美元。4004 是 Intel 公司的第一款微处理器,其晶体管数目约为 2300 个,为个人计算机奠定了发展基础。

2. 8 位中高档微处理器时代

第 2 阶段(1974—1977 年)是 8 位中高档微处理器时代,通常称为第 2 代,其典型产品是 Intel 8080/8085、Motorola 公司的 6800、Zilog 公司的 Z80 等。它们的特点是采用 NMOS工艺,晶体管集成度提高约 4 倍,运算速度提高 $10\sim15$ 倍(基本指令执行时间 $1\sim2\mu s$)。指令系统比较完善,采用典型的计算机体系结构,具有中断、DMA 等控制功能。

1974 年,Intel 公司推出 8080 处理器,并作为 Altair 8800 微型计算机的运算核心,如图 3-10所示。当时的计算机迷可用 395 美元买到一组 Altair 的套件。它在数个月内卖出数万套,

图 3-10 Altair 8800 microcomputer

成为史上第一款下订单后制造的机种。Intel 8080 晶体管数目约为 6000 个。

3. 16 位微处理器时代

第 3 阶段(1978—1984 年)是 16 位微处理器时代,通常称为第 3 代,其典型产品是 Intel 公司的 8086/8088、Motorola 公司的 M68000、Zilog 公司的 Z8000 等微处理器。其特点是采用 HMOS 工艺,集成度(20000~70 000 个晶体管/片)和运算速度(基本指令执行时间是 0.5μs)都比第 2 代提高了一个数量级。指令系统更加丰富、完善,采用多级中断、多种寻址方式、段式存储结构、硬件乘除部件,并配置了软件系统。这一时期著名微机产品是 IBM 公司的个人计算机。1981 年,IBM 公司推出的个人计算机采用 8088 CPU;紧接着 1982 年又推出了扩展型的个人计算机 IBM PC/XT,它对内存进行了扩充,并增加了一个硬磁盘驱动器。

80286(简称 286)是 Intel 公司首款能执行所有旧款处理器专属软件的处理器,这种软件的兼容性之后成为 Intel 公司全系列微处理器的注册商标,在 6 年的销售期中,估计全球各地共安装了 1500 万部 286 个人计算机。Intel 80286 处理器晶体管数目为 13.4 万颗。1984 年,IBM 公司推出了以 80286 处理器为核心组成的 16 位增强型个人计算机 IBM PC/AT,由于 IBM 公司采用了技术开放的策略,使得个人计算机很快风靡世界。

4. 32 位微处理器时代

第 4 阶段(1985—1992 年)是 32 位微处理器时代,又称为第 4 代。典型产品是 Intel 公司的 80386/80486、Motorola 公司的 M69030/68040 等。其特点是采用 HMOS 或 CMOS 工艺,集成度高达 100 万个晶体管/片,具有 32 位地址线和 32 位数据总线。每秒钟可完成 600 万条指令,即 600 万 MIPS(million instructions per second)。微型计算机的功能已经达到甚至超过超级小型计算机,完全可以胜任多任务、多用户的作业。同期,其他一些微处理器生产厂商,如 AMD、TI(TEXAS Instrument)也推出了 80386/80486 系列的芯片。

80386DX 的内部和外部数据总线是 32 位,地址总线也是 32 位,可以寻址到 4GB 内存,并可以管理 64TB 的虚拟存储空间。它的运算模式除了具有实模式和保护模式以外,还增加了一种"虚拟 86"的工作方式,可以通过同时模拟多个 8086 微处理器来提供多任务能力。80386SX 是 Intel 公司为了扩大市场份额而推出的一种较便宜的普及型 CPU,它的内部数据总线为 32 位,外部数据总线为 16 位,它可以接受为 80286 开发的 16 位输入输出接口芯片,降低整机成本。80386SX 推出后,受到市场的广泛欢迎,因为 80386SX 的性能大大优于 80286,而价格只是 80386DX 的三分之一。Intel 80386 微处理器内含 27.5 万个晶体管——比当初的 4004 多了 100 倍以上,这款 32 位处理器首次支持多任务设计,能同时执行多个程序。

1989 年,80486 芯片由 Intel 公司推出。这款经过四年开发和 3 亿美元投入的芯片首次突破了 100 万个晶体管的限制,集成了 120 万个晶体管,使用 1μm 的制造工艺,时钟频率从 25MHz 逐步提高到 33MHz、40MHz、50MHz。

80486 将 80386 和数字协处理器 80387 以及一个 8KB 的高速缓存集成在一个芯片内。80486 中集成的 80487 的数字运算速度是以前 80387 的两倍,内部缓存缩短了微处理器与慢速 DRAM 的等待时间。并且,在 80x86 系列中首次采用了 RISC 指令集,可以在一个时钟周期内执行一条指令。它还采用了突发总线方式,大大提高了与内存的数据交换速度。由于这些改进,80486 的性能比带有 80387 数字协处理器的 80386 DX 性能提高了 4 倍。

5. 奔腾系列微处理器时代

第 5 阶段(1993—2005 年)是奔腾(Pentium)系列微处理器时代,通常称为第 5 代。典型产品是 Intel 公司的奔腾系列芯片及与之兼容的 AMD 的 K6、K7 系列微处理器芯片。内部采用了超标量指令流水线结构,并具有相互独立的指令和数据高速缓存。随着 MMX(Multi Media eXtended)微处理器的出现,使个人计算机的发展在网络化、多媒体化和智能化等方面跨上了更高的台阶。

1997 年推出的 Pentium Ⅱ 处理器结合了 Intel MMX 技术,能以极高的效率处理视频、音频和图形图像。Intel Pentium Ⅱ 处理器晶体管数目为 750 万个。

1999 年推出的 Pentium Ⅲ 处理器加入 70 个新指令,采用 SIMD 结构,能大幅提升视频、3D 图形、音频流、语音识别等应用的性能,能大幅提升互联网的使用体验,让使用者能浏览逼真的线上博物馆与商店,以及下载高品质影片。首次采用 $0.25\mu m$ 技术,Intel Pentium Ⅲ 晶体管数目约为 950 万个。

2000 年 Intel 公司发布了 Pentium 4 处理器,具有更强大的多媒体处理能力。Pentium 4 处理器集成了 4200 万个晶体管,到了改进版的 Pentium 4(Northwood)更是集成了 5500 万个晶体管,并且开始采用 $0.18\mu m$ 进行制造,初始速度就达到了 1.5GHz。

2005 年 Intel 公司推出的双核处理器有 Pentium D 和 Pentium Extreme Edition,同时推出 945/955/965/975 芯片组来支持新推出的双核处理器,采用 90nm 工艺生产。这两款双核处理器使用没有针脚的 LGA 775 接口,但处理器底部的贴片电容数目有所增加,排列方式也有所不同。

6. 酷睿系列微处理器时代

第 6 阶段(2006 年至今)是酷睿(Core)系列微处理器时代,通常称为第 6 代。"酷睿"是一款领先节能的新型微架构,设计的出发点是提供卓越的性能和能效,提高每瓦特的性能,(即能效比)。

酷睿 2 的英文名称为 Core 2 Duo,是 Intel 公司在 2006 年 7 月推出的新一代基于 Core 微架构的产品体系统称。酷睿 2 是一个跨平台的构架体系,包括服务器版、桌面版、移动版三大领域。Core 微架构是 Intel 公司的以色列设计团队在 Yonah 微架构基础之上改进而来的新一代 Intel 架构。最显著的变化在于对各个关键部分进行强化。为了提高两个核心的内部数据交换效率采取共享式二级缓存设计,两个核心共享高达 4MB 的二级缓存。

随着 Intel 公司在 2010 年迈入 32nm 工艺制程,高端旗舰的代表被 Core i7-980X 处理器取代,全新的 32nm 工艺解决六核心技术,拥有最强大的性能表现。对于准备组建高端平台的用户而言,Core i7-980X 以及 Core i7-950 是不错的选择。

Core i5 是一款基于 Nehalem 架构的四核处理器,采用整合内存控制器,三级缓存模式,L3 达到 8MB,支持 Turbo Boost 等技术的新处理器配置。它和 Core i7(Bloomfield)的主要区别在于总线不采用 QPI,采用的是成熟的 DMI(Direct Media Interface),并且只支持双通道的 DDR3 内存。

Core i3 可看作是 Core i5 的精简版,基于 Westmere 架构,采用 32nm 工艺。Core i3 最大的特点是整合图形处理器(GPU),也就是说 Core i3 由 CPU＋GPU 两个核心封装而成。由于整合的 GPU 性能有限,用户想获得更好的 3D 性能,可以外加显卡。显示核心部分的制作工艺仍是 45nm。代表产品有酷睿 i3-530/540。

CPU 芯片技术仍然在向前发展,表 3-2 对上述的 6 个阶段做了一个简单的总结和对比。

表 3-2　CPU 芯片发展历程

年　　代	处理器位数	晶体管集成度	代 表 产 品
1971—1973 年	4 位或 8 位	2300～4000 晶体管/片	Intel 4004/ Intel 8008
1974—1977 年	8 位	6000 晶体管/片	Intel 8080/8085、Motorola 公司的 6800、Zilog 公司的 Z80
1978—1984 年	16 位	20 000～70 000 晶体管/片	Intel 公司的 8086/8088、Motorola 公司的 M68000、Zilog 公司的 Z8000
1985—1992 年	32 位	100 万晶体管/片	Intel 公司的 80386/80486、Motorola 公司的 M69030/68040
1993—2005 年	32 位或 64 位	750 万～5500 万晶体管/片	Intel 公司的奔腾系列芯片,AMD 的 K6、K7 系列微处理器芯片
2005 年至今	64 位	超过 1 亿晶体管/片	Intel 公司的 Core 系列芯片:Core i3/i5/i7

◆ 3.3　冯·诺依曼体系结构

计算机体系结构的概念是 1964 年 C. M. Amdahl 在介绍 IBM360 系统时提出的,其具体描述为"计算机体系结构是程序员所看到的计算机属性,即概念性结构与功能特性"。按照计算机系统的多级层次结构,不同级别程序员所看到的计算机具有不同的属性。通常所说的计算机体系结构主要指机器语言级机器的系统结构。一般来说,低级机器属性对于高层程序员基本是透明的。

冯·诺依曼体系结构是现代计算机的基础,当代绝大多数计算机仍是冯·诺依曼计算机的组织结构,只是做了一些改进而已,并没有从根本上突破冯·诺依曼体系结构的束缚。在介绍冯·诺依曼体系结构前,先介绍冯·诺依曼的生平。

冯·诺依曼
体系结构

3.3.1　冯·诺依曼的生平

约翰·冯·诺依曼(John von Neumann,1903 年 12 月 28 日—1957 年 2 月 8 日),出生于匈牙利的美国籍犹太人数学家,现代计算机创始人之一。他在计算机科学、经济学、物理学中的量子力学及很多领域都做出过重大贡献,是 20 世纪最伟大的科学全才之一。

冯·诺依曼一生中发表了大约 150 篇论文,其中有 60 篇纯数学论文,20 篇物理学以及 60 篇应用数学论文。他最后的作品是一个在医院未完成的手稿,后来以书名《计算机与人脑》发布,展现了他生命最后时光里的兴趣方向。

1940 年以前,冯·诺依曼的工作主要是纯粹数学的研究。在数理逻辑方面提出简单而明确的序数理论,并对集合论进行新的公理化,其中明确区别集合与类;其后,研究希尔伯特空间上线性自伴算子谱理论,从而为量子力学打下数学基础;1930 年起,证明平均遍历定理,开拓了遍历理论的新领域;1933 年,运用紧致群解决了希尔伯特第五问题;此外,还在测度论、格论和连续几何学方面也有开创性的贡献;从 1936—1943 年,与默里合作,创造了算子环理论,即所谓的冯·诺依曼代数。

1940 年以后,冯·诺依曼转向应用数学。冯·诺依曼因第二次世界大战战事的需要研究可压缩气体运动,建立冲击波理论和湍流理论,发展了流体力学;1942 年与莫根施特恩合作,写作《博弈论和经济行为》一书,使他成为数理经济学的奠基人之一。

冯·诺依曼对世界上第一台电子计算机 ENIAC 的设计提出过建议,1945 年 3 月他在共同讨论的基础上起草了一个全新的"存储程序通用电子计算机方案——EDVAC"。1945年 6 月,冯·诺依曼与戈德斯坦、勃克斯等人,联名发表了一篇关于 EDVAC 的长达 101 页纸的报告,即计算机史上著名的"101 页报告",是现代计算机科学发展里程碑式的文献。明确规定用二进制替代十进制运算,并将计算机分成五大组件,这一卓越的思想为电子计算机的逻辑结构设计奠定了基础,已成为计算机设计的基本原则。由于他在计算机逻辑结构设计上的伟大贡献,他被誉为"计算机之父"。

1946 年,冯·诺依曼开始研究程序编制问题,他是现代数值分析——计算数学的缔造者之一,他首先研究线性代数和算术的数值计算,后来着重研究非线性微分方程的离散化以及稳定问题,并给出误差的估计。他协助发展了一些算法,特别是蒙特卡罗方法。20 世纪 40 年代末,开始研究自动机理论,研究一般逻辑理论以及自复制系统,他未完成的手稿在 1958 年以《计算机与人脑》为名出版。图 3-11为冯·诺依曼。

图 3-11　冯·诺依曼

3.3.2　冯·诺依曼体系结构概述

在"101 页报告"中,冯·诺依曼提出存储程序概念,即把程序本身当作数据来对待,程序和该程序处理的数据用同样的方式存储。基于存储程序概念,定义了存储程序计算机的五大组成部件和基本工作方法。这两大特征构成了冯·诺依曼体系结构。

存储程序计算机的五大组成部件包括算术逻辑单元、控制单元、存储单元、输入设备和输出设备,结构如图 3-12 所示。

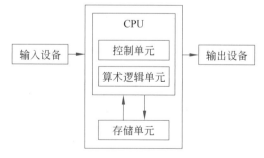

图 3-12　冯·诺依曼体系结构

48

算术逻辑单元负责对数据执行算术运算和逻辑运算;存储单元存放程序指令和数据;输入设备负责将数据从外部世界转移到计算机中;而输出设备负责将计算机结果转移到外部世界;控制单元充当调度角色,协调、控制其他单元的工作。

随着计算机的发展,现代计算机产品多,部件相关型号也多如牛毛。如表 3-3 所示的一款笔记本计算机参数。

表 3-3   联想 YOGA 5 Pro 详细参数

处理器	CPU 型号: Intel Core i7 7500U;CPU 主频: 2.7GHz;最高主频: 3.5GHz;核心/线程数:双核心/四线程;三级缓存: 4MB;核心架构: Kaby Lake;制程工艺: 14nm;功耗: 15W
存储设备	内存容量: 16GB(8GB×2),DDR4 2133MHz;硬盘容量: 1TB,SSD 固态硬盘;无内置光驱
显示屏	支持十点触控触控屏,13.9 英寸,16:9,3840×2160,IPS 广视角炫彩屏,三边窄边框全高清 IPS 触控屏,100%sRGB 色域空间
显卡	核芯显卡: Intel GMA HD 620,共享内存容量
多媒体设备	720p HD 摄像头;2×2W JBL 音箱;内置低音炮,双麦克风
网络通信	无线网卡,支持 802.11ac 无线协议;蓝牙 4.1 模块
I/O 接口	数据接口: 1×USB 3.0,USB Type-C 接口(DC-IN/USB2.0),USB Type-C 接口(视频输出/USB 3.0);视频接口: Micro HDMI;音频接口: 耳机/麦克风二合一接口;电源接口;4 合 1 读卡器(MMC,SD,SDHC,SDXC)
输入设备	触摸板;背光键盘;支持智能指纹识别功能
电源	4 芯锂电池,续航时间 15.5 小时,视具体使用环境而定,100～240V,45W 自适应交流电源适配器
外观	笔记本重量 1.4kg,长度 323mm,宽度 224.5mm,厚度 14.3mm,镁铝合金,银色,黑色
其他	开机密码;硬盘密码;附带软件;内置感应器: 环境光传感器;加速度计;支持 360°翻转,手势控制,语音控制

下面简要介绍存储设备、I/O 子系统以及子系统互连的相关术语。

3.3.3   存储设备

存储设备用于存储数据和程序,类型多样化,可采用电、磁或光学等类型的介质。对于计算机而言,有存储设备,才有记忆功能。存储设备可分为内存储器(简称内存,又称为主存储器)和外部存储器(辅助存储器)。

主存储器是 CPU 能直接寻址的存储空间,由半导体器件制成,其特点是存取速率快。主存类型包括:①随机存储器(RAM);②只读存储器(ROM);③高速缓存(cache)。

RAM 是 random access memory 的缩写。随机存储器既可以从中读取数据,也可以将数据写入其中。当机器电源关闭时,存于其中的数据就会丢失。内存条是集成了多个 RAM 芯片的一小块电路板,用作计算机的主存,插在计算机中的内存插槽上。RAM 又分为静态 RAM 和动态 RAM。静态 RAM(static RAM,SRAM)用传统的触发器门电路(有 0 和 1 两个状态的门)来保存数据。这些门保持状态(0 或者 1),通电时数据始终存在,不需要刷新。SRAM 速度快但价格贵。动态 RAM(dynamic RAM,DRAM)使用了电容,如果电容充电,则状态是 1;如果放电,状态是 0。因为电容会漏电,所以内存单元需要定时刷新。

DRAM 速度比较慢,但比较便宜。

ROM 是 read only memory 的缩写。在制造 ROM 时,数字信息就被写入并永久保存。这些信息只能读出,一般不能写入,即使机器停电,这些数据也不会丢失。ROM 一般用于存放计算机的基本程序和数据,如 BIOS ROM,存有计算机自举(上电启动)的基本程序和数据。ROM 包括以下基本类型。

(1) 可编程只读存储器(programmable ROM,PROM)是一种 ROM,出厂时空白,写一次程序后不能够再重写,用于存储特定程序。

(2) 可擦除的可编程只读存储器(EPROM),是一种 PROM,可以拆下后用紫外光擦写。

(3) 电可擦除的可编程只读存储器(EEPROM)是一种 EPROM,不需要拆下,可用电子脉冲擦写。

高速缓存(cache)具体信息见 3.2.2 节。

外部存储器是 CPU 不能直接读写的存储设备,数据需要读入内存后 CPU 才能读写,断电后数据不丢失。外部存储器通常读写速度慢,容量大,成本低,可采用多种类型材料制造。常见的外部存储器有磁带、软磁盘、硬盘、光盘、U 盘等。

磁带是载有磁层的带状设备,是计算机历史上第一种真正的大容量辅助存储设备,可记录声音、图像、数字或其他信号,是产量最大和用途最广的一种磁记录材料。通常是在塑料薄膜带基(支持体)上涂覆一层颗粒状磁性材料,如针状 γ-Fe_2O_3 磁粉或金属磁粉,或蒸发沉积上一层磁性氧化物或合金薄膜而成。最早曾使用纸和赛璐珞等作带基,现在主要用强度高、稳定性好和不易变形的聚酯薄膜。

磁带按用途分有——录音带、录像带、计算机带和仪表磁带等。虽然磁带在 20 世纪 30 年代已经出现,直到 1963 年,才由荷兰飞利浦公司研制成盒式录音带。由于盒式录音带具有轻便、耐用、互换性强等优点而得到迅速发展。之后,日本研制成功 Avilyn 包钴磁粉带,美国生产出金属磁粉带。日本日立玛克赛尔公司创造的 MCMT 技术,即特殊定向技术、超微粒子及其分散技术,制成了微型及数码盒式录音带,使音频记录进入了数字化时代。我国在 20 世纪 60 年代初开始生产录音带,1975 年试制成盒式录音带,并已达较高水平。录像带用于记录视频信息。1956 年美国安佩克斯公司制成录像机以来,录像带从电视广播逐步进入到科学技术、文化教育、电影和家庭娱乐等领域。仪表磁带是自动化和磁记录技术相结合的产物,用于把人们无法接近的测量数据自动而连续地记录下来的场景。如卫星空间探测。

磁带设备能够记录和读出信息,主要依靠电-磁、磁-电转换实现。磁带设备主要由磁带和磁头(读写头)构成,如图 3-13 所示。磁带的带基上涂有铁磁性小颗粒,磁头是环形铁芯,其上绕有线圈。信息的记录过程:磁带贴着磁头走过,信号电流使得磁头缝隙处磁场的强弱、方向不断变化,磁带上的磁粉也就被磁化成一个个磁极方向和磁性强弱各不相同的"小磁铁",信息就这样记录在磁带上了。信息的读取过程与上述过程相反,磁化的磁带经过磁头时,"小磁铁"产生的磁场穿过磁头的线圈,由于"小磁铁"的极性和磁性强弱各不相同,它在线圈内产生的磁通量也在不断变化,于是磁头线圈中产生相应的感应电流,记录在磁带上的信号就可读取了。作为计算机的外部存储器,磁带具有顺序访问、容量大、速度慢、价格低等特点。

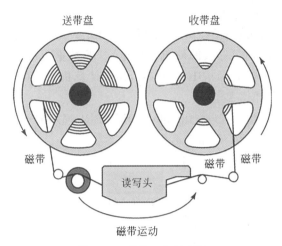

图 3-13　磁带工作示意图

　　磁盘是计算机常用的外部存储器,有软磁盘和硬磁盘(传统机械硬盘)等类型。

　　软磁盘是最早的可移动存储设备,由圆形盘片和塑料封装盒组成,圆形盘片是覆盖磁性涂料的塑料片,通过软盘驱动器读写数据。软磁盘读取速度慢,存取容量小,过去常用的是5.25in(1in=25.4mm)和3.5in规格的软磁盘,当前已被光盘(compact disc,CD)和USB盘替代。

　　硬盘,是计算机的最主要外部存储设备,具有容量大、成本低、非易失性等特点。我们平常使用的程序,如Windows操作系统、打字软件、游戏软件等,一般都是安装存储在硬盘上的。运行时把它们装入计算机内存中运行,才能真正使用其功能。

　　目前,硬盘有三种类型:传统硬盘(hard disk drive,HDD)、固态硬盘以及混合硬盘。传统硬盘是由多张圆形磁性盘片(盘片表面涂有一层磁性材料)叠加而成,封装在硬质金属盒子中,可防止因磁盘表面划伤导致数据丢失的问题。固态硬盘集成闪存芯片(Flash)或DRAM芯片作为存储介质。混合硬盘(hybrid hard disk,HHD)集成了磁性盘片和闪存芯片。虽然新型硬盘采用不同的存储介质,但在接口的规范和定义、功能及使用方法上与传统硬盘的完全相同,在产品外形和尺寸上也完全与传统硬盘一致。

　　传统硬盘驱动器和工作原理示意图如图3-14所示。硬盘驱动器由读写磁头(head)、柱状磁盘片、盘片转轴以及机械臂等构成。磁盘片高速旋转定位,磁头对盘片表面的磁介质读写,从而完成信息的记录和读取。对单张盘片来说,盘片旋转时,磁头在磁盘表面划出一个圆形轨迹即为磁道,磁道上等分的弧段形成扇区(sector),存储在扇区中的信息称为块/盘块(block),一般一个扇区512B,多个扇区的集合称为簇。叠加的多张盘片,相同编号的磁道形成柱面,即业内经常提到硬盘的柱面(cylinder,CHS)。只要知道了硬盘柱面的数目,可确定硬盘的容量,具体计算方法:硬盘的容量=柱面数×磁头数×扇区数×512B。

　　硬磁盘的主要技术参数包括容量、转速、平均访问时间、数据传输率等。

　　(1) 容量是硬盘作为计算机外部存储器的最主要参数,体现硬盘的存储能力。硬盘容量以兆字节(MB)、吉字节(GB)或太字节(TB)为单位,一般情况下硬盘容量越大,单位字节的价格就越便宜。

　　(2) 转速(rotational speed或spindle speed),是硬磁盘内电机主轴的旋转速度,也就是

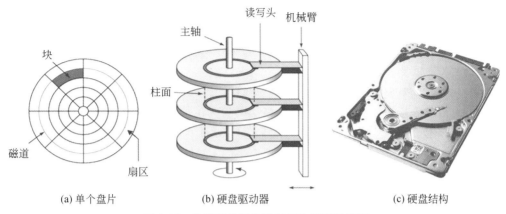

图 3-14　传统硬盘驱动器和工作原理示意图

硬磁盘盘片在一分钟内所能完成的最大转数。转速的快慢决定了硬磁盘内部传输率,在很大程度上直接影响硬磁盘的速度。硬磁盘的转速越快,硬磁盘寻找文件的速度也就越快,相对的硬磁盘传输速度也高。硬磁盘转速以 RPM(revolutions per minute),即 r/min 为单位。RPM 值越大,硬磁盘的整体性能越好。台式机的普通硬盘的转速一般有 5400RPM、7200RPM。笔记本计算机以 4200 RPM、5400 RPM 为主,服务器中使用的 SCSI 硬盘转速基本都采用 10 000RPM,甚至还有 15 000RPM 的。当然,随着硬磁盘转速的不断提高,也带来了温度升高、电机主轴磨损加大、工作噪声增大等负面影响。

(3) 平均访问时间(average access time)是指磁头从起始位置定位到目标磁道位置,并且从目标磁道上找到要读写的数据扇区所需的时间。平均访问时间体现了硬磁盘的读写速度,它包括了硬磁盘的寻道时间和等待时间,即平均访问时间=平均寻道时间+平均等待时间。硬磁盘的平均寻道时间(average seek time)是指硬磁盘的磁头移动到盘面指定磁道所需的时间。这个时间当然越小越好,硬磁盘的平均寻道时间通常在 8~12ms,而 SCSI 硬盘则应小于或等于 8ms。硬磁盘的等待时间又叫延迟时间(latency),指磁头已处于要访问的磁道,等待所要访问的扇区旋转至磁头下方的时间。平均等待时间为盘片旋转一周所需的时间的一半,一般应在 4ms 以下。

(4) 数据传输率(data transfer rate),传统硬盘的数据传输率是指硬磁盘读写数据的速度,单位为兆字节每秒(MB/s)。硬盘数据传输率又包括了内部传输率和外部传输率。内部传输率(internal transfer rate)也称为持续传输率(sustained transfer rate),它反映了硬磁盘缓冲区未用时的性能。内部传输率主要依赖于硬磁盘的旋转速度。外部传输率(external transfer rate)也称为突发数据传输率(burst data transfer rate)或接口传输率,它体现系统总线与硬磁盘缓冲区之间的数据传输率,外部数据传输率与硬盘接口类型和硬盘缓存的大小有关。ATA 接口硬盘的最大外部传输率为 133MB/s,而 SATA Ⅱ接口的硬盘外部传输率则达到 300MB/s。

固态硬盘是一种使用集成电路组件作为存储器件的固态存储设备,并且固态硬盘中没有机械结构,如图 3-15(a)所示,相比机械硬盘更能抵抗物理冲击,运行时更安静,具有更高的数据传输速率、更高的存储密度和更好的可靠性。通常一块固态硬盘由主控芯片、缓存以及闪存颗粒构成,负责存储数据的主要是闪存颗粒,闪存颗粒又细分为单层单元(SLC)、多层单元(MLC)以及三层单元(TLC)三种。固态硬盘中的主控是一个将闪存颗粒连接到计算机的电子器件,相当于一个执行固件代码的嵌入式处理器,控制的功能主要包括坏块映射、缓存读写、加密、垃圾回收等。固态硬盘中的缓存通常由 DRAM 制成,主要用于辅助主控芯片进行数据处理。

还有一种常见硬盘是**移动硬盘**,其本质为强调便携性的硬盘,与固定在计算机内部的硬盘通常使用 SATA 接口或 IDE 接口不同,移动硬盘为了能在不同的计算机之间交换数据,通常使用 USB 接口作为数据传输通道,如图 3-15(b)所示。移动硬盘也分为机械移动硬盘和固态移动硬盘。机械移动硬盘考虑到移动途中的不稳定性,盘片采用硅氧盘片,使其更加平滑。同时为了避免磁头与盘片接触损坏盘片,移动硬盘还要配备防震功能,即在磁盘受到剧烈震动时盘片自动停止旋转,磁头也将回到起始安全区。

(a) 固态硬盘内部结构   (b) 移动硬盘

图 3-15   其他类型硬盘

光盘,通常是铝制的圆形扁平盘,直径在 7.6～30cm,厚度约 1.2mm。光盘采用光信息作为存储介质,利用激光技术来存储和读取数据。其基本原理是光盘上有凹凸不平的小坑,根据光照射到上面有不同的反射,转化为 0、1 的数字信号,如图 3-16 所示。

(a) 光盘工作原理示意图   (b) 光盘正面   (c) 光盘反面

图 3-16   光盘工作原理示意图以及光盘成品

依据光盘的可读写性,光盘分成两类:一类是只读型光盘,如 CD-ROM、DVD-ROM、BD-ROM(Blu-ray DiscRead-Only Memory)等;另一类是可记录型光盘,如 CD-R、CD-RW、DVD-R、DVD-RW、DVD-RAM、DVD-RDL 等,R 的含义是写一次,读多次,而 RW 是多次读写的含义,DL 代表双层。

光盘的结构包括基板、记录层、反射层、保护层、印刷层等。其中记录层的材质不同,决定了光盘的类型。基板是光盘的外壳,也是其他层的载体,采用聚碳酸酯(PC)材料,具有冲击韧性极好、使用温度范围大、尺寸稳定性好、耐候性、无毒性等特点。

记录层是刻录信号的地方,其原理是在基板上涂抹上专用的有机染料,以供激光记录信息。市场上存在三大类有机染料:花菁(cyanine)、酞菁(phthalo cyanine)及偶氮(AZO)。一次性记录的 CD-R 光盘主要采用酞菁有机染料,当对光盘进行烧录时,激光就会对在基板上涂的有机染料直接烧录成一个接一个的"坑",这样有"坑"和没有"坑"的状态就形成了 0和 1 的信号,这一个接一个的"坑"是不能恢复的,也就意味着此光盘不能重复擦写。这一连串的 0、1 信息,就组成了二进制代码,从而表示特定的数据。对于可重复擦写的 CD-RW 而言,所涂抹的就不是有机染料,而是某种碳性物质,例如,CD-RW 采用银、铟、锑与碲的合金。当激光烧录信息时,不是烧成一个接一个的"坑",而是改变碳性物质的极性,通过改变碳性物质的极性,来形成特定的 0、1 代码序列。碳性物质的极性是可以重复改变的,这也就表示此光盘可以重复擦写。反射层材料是反射光驱激光光束的区域,借反射的激光光束读取光盘片中的资料。不同光盘的反射层采用不同的材料。例如,CD-ROM 采用铝,CD-R 反射层用金替换了铝。保护层用来保护光盘中的反射层及记录层防止信号被破坏。材料采用光固化丙烯酸类物质,DVD+/-R 系列还需在以上的工艺上加入胶合部分。印刷层是印刷盘片的客户标识、容量等相关信息的地方,就是光盘的背面。它不仅可以标明信息,还可以起到一定的保护光盘的作用。

光盘的一个重要技术参数是容量。一般情况下,CD 的容量只有 700MB 左右,而 DVD单面单层可以达到 4.7GB,双面双层可达 17GB,而单层蓝光光盘更是可以达到 25GB。它们之间的容量差别,同其相关的激光光束的波长密切相关。一般而言,光盘片的记录密度受限于读出的光点大小,即光学的绕射极限(diffraction limit),其中包括激光波长 λ,物镜的数值孔径 NA。光学系统的数值孔径是一个无量纲的数,用于衡量该系统能够收集的光的角度范围。传统光盘技术要提高记录密度,一般可使用短波长激光或提高物镜的数值孔径使光点缩小,例如,CD(波长为 780nm,NA 为 0.45)、DVD(波长为 650nm,NA 为 0.6)、Blu-rayDisc 盘片(波长为 405nm,NA 为 0.85)。

U 盘,全称 USB 闪存盘,英文名 USB flash disk,是移动存储设备之一。U 盘的组成很简单,主要由外壳＋机芯组成,其中,机芯是一块印制电路板,集成有闪存芯片、USB 主控芯片、晶振、贴片电阻、电容、USB 接口等;外壳按材料分类,有 ABS 塑料、竹木、金属、皮套、硅胶、PVC 等。

U 盘相对于软磁盘,不受电磁干扰的影响,也不像 CD 一样会受到表面划痕的影响,是一种可靠的用于存储、备份和传输数据的设备。它具有占用空间小,操作速度较快,容量较大,在读写时断开不会损坏硬件等特点。采用可重写的存储介质,根据所使用的存储芯片,一些 U 盘拥有高达 100 000 次的写入/擦除周期,在正常情况下使用年限为 10～100 年。常见的 U 盘容量有 2GB、4GB、8GB、16GB、32GB、64GB,除此之外还有 128GB、256GB、512GB、1TB 的 U 盘等。

U 盘与计算机主机交换数据使用 USB 接口,即通用串行总线(universal serial bus,USB)。USB 接口标准 v1.0 版本自 1996 年 2 月发布后,陆续发布了 USB 1.1、USB 2.0、USB 3.0、USB 3.1、USB 3.2、USB 4 版本。

谁是 U 盘的发明者,还有一段插曲。自 1998—2000 年,有很多公司声称自己第一个发明了 USB 闪存盘,包括我国朗科科技、以色列 M-Systems、新加坡 Trek 公司。但是真正获得 U 盘基础性发明专利的却是我国朗科科技公司。2002 年 7 月,朗科科技"用于数据处理系统的快闪电子式外存储方法及其装置"(专利号：ZL 99 1 17225.6)获得国家知识产权局正式授权。该专利填补了我国计算机存储领域 20 年来发明专利的空白。该专利权的获得引起了整个存储界的极大震动。以色列 M-Systems 立即向我国国家知识产权局提出了无效复审,一度成为全球闪存领域震惊中外的专利权之争。但是随着 2004 年 12 月 7 日,朗科科技获得美国国家专利局正式授权的闪存盘基础发明专利,美国专利号为 US6829672,最终结束了这场争夺。我国朗科科技才是 U 盘的全球第一个发明者。

为了解决对存储器要求容量大、速度快、成本低三者之间的矛盾,计算机系统通常采用多级存储器体系结构,如图 3-17 所示,即采用高速缓冲存储器(高速缓存)、内部存储器和外部存储器多级结构。

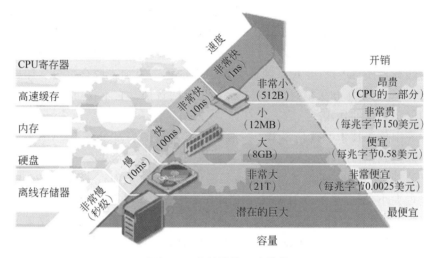

图 3-17　存储器的层次结构

图 3-17 中,硬盘和离线存储器属于外部存储器。从 CPU 访问不同存储器的速度而言,访问外部存储器的速度低于内部存储器,访问内部存储器的速度低于高速缓存和 CPU 内部的寄存器。从容量上来看,外部存储器大于内部存储器,内部存储器大于高速缓存,高速缓存大于寄存器。从开销上比较,外部存储器价格最便宜,低于内部存储器,而内部存储器低于高速缓存,CPU 寄存器的价格最贵。

3.3.4　I/O 子系统

计算机的 I/O 子系统即输入(input)输出(output)子系统,支持计算机与外界通信,并在断电的情况下存储数据。I/O 子系统包括非存储设备和外部存储设备。外部存储设备已在 3.3.3 节介绍,此节不再赘述。

计算机非存储 I/O 设备主要包括键盘、鼠标、触摸屏、显示器、打印机等。本节主要介绍最基础的 I/O 设备：键盘、鼠标和显示器的工作原理和发展史,而触摸屏和打印机的介绍见第 6 章。

1. 键盘

键盘是计算机指令和数据的输入装置,包含英文字母键、数字键以及一组特殊功能键。

键盘原型来源于英、美、法、意、瑞士等国家发明的各种形式的打字机。1868 年,"打字机之父"——美国人克里斯托夫·拉森·肖尔斯(Christopher Latham Sholes)获打字机模型专利并取得经营权经营,几年后又设计出现代打字机的实用形式,并首次规范了键盘,即 QWERTY 键盘。最初键盘字母键的顺序是按照字母表的顺序安装的,但是当打字员打字速度稍快一些时,相邻两个字母的长杆和字锤就会卡在一起,从而发生"卡键"的故障。由于当时提高字母键弹回速度比较困难,设计师只能打乱字母排序,设法降低打字员速度,将使用频率高的字母反方向安置,发明了 QWERTY 键盘。1934 年,华盛顿一个叫德沃拉克(Dvorak)的人发明了一种新的排列方法,即 DVORAK 键盘。这个键盘可缩短训练周期 1/2 时间,平均速度提高 35%。其布局原则是:①尽量左右手交替击打,避免单手连击;②跨行的击键平均移动距离最小;③排在导键位置应是最常用的字母。尽管如此,由于习惯的原因,QWERTY 键盘仍然是当今最通用的键盘布局方式,这是一个典型的"劣势产品战胜优势产品"的例子。

键盘按照应用类型可以分为台式机键盘、笔记本计算机键盘、工控机键盘、速录机键盘、双控键盘、超薄键盘、手机键盘等类型。按工作原理划分有机械键盘、塑料薄膜式键盘、导电橡胶式键盘、无接点静电电容式键盘等。塑料薄膜式键盘是目前占有市场份额最多的键盘。按外形划分有:标准键盘和人体工程学键盘。**人体工程学键盘**是在标准键盘上将指法规定的左手键区和右手键区这两大板块左右分开,并形成一定角度,使操作者不必有意识地夹紧双臂,保持一种比较自然的形态,这样设计的键盘被微软公司命名为微软自然键盘(Microsoft Natural Keyboard),对于习惯盲打的用户可以有效地减少左右手键区的误击率,如字母 G 和 H。有的人体工程学键盘还有意加大常用键的面积,如空格键和回车键,在键盘的下部增加护手托板,给悬空手腕以支持点,减少由于手腕长期悬空导致的疲劳。

根据键盘的按键数,全尺寸键盘可分为 101 键、104 键两种,这些按键包括功能键、标准打字键、数字键以及控制键。目前,也出现了一些不含数字键的 87 按键型键盘,虽然缩小了键盘的体积,但是在大规模输入数字时则稍显不便。通过对键盘上不同的按键及按键组合,可以实现对计算机的控制。几种常见的控制按键为 Enter(回车键)、Ctrl(控制键)、Alt(交替换档键)、Esc(退出键)、Tab(制表键)、Shift(换挡键)和 Caps Lock(大写字母锁定键)等。

2. 鼠标

为了更方便地操作计算机,1964 年加州大学伯克利分校博士道格拉斯·恩格尔巴特(Douglas Engelbart)发明了鼠标,其专利名为"显示系统 X-Y 位置指示器",如图 3-18 所示。道格拉斯博士的鼠标由一个小木头盒子、两个滚轮、一个按钮构成。其工作原理是由滚轮带

图 3-18　道格拉斯·恩格尔巴特和他发明的鼠标

动轴旋转,并使变阻器改变阻值,阻值的变化就产生了位移信号,经计算机处理后屏幕上指示位置的光标就可以移动了。

鼠标的发展,经历了道格拉斯博士的原始鼠标、机械鼠标、光机鼠标、光电鼠标到光学鼠标。机械鼠标主要由滚球、辊柱和光栅信号传感器组成,如图3-19所示。拖动鼠标时,带动滚球转动,滚球又带动辊柱转动,装在辊柱端部的光栅信号传感器产生的光电脉冲信号反映出鼠标在垂直和水平方向的位移变化。

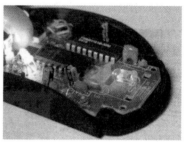

图 3-19　机械鼠标(左)与光机鼠标(右)

为了克服纯机械式鼠标精度不高、机械结构容易磨损的弊端,罗技公司在1983年成功设计出第一款光学机械式鼠标,简称为"光机鼠标"。光机鼠标是在纯机械式鼠标的基础上进行改良,通过引入光学技术来提高鼠标的定位精度。与纯机械式鼠标一样,光机鼠标同样拥有一个胶质的小滚球,并连接着X、Y转轴,所不同的是光机鼠标不再有圆形的译码轮,取而代之的是两个带有栅缝的光栅码盘,并且增加了发光二极管和感光芯片。当鼠标在桌面上移动时,滚球会带动X、Y转轴的两只光栅码盘转动,而X、Y发光二极管发出的光便会照射在光栅码盘上,由于光栅码盘存在栅缝,在恰当时机二极管发射出的光便可透过栅缝直接照射在两颗感光芯片组成的检测头上。如果接收到光信号,感光芯片便会产生1信号;如果没有接收到光信号,则将之定为0信号。接下来,这些信号被送入专门的控制芯片内运算生成对应的坐标偏移量,确定光标在屏幕上的位置。

光电鼠标与光机鼠标发展于同一时代,光电鼠标是完全没有机械结构的数字化鼠标,没有传统的滚球、转轴等设计,其主要部件为两个发光二极管、感光芯片、控制芯片和一个带有网格的反射板(相当于专用的鼠标垫)。这种光电鼠标工作时必须在反射板上移动,X发光二极管和Y发光二极管会分别发射出光线照射在反射板上,接着光线会被反射板反射回去,经过镜头组件传递后照射在感光芯片上。感光芯片将光信号转变为对应的数字信号后将之送到定位芯片中专门处理,进而产生X-Y坐标偏移数据。

设计这种光电鼠标的初衷是将鼠标的精度提高到一个全新的水平,使之可充分满足专业应用的需求。光电鼠标在定位精度上的确有所进步,但它存在依赖反射板、使用不人性化、造价高昂等缺陷,因而并未得到流行,只是在少数专业作图场合中得到一定程度的应用,且随着光机鼠标的全面流行,光电鼠标很快就被市场所淘汰。

虽然光电鼠标惨遭失败,但全数字的工作方式、无机械结构以及高精度的优点让业界继续在此方向探索。最先在这个领域取得成果的是微软公司和安捷伦科技。1999年,微软公司推出一款名为IntelliMouse Explorer的鼠标,采用微软公司与安捷伦科技合作开发的IntelliEye光学引擎,由于它更多借助光学技术,被外界称为"光学鼠标"。2000年,罗技公司也与安捷伦科技合作推出相关产品,而微软公司在后来则进行独立的研发工作并在 2001年末推出第二代 IntelliEye 光学引擎。这样,光学鼠标就形成以微软公司和罗技公司为代表的两大阵营,安捷伦科技虽然也掌握光学引擎的核心技术,但它并未涉及鼠标产品的制造,而是向第三方鼠标制造商提供光学引擎产品,市面上非微软公司、罗技公司品牌的鼠标几乎都是采用安捷伦科技提供的技术。

光学鼠标的核心部件是发光二极管、微型摄像头、光学引擎和控制芯片。工作时发光二极管发射光线照亮鼠标底部的表面,同时微型摄像头以一定的时间间隔不断进行图像拍摄。鼠标在移动过程中产生的不同图像传送给光学引擎进行数字化处理,最后再由光学引擎中的定位 DSP 芯片对所产生的图像数字矩阵进行对比分析。由于相邻的两幅图像总会存在相同的特征,通过对比这些特征点的位置变化信息,便可以得到鼠标的具体位移和速度,实现光标的定位。随着光学鼠标的量产,其造价降低,光学鼠标已成为绝大多数用户的首选。

一般来说,鼠标有三个按键,通常称为鼠标左键、鼠标右键以及鼠标滚轮,如图 3-20 所示。根据不同的软件定义,各个按键的功能有所不同,习惯上将鼠标左键定义为确认,将鼠标右键定义为打开/隐藏菜单选项,将滚轮定义为页面的上下移动。通过使用鼠标,可以大幅降低命令的输入频率,并迅速准确地定位到目标元素。

图 3-20　鼠标按键图

3. 显示器

显示器(display),又称为监视器(monitor),也称为屏幕(screen),是计算机的重要输出设备之一,用作计算机内部计算结果展示给外界的媒介,也是外界与计算机交互的媒介。如今,人们平均每天看电视、手机、计算机等设备屏幕超过 400min,大约占人类清醒时间的40%。显示器从诞生至今日,经历了从模糊到清晰,从小到大,从单色到彩色,从二维显示器到三维显示器,从基于阴极射线管的显示器到平板显示器的变化。各个厂商不断地改进和完善显示器的生产技术,更多的产品形式、更高的产品质量、更全的产品性能将是未来显示器发展的必然趋势。

显示器大致分为 CRT(cathode ray tube)显示器(见图 3-21 (a))、平板显示器、3D 显示器等类型。CRT 显示器作为最早出现的显示器,在 1897 年首次被应用于一台示波器中,之后则广泛应用于电视机。CRT 显示器是 20 世纪的主流显示器,而平板显示器在 21 世纪取代了 CRT 显示器。平板显示器是比 CRT 显示器体积小、重量轻、功耗低的视频设备,进一步还可以分为主动发光型显示器和被动发光型显示器。发光二极管显示器(LED)、等离子板(plasma display panel)显示器、薄膜光电显示器、OLED 显示器将电能转换为光,属于主动发光型显示器,而液晶显示器(LCD,见图 3-21(b))利用光学效应将太阳光或其他光源转换为图形模式,属于被动发光型显示器的代表。液晶显示器(liquid crystal display)最早应用于 1973 年日本声宝公司制造的电子计算器显示屏,随后则广泛应用于各类显示器设备,目前已成为市面上最主流显示器。1981 年,等离子显示器首次应用于显示计算机终端,在大尺寸显示器市场占有一定份额。世界上第一台 OLED 显示器出现于 1987 年,广泛的应用前景使其被认为是下一代主流平板显示器。

(a) CRT显示器   (b) 液晶显示器

图 3-21   两类显示器

CRT 显示器的主要构成部件阴极射线管是一个电子真空管,包含一个或多个电子枪、加速阳极、聚焦系统、偏转系统和涂有荧光粉的屏幕,用于显示图像。CRT 对电子束进行聚焦、加速和偏转后投射到屏幕上以显示图像。CRT 可以表示电波形(示波器)、图像(电视机、计算机监视器)、雷达目标等。在彩色成像时,CRT 管控制三个电子束的强度,每个电子束对应光的三原色(红色、绿色和蓝色)中的一种荧光粉,CRT 的偏转系统使电子束发生不同程度的偏转。CRT 显示器的屏幕上有一层荧光粉,荧光粉按照红、绿、蓝为一组的单位紧密排列,当电子束抵达屏幕后,屏幕内的荧光粉被点亮,三个电子束分别激活三原色的荧光粉发出不同的光。由于空间混色原理,在距离屏幕一定距离以上,人眼无法分辨出三种颜色,所以三种原色在空间上很邻近的位置上按不同的强度组合显示时可以显示出丰富的色彩。而屏幕上大量的颜色组合形成的画面,通过颜色的变动,画面也跟着变动,从而产生动态显示效果。进入 21 世纪,低成本、低功耗以及更轻便的平板显示器已经取代了 CRT 显示器,但由于 CRT 显示器的反应迅速等特点,自 2015 年以来,在游戏市场上的使用率又开始逐步增加。

液晶显示器的原理是利用液晶对光的调制特性,液晶不作为发光源,而是通过反射背光来显示不同的色彩,从而达到成像效果。液晶显示器不仅可显示内容丰富的图像,如计算机图像等;还能用于显示信息量较低的固定图像,如普通计算器的 7 段式数字显示。相比CRT 显示器,液晶显示器的功耗更低,可以应用于电子手表、电子计算器等对节能要求高的设备,且不使用荧光粉,所以在长时间显示静态图像时不会出现烧屏现象。液晶显示器是由两块板构成,在两块板之间填满液晶,在显示器背面有一块背光板和反光膜,用于发出均匀的光线,背光板的光线进入液晶层后,液晶受到电路的控制而改变排列形态,使光线在不同的位置有不同的透光率。对于彩色图像来说,三个液晶单元格对应一个像素,液晶格的改变使得该像素显示出相应的颜色信息,最后所有的像素点同时显示而呈现出一幅完整的图像。

等离子显示器的显示面板由两块玻璃面板构成,在两块面板之间包含了数百万个紧密排列的细小电离气体室(等离子体),这些气室内填充了一些混合惰性气体(如 Ne＋Ar),气室类似于办公室的荧光灯,当向气室内施加高电压时,里面的混合气体变成等离子体,电流的激发使其释放出紫外光线,紫外光线再碰撞到涂在气室内的荧光体释放出多余的能量作为光子,光子中大约有 40% 处于可见光范围内,其余则在红外光范围内。根据对气室施加不同的电压以及气室内所涂的荧光粉,可以使其释放出的可见光显示出不同的颜色。等离子显示器的亮度很高,且色域广,在黑色的显示上也比液晶显示器显得更黑,曾经与液晶显示器均分市场,但受其成本等因素控制,如今逐渐被淘汰。

　　OLED 显示器采用有机发光二极管制成,OLED 是一种存在于一层有机化合物薄膜中的发光二极管(LED),有电荷通过薄膜时能够发光,所以这层有机半导体位于两个电极之间且至少有一个电极是透明的。有两种控制方式可以驱动 OLED 显示器,分别为无源矩阵(PMOLED)和有源矩阵(AMOLED),PMOLED 方案中显示器的每一行每一列都是按照顺序依次进行控制,而 AMOLED 方案中使用薄膜晶体管直接对每个像素进行控制。OLED 显示器不使用背光,因此可以显示出更加深邃的黑色,相比液晶显示器,OLED 显示器的对比度更高,也更轻薄。

　　3D 显示器被公认为显示技术发展的终极梦想,多年来一直有许多企业和研究机构从事这方面的研究。日本、美国、韩国等发达国家和地区早于 20 世纪 80 年代就纷纷涉足立体显示技术的研发,于 20 世纪 90 年代开始陆续获得不同程度的研究成果,现已开发出需佩戴立体眼镜和不需佩戴立体眼镜的两大立体显示技术体系。传统的 3D 电影在荧幕上有两组图像(来源于在拍摄时的互成角度的两台摄影机),观众必须戴上偏光镜才能消除重影(让一只眼只接收一组图像),形成视差(parallax),产生立体感。

　　上述各类型显示器的具体工作与成像原理本书不做详细描述,仅列出显示器相关的一些技术参数,包括显示器尺寸、可视面积、点距、显示分辨率、刷新率、色彩度、亮度、对比度、响应时间、可视角度等。

　　(1) **显示器尺寸**,一般采用英寸度量,是显示器的对角线长度。

　　(2) **可视面积**,显示器实际可使用的屏幕范围。CRT 显示器的可视面积小于屏幕物理尺寸范围,而 LCD 显示器标称的可视面积等于屏幕物理尺寸范围。

　　(3) **点距**,屏幕上相邻两个同色像素单元之间的距离,单位为毫米,CRT 显示器和液晶显示器由于成像原理不同,测量方法不尽相同。对 CRT 显示器而言,点距与荫罩或光栅的设计方式、视频卡的种类、垂直或水平扫描频率相关。改变上述参数,点距会所改变。测量时有实际点距、水平点距和垂直点距等概念。

　　(4) **显示分辨率**,能够显示的最大像素数量,通常以水平像素数×垂直方向像素数表示。也有以每英寸能显示的像素数量表示分辨率,即 DPI (dots per inch)

　　(5) **刷新率**,对 CRT 显示器而言,表示屏幕的图像每秒钟重新绘制的次数,刷新率越高,所显示的图像稳定性就越好。刷新率的单位为赫兹(Hz),CRT 显示器的刷新率范围一般为 60~120Hz。

　　(6) **色彩度**,显示器能够显示的色彩数。

　　(7) **亮度**,显示器的发光强度,单位为流明(lux)。显示器亮度达到 500lux 能生成清晰艳丽的画面,满足观看需求。一般等离子显示器的亮度都在 500lux 以上。亮度也不宜过高,例如达到 1000lux,会引起视疲劳,伤害眼睛。

　　(8) **对比度**,显示器最大亮度值(全白)除以最小亮度值(全黑)的比值,一般范围为 300:1~10 000:1。CRT 显示器上呈现真正全黑的画面是很容易的,因而 CRT 显示器的对比值通常高达 500:1。液晶显示器背光源始终处于点亮的状态,不容易得到全黑画面,总是会有一些漏光发生。因此,液晶显示器的对比度不如 CRT 显示器。

　　(9) **响应时间**,指一个像素从活动(黑)到静止(白)状态,再返回到活动状态所用的时间。数值越小越好,单位为毫秒。

（10）可视角度,指用户从纵横方向清晰地看到屏幕上所有内容的最大角度。可视角度的大小,决定了用户可视范围的大小以及最佳观赏角度。LCD 显示器显示的光源经折射和反射后输出时有一定的方向性,在超出这一范围观看就会产生色彩失真现象,而 CRT 显示器不存在该问题。液晶显示器的可视角度左右对称,而上下则不一定对称。市场上,大部分液晶显示器的可视角度都在 160°左右。

显示器的发展历程见附录 A。

3.3.5　子系统互连

计算机各部件之间的连接通过总线实现,如图 3-22 所示。

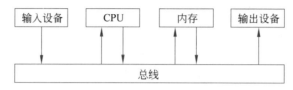

图 3-22　计算机总线示意图

具体来讲,CPU 和内存的连接有三类总线:数据总线、地址总线和控制总线,如图 3-23 所示。数据总线由多根导线组成,每根导线上每次传送 1 位的数据。地址总线允许访问内存中的某个字,地址总线的线数取决于存储空间的大小。控制总线负责在中央处理器和内存之间传送信息。

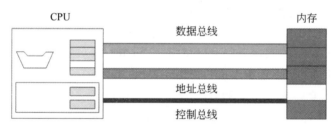

图 3-23　CPU 与内存连接示意图

I/O 设备不能直接与连接 CPU 和内存的总线相连。I/O 设备是机电、磁性或光学设备,而 CPU 和内存是电子设备,与 CPU 和内存相比它们的操作速度要慢很多。因此,必须有中介来处理速度上的差异,即通过一种被称为 I/O 接口的器件连接到总线上。如图 3-24 所示,显示器与系统之间通过显示器接口连接,打印机也通过打印机接口与系统相连。

计算机 I/O 接口分为串行接口和并行接口。串行接口只有一根数据线连接到设备上,数据的各位逐位进行传送。如连接鼠标、键盘、Modem 等;并行接口有数根数据线连接到设备上,数据的各位同时进行传送。例如,连接打印机和绘图仪。图 3-25 展示了一台个人计算机所支持的各类 I/O 接口。

具体来讲,PS/2 接口曾经是连接键盘和鼠标的主流接口,如图 3-25 所示,目前主要使用 USB 接口,如图 3-26 所示。连接调制解调器(Modem)的是标准电话线接口 RJ-11,连接网络的接口是 RJ-45,如图 3-27 所示。还有一种智能的通用接口标准 SCSI,即小型计算机系统接口(small computer system interface),它是计算机和智能设备之间系统级接口的独

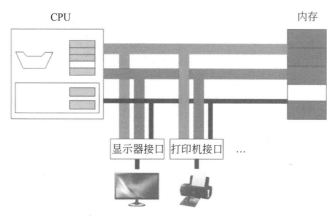

图 3-24　I/O 接口示意图

图 3-25　个人计算机接口示意图

立处理器标准。SCSI 发布于 1984 年,最初是为 Macintosh 计算机设计的。SCSI 是一个 8、16 或 32 线的并行接口,广泛应用于磁盘、磁带、CD-ROM、可擦写光盘驱动器、打印机、扫描仪和通信设备等热插拔的设备,如图 3-28 所示。

图 3-26　USB 接口

(a) RJ–11　　　　　　　　　　　　(b)RJ–45

图 3-27　通信接口

(a) 打印机接口　　　　　　　(b) SCSI接口

图 3-28　并行接口

注：调制解调器是一种计算机硬件,它能把计算机的数字信号翻译成可沿着普通电话线传送的模拟信号,而这些模拟信号又可被线路另一端的另一个调制解调器接收,并译成计算机可理解的数字信号。这一简单过程完成了两台计算机间的通信。

1995 年,由 Intel、IBM、微软、康柏等 7 家公司联合推出 USB 接口标准。USB 是英文 universal serial bus(通用串行总线)的缩写,是一个外部总线标准,用于规范计算机与外部设备的连接和通信。USB 接口支持设备的即插即用和热插拔功能。USB 的硬件结构和软件构成具体参照 USB 标准。USB 标准自 1994 年 11 月 11 日发布 USB v0.7 版本以后, USB 版本经历了多年的发展,已经发展为 4 版本,成为 21 世纪计算机中的标准扩展接口。各版本的传输速率和发布时间见表 3-4。

表 3-4　USB 版本信息

USB 版本	理论最大传输速率	最大输出电流	推出时间
USB 1.0	1.5Mb/s(192KB/s)	5V/500mA	1996 年 1 月
USB 1.1	12Mb/s(1.5MB/s)	5V/500mA	1998 年 9 月
USB 2.0	480Mb/s(60MB/s)	5V/500mA	2000 年 4 月
USB 3.0	5Gb/s(500MB/s)	5V/1A	2008 年 11 月
USB 3.1	10Gb/s(1280MB/s)	5V/1.5A 12V/2A 20V/5A	2013 年 12 月
USB 3.2	20Gb/s	5V/1.5A 12V/2A 20V/5A	2017 年 7 月
USB 4	40Gb/s	5V/1.5A 12V/2A 20V/5A	2019 年 3 月

IEEE 1394 接口是苹果公司开发的串行标准,俗称火线接口(firewire),如图 3-29 所示。同 USB 一样,IEEE 1394 也支持外设热插拔,可为外设提供电源,省去了外设自带的电源,能连接多个不同设备,支持同步数据传输。数据传输率一般为 800Mb/s。

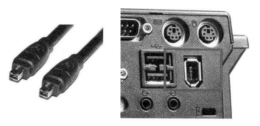

图 3-29　IEEE 1394 接口

◆ 3.4　其他计算机体系结构

现代计算机自问世以来所遵循的基本结构形式始终是冯·诺依曼体系结构。它的基本结构特征：①程序与数据共享存储空间；②取指令与取操作数分时串行执行，如图 3-30 所示。当高速运算时，会造成数据传输通道的瓶颈现象，工作速度较慢。

取指1	译码1	执行1	取指2	译码2	执行2	…

时间线 →

图 3-30　串行执行示意图

流水线技术是未来计算机实现指令和数据并行处理的主流技术。所谓流水线技术，指计算机在前一条指令进入处理周期的下一步就开始处理另一条新的指令。传统计算机是单个控制单元、单个算术逻辑单元、单个内存单元。随着计算机技术的发展，硬件成本下降，现代计算机可拥有多个控制单元、多个算术逻辑单元、多个内存单元，从而支持并行处理。图 3-31 显示计算机取指、译码和执行的并行处理过程。

取指1	取指2	取指3	取指4	取指5	取指6	取指7
	译码1	译码2	译码3	译码4	译码5	译码6
		执行1	执行2	执行3	执行4	执行5

时间线 →

图 3-31　流水线示意图

并行处理涉及多种不同的技术。M. J. Flynn 从数据处理的角度提出计算机体系结构可分为 SISD、SIMD、MISD 和 MIMD，即单指令流单数据流、单指令流多数据流、多指令流单数据流、多指令流多数据流。M. J. Flynn 认为并行发生在数据流、指令流或两者皆有。事实上，MISD 从来未被实现过。

与冯·诺依曼结构相对的计算机结构是哈佛大学物理学家 A·Howard 于 1930 年提出的哈佛结构，其结构原理如图 3-32 所示。哈佛结构的主要特点是将程序和数据存储在不同的存储器中，每个存储器独立编址，独立访问，这一点是与冯·诺依曼结构的主要区别。

哈佛结构的中央处理器工作过程是：①首先到程序指令存储器中读取程序指令内容，解码后得到数据地址；②到相应的数据存储器中读取数据，并进行下一步的操作（通常是执行）。程序指令存储和数据存储分开，可以使指令和数据有不同的数据宽度，如 Microchip

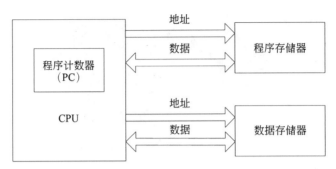

图 3-32　哈佛结构示意图

公司的 PIC16 芯片的程序指令是 14 位宽,而数据是 8 位宽。相反,冯·诺依曼结构,程序指令存储地址和数据存储地址指向同一个存储器的不同物理位置,因此程序指令和数据的宽度相同,如 Intel 公司的 8086 中央处理器的程序指令和数据都是 16 位宽。

哈佛结构在片内设置了与两个存储器相对应的程序总线和数据总线,取指令和执行能重叠运行,因而数据的吞吐率提高了一倍。目前使用哈佛结构的中央处理器和微控制器有很多,Microchip 公司的 PIC 系列芯片、摩托罗拉公司的 MC68 系列、Zilog 公司的 Z8 系列、ATMEL 公司的 AVR 系列和 ARM 公司的 ARM9、ARM10 和 ARM11 等。

◇思考题 3

1. 晶体管、门电路与集成电路三者之间是什么样的关系?

2. 当门的两个输入都为 1 时,写出与门、或门、异或门、与非门、或非门的输出。

3. 如何分类集成电路? 集成电路有哪些类型?

4. CPU 的全称是什么? CPU 的构成有哪些?

5. CPU 的指令周期包含哪几个阶段?

6. 如何衡量 CPU 的性能?

7. 试梳理出 CPU 发展各个阶段的主要特点。

8. 冯·诺依曼体系结构下计算机包含哪些主要部件? 试描述各部件的用途。

9. 存储设备主要有哪两种类型? 各类型下具体包含哪些常用设备?

10. 试比较 RAM 与 ROM 有何不同。

11. 计算机为什么要采用多级存储器层次结构?

12. 计算机系统有哪些常用的输入设备? 有哪些常用的输出设备?

13. 计算机系统各部件之间如何连接?

14. 什么是流水线技术? 采用流水线技术的动机是什么?

15. 试比较哈佛结构与冯·诺依曼结构的不同。

计算机软件基础

◆ 4.1 概　　述

软件和程序是一个概念吗？并不是，只能说软件是与程序密切相关的一个概念。在计算机发展初期，硬件设计和生产是主要问题，软件功能需求相对简单，软件设计和生产过程不复杂，那时软件等同于程序。随着计算机技术的发展，传统软件的生产方式已不适应发展的需求，于是人们将工程学的基本原理和方法引入软件设计和生产中。现在，计算机软件一般指计算机系统中的程序、数据、有关文档及它们之间的联系所表现出来的信息的总称，是运行在硬件设备上的各种程序、数据及相关资料的集合。目前计算机软件已经形成一个庞大的体系。

软件是计算机的灵魂，包含程序和文档两部分。

（1）程序。程序是一系列按照特定顺序组织的计算机指令和数据的集合。程序应具有 3 个方面的特征：①目的性，即要得到一个结果；②可执行性，即编制的程序必须能在计算机中运行；③程序是代码化的指令序列，即用某种计算机语言编写。

（2）文档。文档是了解程序所需的阐述性资料。文档用自然语言或形式化语言描写，描述程序的内容、组成、设计、功能规格、开发情况、测试结构、使用方法和软件图标。例如，程序设计说明书、流程图、用户手册等。

文档分为两大类：软件开发文档，主要包括需求分析、方案设计、编程方法及源代码、测试方案与调试、维护等文档；用户文档，主要有使用说明书、用户手册、操作手册、维护手册等。

程序和文档是软件系统不可分割的两方面。为了开发程序，设计者需要用文档来描述程序的功能和如何设计开发等，这些信息用于指导设计者编制程序。当程序编制好后，还要为程序的运行和使用提供相应的使用说明等相关文档，以便用户使用程序。

软件概念
与分类

现代计算机上多安装各种各样的软件以满足用户的不同需求。大致来讲，计算机的软件可以分为两大类：系统软件和应用软件。

1. 系统软件

系统软件是指用于控制与协调计算机本身及其外部设备的一类软件，它相当于构建了一个平台，在这个平台上，可以通过调动硬件资源的方式，满足平台本身及其他应用软件的工作需求。系统软件与具体的领域无关，仅在系统一级提供服务。其他软件都要通过系统软件发挥作用,因此,系统软件是软件系统的核心。系统软件包括操作系统、语言处理软件、数据库管理系统和工具软件等。

(1) 操作系统。这是通用计算机必备软件,是直接运行于"裸机"上的系统软件,为用户提供友好、方便、有效的人机操作界面。它主要用于进行软硬件资源的控制和管理,调度、监控和维护计算机系统,协调计算机系统中各个硬件之间的工作。当多个软件同时运行时,操作系统负责分配和优化系统资源,并控制程序的运行。其基本功能模块主要包括处理机管理、设备管理、存储管理、文件管理和作业管理 5 项。

(2) 语言处理软件。这是一种能把某种程序语言编写的源程序翻译成二进制指令的软件,如汇编程序、各种编译程序及解释程序。

(3) 数据库管理系统。此类系统为组织大量数据提供了动态、高效的管理手段,为信息管理应用系统的开发提供有力支持,常用的数据库管理系统有 FoxBASE、dBace、Oracle、SQL Server、Sybase 等。

(4) 工具软件。此类软件是为了方便软件开发、系统维护而提供的。

也有从系统软件中细分出一类称为支撑(持)软件的软件。支撑软件介于系统软件和应用软件之间,其功能是为应用层软件及最终用户处理自己的程序或者数据提供服务。上述的语言处理软件、数据库管理系统以及工具软件都属于支撑软件。

2. 应用软件

应用软件是为了满足用户不同领域、不同问题的应用需求而提供的软件。下面列出常见的应用软件。

(1) 办公软件。主要包括文字处理软件,例如,Windows 系统中的记事本、Word、WPS、PageMarker 等;表格处理软件(如 Excel);演示文稿处理软件(如 PowerPoint)。

(2) 媒体处理软件。媒体处理软件包括音频处理软件(如 Windows 附件中的录音软件)、图形图像处理软件、三维及效果图处理软件、用于网页和动画处理的软件等。

(3) 统计软件。统计软件包括 SPSS、SAS、Stata、BMDP 等。

(4) 网络通信软件。网页浏览器、下载工具、远程管理工具、电子邮件工具等。

上述应用软件适用领域广,属于通用软件。除此之外,还有一些专用的应用软件,如财务管理软件、图书管理软件、人事管理软件等,这类软件的专业针对性较强,不具有通用性。不同软件在计算机软件系统中所处的层次不同。

为了更好理解软件分类概念,表 4-1 列出国家标准《计算机软件分类与代码》(GB/T 13702—1992),该标准目前虽然已作废,在新的标准尚未批准的情况下,对初学者而言具有一定的参考意义。

表 4-1　计算机软件分类代码表 GB/T 13702—1992

代　　码	计算机软件类别	代　　码	计算机软件类别
10000	**系统软件**	13000	系统扩充程序
11000	操作系统	14000	网络系统软件
12000	系统实用程序	19900	其他系统软件

续表

代　码	计算机软件类别	代　码	计算机软件类别
30000	**支持软件**	62500	图形软件
31000	软件开发工具	63000	图像处理软件
32000	软件评测工具	64000	应用数据库软件
33000	界面工具	65000	事务管理软件
34000	转换工具	65500	辅助类软件
35000	软件管理工具	66000	控制类软件
36000	语言处理程序	66500	智能软件
37000	数据库管理系统	67000	仿真软件
38000	网络支持软件	67500	网络应用软件
39900	其他支持软件	68000	安全与保密软件
60000	**应用软件**	68500	社会公益服务软件
61000	科学与工程计算软件	69000	游戏软件
61500	文字处理软件	69900	其他应用软件
62000	数据处理软件		

◆ 4.2　程序设计语言

程序设计
语言

程序设计语言是程序员用来编写程序的语言,也是算法得以实现并在计算机上运行的基础。它经历了机器语言到高级语言的发展过程,它的发展过程也反映了计算机软件的不同发展阶段。如今,可用的程序设计语言有几百种,使用最广泛的语言前十名都是高级语言。

4.2.1　机器语言

机器语言是用二进制代码表示的、计算机能直接识别和执行的一种机器指令的集合。每台计算机有其特定的机器语言。用机器语言编写程序,就是从特定 CPU 指令系统中挑选合适的指令,组成一个机器可以直接理解、执行的指令序列。

假设有一台虚拟机,其指令系统如表 4-2 所示。

表 4-2　某虚拟机指令集

指　令　码	指　令　含　义
0000	停止执行
1100	将操作数装入寄存器 A
1110	将寄存器 A 的值赋给操作数

续表

指 令 码	指 令 含 义
0111	A 寄存器值加上操作数
1000	A 寄存器值减去操作数
01001	输入字符
01010	输出字符

如果想在虚拟机上输出字符串"Hello",则机器语言编写的程序如下。

```
01010000 01001000  ;输出'H'
01010000 01100101  ;输出'e'
01010000 01101100  ;输出'l'
01010000 01101100  ;输出'l'
01010000 01101111  ;输出'o'
00000000  ;停止执行
```

机器语言的优点是占用空间小、执行速度快。而其缺点也很显著:编写烦琐、可读性差、修改和调试困难、移植性差。如何理解呢?通过例 4-1 来说明。

例 4-1 某 CPU 即将执行两字节的机器指令 00000001 11011000,会执行什么操作?

根据某 CPU 的指令系统定义,可以做如下解释。

此语句由两字节组成:第一字节:前 6 位 000000 为操作码,表示"相加"的意思;第 7 位 0 表示第二字节中的头 2 位及最后 3 位为目的操作数的寻址方式,其余 3 位为源操作数的寻址方式;第 8 位 1 为字运算。第二字节:头 2 位 11 及最后 3 位 000 表示操作数寄存器 AX;其余 3 位 011 表示另一个操作数为 BX。

操作:寄存器 AX 和 BX 的内容相加,结果存储于 AX。

这种 0、1 码序列组成程序序列太长,不直观,而且难记、难认、难理解、不易查错,只有专业人员才能掌握,程序生产效率很低,质量难以保证。并且繁重的手工方式与高速、自动工作的计算机不相称,会限制计算机的推广使用。

如今,虽然计算机用户直接用机器语言编写程序已经不多,但高级语言编写的程序最终还是需要借助工具转换为机器代码才能在机器上执行。此外,机器语言在某些时候还是有它的用武之地的,例如,在对空间、效率的要求很严格的领域。微软公司赖以起家的 BASIC 语言就是比尔•盖茨用机器语言写出来的。再如,一些计算机病毒的代码就是用机器语言写的,为了减少病毒代码占用的内存空间,由某些心怀叵测的计算机高手所编写。某些软件的破解,也是通过逆向工程得到软件的汇编代码甚至机器代码来进行分析实现的。

4.2.2 汇编语言

为了减轻人们在编程中的劳动强度,克服机器语言的缺点,20 世纪 50 年代中期人们开始使用一些"助记符号"来代替 0、1 码编程。这种用助记符号描述的指令系统是第二代计算机程序设计语言,被称为汇编语言。

汇编语言也是一种面向机器的程序设计语言,它用助记符来表示机器指令的操作符与操作数,例如,用 ADD 与 MOVE 分别取代机器语言中的加法与代码移动操作。汇编指令与机器指令之间的关系是一对一的关系,汇编语言程序要经过一个特定的翻译程序(即汇编程序)将其中的各个指令逐个翻译成相应的机器指令后才能执行。

表 4-3 列出了某虚拟机的部分指令的助记符。

表 4-3　某虚拟机助记符

指令助记符	指令含义
STOP	停止执行
LDA	将操作数装入寄存器 A
STA	将寄存器 A 的值赋给操作数
ADDA	A 寄存器值加上操作数
SUBA	A 寄存器值减去操作数
CHARI	输入字符
CHARO	输出字符

如果想在虚拟机上输出字符串"HELLO",则使用汇编语言编写的程序如下。

```
CHARO 0x0048,i; 输出一个'H'
CHARO 0x0065,i; 输出一个'e'
CHARO 0x006C,i; 输出一个'l'
CHARO 0x006C,i; 输出一个'l'
CHARO 0x006F,i; 输出一个'o'
STOP;停止执行
END;程序结束
```

汇编语言的出现使得写程序不必再花很多的精力去记忆、查询机器代码地址,人们的编程工作变得容易多了。用汇编语言编程,程序的生产效率及质量都有所提高。但是,汇编语言指令不能被计算机直接识别、理解和执行。汇编语言与机器语言都是随 CPU 不同而异,都是一种面向机器的语言。程序员用它们编程时,不仅要考虑解题思路,还要熟悉机器内部结构,编程强度仍很大,影响计算机的普及与推广。

编写一个功能简单的汇编程序需要使用数百条指令,为了解决这个问题,人们研制出宏汇编语言,即一条宏汇编指令可以翻译成多条机器指令,使程序设计工作能减轻一些。为了解决由多人编写的程序的拼装问题,人们又研制了连接程序,用于把多个独立编写的程序块连接组装成一个完整的程序。虽然汇编程序比机器语言好学、好记、好用,但是机器语言中存在的许多其他问题在汇编语言中没有得到解决。

由于汇编语言是面向机器的语言,随 CPU 的不同,汇编语言也会不同。下面以 8086/8088 为例介绍一种实际可用的汇编语言,供读者体会。

8086/8088 汇编语言源程序是为执行特定任务而设计的语句序列,这些语句可分成两大类:一类是指令语句(instruction statements);另一类是指示性语句(directive statements)。

指令语句对应 8086/8088 的机器指令,它们指示 CPU 做什么。汇编程序(assembler)把它们翻译成机器代码(目标代码),每一条指令语句产生一条 8086/8088 机器指令,由

CPU 执行操作。如 MOV、ADD、JMP 等。

指示性语句,又称伪语句、伪操作,其构成主体是伪指令,主要用于表明汇编程序在翻译 8086/8088 指令过程中需要做什么。汇编程序并不把伪语句翻译成机器代码,它们只是用来指明汇编程序在翻译期间需要做的一些操作,例如,定义符号,分配存储单元,初始化存储器,等等。

指令和伪指令是两类不同的语句。指令是由 CPU 执行完成的,而伪指令则是为汇编程序提供汇编信息,为连接程序(将目标代码转换为可执行程序)提供连接信息,是由软件实现的。

在理解了汇编语句的基础上,下面介绍汇编语言语句基本结构。

8086/8088 汇编语言指令语句的格式为:"标号:指令助记符 操作数,…,操作数;注释"。

它由四部分组成,各部分之间用空格或制表符(Tab)分隔。

(1) 标号。不是必需的,只有当某条指令作为转移指令的目标时,该条指令才需要加上标号,标号和指令之间须用冒号(:)分隔。一条语句行可以只由一个标号构成。

(2) 指令助记符。可以是 8086/8088 所有合法指令助记符。

(3) 操作数。其个数和类型由指令助记符决定。

(4) 注释。以分号(;)开始,是对该语句行的文字解释,从分号开始到本行结束的内容全部被汇编程序忽略,对程序的汇编及执行都没有影响。一条语句行可以只有注释,称为独立注释行。

汇编语言指示性语句的格式为:"**名称 伪指令 操作数,…,操作数;注释**"。

同样由四部分组成,各部分之间用空格或制表符(Tab)分隔。

(1) 名称。它可能是必需的、任选的或禁止的,取决于不同的伪指令的要求。

(2) 伪指令。说明该行的操作任务。

(3) 操作数。其个数和类型由伪指令决定。

(4) 注释。以分号(;)开始,是对该语句行的文字解释。

在一个指令语句中的标号后面跟有冒号(:),而在一个指示性语句中的名字后面没有冒号,这就是指令语句和指示性语句在格式上的主要区别。

下面以实现终端输出"Hello World"功能的汇编程序 hello.asm 为例,列出对应的 8086/8088 汇编程序,供读者体会。

```
DATA SEGMENT
str db 'Hello World$'        ;要输出的字符串必须要以$ 结尾
DATA ENDS


CODE SEGMENT
ASSUME CS:CODE,DS:DATA       ;将 CS 和 CODE、DS 和 DATA 段建立联系
START:
      MOV BX,DATA
      MOV DS,BX
      LEA DX,str
      MOV AH,9
      INT 21H
      MOV AH,4CH             ;将控制权返回给终端
```

```
        INT 21H
CODE ENDS
END START
```

历史上,汇编语言曾经是非常流行的程序设计语言之一。随着软件规模的增长,以及随之而来的对软件开发进度和效率的要求,高级语言逐渐取代了汇编语言。即便如此,高级语言也不可能完全替代汇编语言的作用。就拿 Linux 内核来讲,虽然绝大部分代码是用 C 语言编写的,但仍然不可避免地在某些关键地方使用了汇编代码。由于这部分代码与硬件的关系非常密切,即使是 C 语言也会显得"力不从心",而汇编语言则能够很好地扬长避短,最大限度地发挥硬件的性能。

4.2.3 高级语言

汇编语言和机器语言是面向机器的语言,随机器而异。为了克服这种缺点,在 20 世纪 50 年代初期,人们开始研制更高级的计算机程序设计语言。1954 年提出的 FORTRAN 语言以及随后出现的高级语言,不再面向具体机器,而是面向问题求解过程。人们可用接近自然的语言和数学语言对操作过程进行描述,这种语言称为第三代计算机程序设计语言,即高级程序设计语言或面向过程语言。用高级语言编程时,人们不必熟悉计算机内部的具体构造,不必熟记机器指令,而把主要精力放在算法描述上面,所以又称算法语言。高级语言的出现是计算机技术发展道路上的一个里程碑,它把计算机从少数专业人员手中"解放"出来,使之成为大众化的工具。从 1957 年 IBM 公司正式发布商用 FORTRAN 以来,不同风格、不同用途、不同规模、不同版本的高级语言陆续出现。据统计,全世界已有上千种高级语言,其中使用较多的有几十种。图 4-1 为 TIOBE 2021 年 1 月编程语言 1～20 排行榜(TIOBE 编程语言社区排行榜是编程语言流行趋势的一个指标)。

与汇编语言相比,高级程序设计语言的抽象度高,与计算机的硬件相关度低(或没有相关度),求解问题的方法描述直观,因此用高级语言设计程序的难度较以前大大降低。

高级语言的发展经历了从早期语言到结构化程序设计语言,从面向过程的语言到非过程化程序语言的过程。相应地,软件的开发也由最初的个体手工作坊式、封闭式生产发展为产品化、流水线式的工业化生产。总的说来,高级语言的发展经历了以下 4 个阶段。

(1)高级语言初创时期。高级程序语言的初创时期主要是在 20 世纪 50 年代,主要的代表语言有 FORTRAN、ALGOL 和 COBOL。

(2)高级语言发展初期。20 世纪 60 年代初期,编译技术与理论的研究得到了高度重视,在短短几年中得到很大发展,许多语言翻译中的问题也得到解决,人们把注意力更多地放在各种新的程序设计语言的研制上,导致了程序设计语言数目呈指数激增。在 20 世纪 60 年代的 10 年中,人们至少研制了 200 多种高级语言。其中,较为成功的有 LISP 语言、BASIC 语言等。

(3)结构化程序设计时期。20 世纪 60 年代,荷兰计算机科学家埃德斯加·狄杰斯特拉(E. W. Dijkstra,获得过 1972 年的图灵奖)给 *COMM.ACM* 杂志编辑写了一封信,指出了程序语言中使用跳转语句带来的问题,从而引发了程序设计语言中要不要使用跳转语句的讨论。这场讨论使人们开始注重对程序设计方法进行研究,从而导致了结构化程序设计这一

2021年1月	2020年1月	市场占比变化	编程语言	市场占比	市场占比变化
1	2	∧	C	17.38%	+1.61%
2	1	∨	Java	11.96%	-4.93%
3	3		Python	11.72%	+2.01%
4	4		C++	7.56%	+1.99%
5	5		C#	3.95%	-1.40%
6	6		Visual Basic	3.84%	-1.44%
7	7		JavaScript	2.20%	-0.25%
8	8		PHP	1.99%	-0.41%
9	18	∧∧	R	1.90%	+1.10%
10	23	∧	Groovy	1.84%	+1.23%
11	15	∧	Assembly language	1.64%	+0.76%
12	10	∨	SQL	1.61%	+0.10%
13	9	∨∨	Swift	1.43%	-0.36%
14	14		Go	1.41%	+0.51%
15	11	∨∨	Ruby	1.30%	+0.24%
16	20	∧	MATLAB	1.15%	+0.41%
17	19	∧	Perl	1.02%	+0.27%
18	13	∨∨	Objective-C	1.00%	+0.07%
19	12	∨∨	Delphi/Object Pascal	0.79%	-0.20%
20	16	∨∨	Classic Visual Basic	0.79%	-0.04%

图 4-1　TIOBE 编程语言排行榜

新的程序设计方法问世。这一时期比较著名的语言有 Pascal、Modula、C 和 Ada 等。

（4）多风格程序设计语言时期。在高级程序设计语言问世以后的几十年内,尽管在 20 世纪 60 年代出现了 LISP、APL 与 SNOBOL4 等非过程式(非强制式)程序设计语言,但基本是过程式语言的天下。自从约翰·巴克斯(J. Backus)在 1978 年图灵奖获奖讲演中指出了传统过程式语言的不足之后,人们开始把注意力转向研究其他风格和模式的程序设计语言。目前已被人们研究或应用的非过程式语言风格主要有函数式、逻辑式(说明式)、面向对象式等几种。

综合上述程序设计语言的发展过程,以程序语言解决问题的方式,高级程序设计语言可大致分为 4 种:过程式语言、面向对象式语言、函数式语言和说明式语言,如图 4-2 所示。

1. 过程式语言

面向过程的设计语言的主流是结构化程序设计语言。其概念最早由埃德斯加·狄杰斯特拉在 1965 年提出,是软件发展的一个重要里程碑。它的主要观点是采用自顶向下、逐步求精的程序设计方法,使用顺序、选择、循环 3 种基本控制结构构造程序。

程序设计的目的是为了解决问题,面向过程的程序设计方法是将问题的解决过程自顶向下、逐步分解成若干个较小的过程,每个过程都可以单独地设计、修改、调试。例如,一个

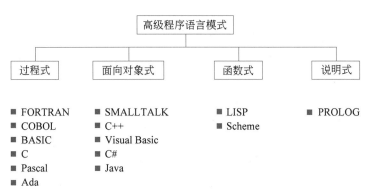

图 4-2 高级程序语言模式

社团要通过张贴海报来宣传招新,这个问题的解决过程可以分为设计海报→打印海报→张贴海报 3 个小的子过程,且 3 个子过程的具体操作过程保证独立性,打印海报的过程不关心海报设计过程将海报设计成的彩色还是黑白,张贴海报过程不关心打印海报过程将海报印在了白卡纸还是铜板纸上。如果社团管理者突然要将修改招新标语,只需要告诉修改设计海报过程即可,打印和张贴海报过程不受牵连。

其代表性的过程式语言包括。

(1) FORTRAN(FORmula TRANslation,第一代高级语言)。1951 年,美国 IBM 公司约翰·贝克斯(John Backus)针对汇编语言的缺点着手研究开发 FORTRAN 语言。1957 年,FORTRAN 投入商业使用。在随后的 50 年中,FORTRAN 经历了多个版本,FORTRAN Ⅰ、FORTRAN Ⅱ、FORTRAN 77、FORTRAN 90 等,因其高精度的算法、处理复杂数据的能力被广泛地应用在科学和工程中。

(2) Pascal。Pascal 语言的名称是为了纪念 17 世纪法国著名哲学家和数学家 Blaise Pasca,它由瑞士 Niklaus Wirth 教授于 60 年代末设计并创立的。Pascal 语言语法严谨,层次分明,程序易写,可读性强,是第一个结构化编程语言。6 个主要的版本分别是 Action Pascal、Unextended Pascal、Extended Pascal、Object-Oriented Extensions to Pascal、Borland Pascal 和 Delphi Object Pascal。Object Pascal 仍然广泛用于开发像 Skype 这样的 Windows 应用。

(3) C 语言。C 语言是美国贝尔实验室在 BCPL 语言的基础上设计出来的,于 1972 年完成。因为 C 语言的设计者也是 UNIX 操作系统的设计者,所以之后 C 语言的发展与 UNIX 系统的发展紧密交织在一起。C 语言作为一种高级语言,保留了低级语言的特性,可以直接访问硬件。因此,嵌入式软件开发也常采用 C 语言作为开发语言。C 语言也是一种结构化的语言,适合大型、复杂软件的结构化设计。

(4) Ada 语言。Ada 语言源于美国军方的一个计划,旨在整合美军事系统中运行着上百种不同的程序设计语言。其命名是为了纪念世界上第一位程序员 Ada Lovelace。Ada 不仅体现了许多现代软件的开发原理,而且将这些原理付诸实现。同时,Ada 语言的使用可大大改善软件系统的清晰性、可靠性、有效性、可维护性。

2. 面向对象式语言

面向对象式语言简称对象式语言,它与过程式语言的主要区别在于:在过程式语言中把数据及处理它们的子程序当作互不相关的成份分别处理,而在对象式语言中则把这两者作为对象封装在一起进行统一处理。面向对象的思想是 G. Booch 在研究 Ada 软件开发方法时首先提出来的,对象式语言中的一个重要概念是"类"。类最早是在 SIMULA67 语言中提出与实现的,但 SIMULA67 本身并不是一个面向对象的语言。

面向对象的程序设计方法主要是使用对象、类、继承、封装、消息等概念来进行程序设计。面向对象的程序设计方法处理的是活动对象。区别于面向过程中提到的被动对象,活动对象意味着对象本身可以执行某些操作,例如,人们日常生活中的汽车、洗衣机,活动对象只需要接触到特定的外部刺激,就可以自己执行相应的操作。

面向对象语言中最重要的一组概念是类和对象。类是对现实生活中一类具有共同特征的事物的抽象,实质是一种抽象数据类型,封装了属性和方法。对象是类的实例,类是对象的模板。下面举例来说明上述概念,如图 4-3 所示。人类这个概念是对地球上所有人类个体的抽象,我们可以知道年龄、身高、性别、肤色这些可以作为人的属性,不同的人类个体属性是不同的;我们也知道,走路、跑步、吃饭、睡觉这些都是人类可以进行的活动,即是人类所封装的方法;而你、我、他是人类的一个个实例,即一个对象。

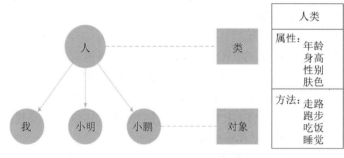

图 4-3　类和对象的概念

代表性的面向对象式程序设计语言如下。

(1) SMALLTALK 是 Alan Kay 于 20 世纪 80 年代初研制出来的,他在研制这个语言之前已先期研制了 FLEX 语言。在 SMALLTALK 中对象之间通过消息进行通信。

(2) C++ 是在 C 语言的基础上改良而成,是由贝尔实验室的 Bjarne Stroustrup 等人开发出来的。封装性、继承性和多态性是 C++ 语言的三大特性。C++ 语言中支持使用类进行数据封装,还提供了对数据访问的控制机制。C++ 语言将类的成员分为私有成员、保护成员和公有成员三种,私有成员只能在类内访问,保护成员该类和子类可以访问,公有成员可供类外函数访问。C++ 语言允许多继承和单继承,继承是实现抽象和共享的一种机制。C++ 语言支持多态性体现在 C++ 语言允许函数重载和运算符重载,允许通过定义虚函数来支持动态联编。

(3) Java 由 Sun 公司开发,是在 C 和 C++ 的基础上发展而来的。为了使语言精巧且容易熟悉,设计者把 C++ 语言中指针、运算符过载、多继承等特征以及一些普通程序员很少使用的特征(如 GoTo 语句)剔除掉了。这样也使得 Java 更加健壮。跨平台性是 Java 的一个重要的特性。一般的高级语言如果要在不同的平台上运行,至少需要编译成不同的目标代码。而 Java 因为引入了 Java 虚拟机隔离了平台和 Java 目标代码,使得 Java 语言的编译程序只需要使产生的目标代码在虚拟机上执行便可。因而 Java 代码只需要一次编译就可以在多种平台上运行。

3. 函数式语言

函数式语言中不使用赋值语句,其语法形式类似于数学上的函数。函数式编程是将程序视为数学上的函数计算,即一组输入到一组输出之间的映射。函数式语言主要实现以下功能。

(1) 函数式语言定义一系列可供任何程序员调用的原始函数。

(2) 函数式语言允许程序员通过若干原始函数的组合创建新的函数。

同其他编程语言相比,函数式语言代码简洁,自由度高,十分接近自然语言写出的代码。代表性的函数式程序设计语言包括如下。

(1) 表处理解释语言(LISP)是由麻省理工学院人工智能研究先驱 John McCarthy 在 1958 年基于 λ 演算所创造,采用抽象数据列表与递归作符号演算来衍生人工智能,长期以来垄断人工智能领域的应用。LISP 没有统一标准化,不久之后,就有许多不同的版本流传于世。

(2) Scheme 编程语言就是一种 LISP 语言,在 1975 年由麻省理工学院的 Gerald J. Sussman 和 Guy L. Steele Jr 完成,是现代两大 LISP 语言之一(另一个语言是 Common Lisp)。

4. 说明式语言

说明式语言,也称逻辑式语言,是基于规则式的语言。说明式编程依据逻辑推理的原则进行相应查询,是在希腊数学家定义的规范逻辑基础上发展而来的,以逻辑程序设计思想为理论基础。其主要核心是事实、规则与推理机制,事实与规则用于表示信息(知识),而推理机制则用于根据事实与规则产生执行结果,程序中不需要显式定义控制结构。说明式语言擅长基于逻辑推理的应用,如人工智能、符号处理、编译器等。

PROLOG(PROgramming in LOGic)是具有代表性的说明式编程语言,在 1972 年由法国马塞大学人工智能研究室的 Roussel、Colmerauer 与英国爱丁堡大学人工智能系的 Kowalsik 合作研制。PROLOG 程序全部由论据和规则组成。自 1981 年日本政府宣布以 PROLOG 为基础的第五代计算机系统(FGCS)项目以来,PROLOG 已成为人工智能研究领域的主导语言,目前广泛应用于人工智能领域的研究。

随着各种模式的程序设计方法的研究,各种模式间也相互渗透,目前许多语言都不止体现了一种编程模式。例如,Modula.2、Ada 等过程式语言中体现了面向对象的设计思想;C++、EIFFEL 等对象式语言中则充满了过程式语言的语句;LOGLISP 与 FUNLOG 兼有函数式与逻辑式的思想;LEAF 与 TABLOG 兼有关系式与逻辑式的思想;LOOPS 语言则把函数式、对象式、逻辑式与存取式多种编程模式有机地结合在一起。在 20 世纪 80 年代中期问世的还有一个有名的多模式语言 Nial,它支持过程式与函数式方法,而新扩充的 Nial 版本还可以支持逻辑式与对象式模式。由于每一种模式既有其长处也有其局限性,现代程序设计语言的一大发展趋势就是把各种模式的思想都尽可能地融合在一个语言中,以满足不同需求,不同风格的程序设计要求。

程序设计语言是软件的重要方面,其发展趋势是模块化、简明化、形式化、并行化和可视化。由于以对象为基础的面向对象的高级语言较传统程序设计语言更符合人类思维和求解问题的方式,因此近年来面向对象的高级语言有了长足的发展,成为程序设计语言发展的主流方向。

4.2.4　编译执行与解释执行

语言处理程序是一种程序转换工具,它可以把用一种程序设计语言表示的程序转换为与之等价的用另一种程序设计语言表示的程序。在计算机软件中,经常用到的语言处理程序是把汇编语言或高级语言"翻译"成机器语言的翻译程序。被翻译的程序称为源程序或源代码,经过翻译程序"翻译"出来的结果程序称为目标程序或目标代码。

翻译程序有两种典型的实现途径,分别为解释方式和编译方式。

1. 解释方式

解释方式是按照源程序中语句的执行顺序,逐条翻译语句并立即执行。具体过程为:事先装入计算机中的解释程序将高级语言源程序的语句逐条翻译成机器指令,翻译一条执行一条,直到程序全部翻译、执行完毕为止,如图 4-4 所示。解释方式类似于不同语言的口译工作,翻译员(解释程序)拿着外文版的说明书(源程序)在车间现场对操作员做现场指导;对说明书上的语句,翻译员逐句译给操作员听,操作员根据听到的话进行操作;翻译员每翻译一句,操作员就执行该句所规定的操作;翻译员翻译完全部说明书,操作员也执行完所需全部操作。由于未保留翻译的结果,若需再次执行,则重复上述过程。

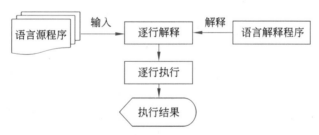

图 4-4　解释执行过程示意图

由于边解释边执行,使得运行速度较慢。早期的 BASIC、APL 和 FoxBASE 等语言编写的程序就是以这种方式运行的。

2. 编译方式

编译方式是先由翻译程序把源程序静态地翻译成目标代码,然后再由计算机执行目标代码。采用这种途径实现的翻译程序,如果源语言是一种高级语言,目标语言是某一计算机的机器语言或汇编语言,则这种翻译程序称为编译程序。如果源语言是计算机的汇编语言,目标语言是相应计算机的机器语言,则这种翻译程序称为汇编程序。编译方式类似于不同语言的笔译工作。例如,某个剧本(源程序)是其他国家语言(非中文)写作的,计划在国内上演,首先需由懂得该国语言的翻译(编译程序)把该剧本笔译成中文版本(目的程序);翻译工作结束,将中文版本交给演出单位(计算机)去表演(执行);在演出(执行)阶段,并不需要原来的外文剧本(源程序),也不需要翻译(编译程序)。大多数高级语言,如 C、FORTRAN等,都是采用这种编译方式。

在汇编或编译过程中,首先得到的只是目标程序(object program)。目标程序不能立即装入机器直接执行,因为目标程序中通常包含有常用函数(如正弦函数 sin(),绝对值函数 abs())等函数的调用,需通过连接程序将目标程序与程序库中的标准程序相连才能形成可执行程序。下面给出上述术语的具体定义。

(1) 程序库(library)。是各种标准程序或函数子程序及一些特殊文件的集合。程序库可分为两大类,即系统程序库(system library)和用户程序库(user library),它们均可被系统程序或用户程序调用。操作系统允许用户建立程序库,以提高不同类型用户的工作效率。

(2) 连接程序(linker)。也称装配程序,用来把要执行的程序与库文件或其他已编译的子程序(能完成一种独立功能的模块)连接在一起,形成机器能执行的代码序列。具体来说,是把经过编译形成扩展名为 obj 的目标文件与有关文件(通常为库文件) 相连,形成扩展名为 exe 的可执行文件。该文件加载到内存的绝对地址中,方可由 CPU 直接执行。

编译(或汇编)一个语言源程序的过程如图 4-5 所示。

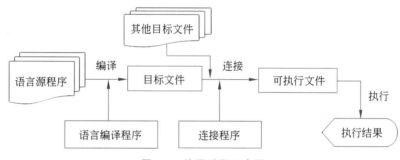

图 4-5　编译过程示意图

综上,编译执行的过程是:先将语言源程序通过编译程序进行编译形成目标文件(例如,扩展名为 obj 的文件),再经连接程序将其与有关的其他目标文件连接,形成可执行文件(例如,扩展名为 exe 的文件)。现代编程语言(Visual Basic、Visual C++、Delphi 等) 的开发环境都是一种集成环境,将编辑、编译、连接、运行等功能均集成在一个软件平台环境下,使用起来非常方便。

编译程序是根据源程序的特点以及对目标程序的具体要求设计出来的,不同的语言都有其对应的编译程序,而且不同的编译程序都有自己的组织方式。尽管它们的具体结构有所不同,但编译程序所做的工作及其过程是基本相同的。概括地说,计算机编译源程序的过程可以分为词法分析、语义分析及目标代码生成,如图 4-6 所示。

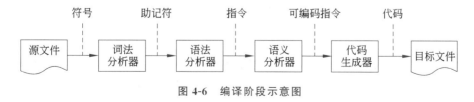

图 4-6　编译阶段示意图

下面以赋值语句 y＝x1＋k * x2 为例,简要说明编译过程各阶段的主要任务。

1) 词法分析

词法分析(lexical analysis)的主要任务是对源程序中的每一句从左到右逐个字符进行扫描,按照词法规则,识别出单词符号,如关键字、标识符、运算符、特殊符号等,输出记录源程序单词符号串的中间文件。词法分析是编译的基础,完成词法分析的程序称为词法分析程序(扫描器)。例如,从上述赋值语句中可以识别出下列标识符及运算符:y、x1、x2、=、+、*、k(常数)。

2) 语法分析

语法分析(syntax analysis)是编译程序的核心部分。其主要任务是根据程序设计语言的语法规则将词法分析产生的单词符号串构成一个语法分析树。例如,以赋值语句 y＝x1＋k * x2 为例,生成的语法分析树如图 4-7 所示。如果句子合法,则以内部格式把该语句保存起来,否则提示修改错误。完成语法分析的程序称为**语法分析程序**或语法分析器。

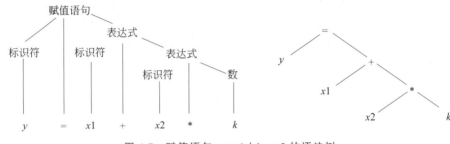

图 4-7　赋值语句 y＝x1＋k * x2 的语法树

3) 语义分析

语义分析的任务归纳起来,主要是语义检查和语义处理。

(1) 语义检查:主要进行一致性检查和越界检查。例如,运算或赋值表达式两侧是否保持了数据类型一致;数组元素的维数是否与数组说明的维数一致,数组访问是否越界;相同作用域内变量名是否被重复声明等。

(2) 语义处理:对说明语句,通常将其中定义的名字及属性信息记录在符号表中,以便进行存储分配。对执行语句,生成语义上等价的中间代码段,实现将源程序翻译成中间代码的过程。中间代码生成是向目标代码过渡的一种编码,其形式尽可能和汇编语言相似,以便于下一步的目标代码生成。中间代码不涉及具体机器的操作码和地址码。中间代码可以使用三地址代码、后缀式或语法树等形式表示。

如上述赋值语句 y＝x1＋k * x2 生成的用三地址代码形式表示的中间代码如下。

```
T1=k
T2 = T1 * x2
T3 = x1+T2
y=T3
```

4) 目标代码生成

目标代码生成是将经语法分析和语义分析后得到的中间代码转换成目标代码的过程。

通常情况下,在做最终转换之前,还会经历一步中间代码优化过程,使目标代码程序运行时,占用空间更小,运行效率更高。中间代码优化分为局部优化和全局优化,局部优化完成冗余操作的合并,简化计算;全局优化包括改进循环、减少调用次数和快速地址算法等。

例如,对于上述中间代码可以做如下优化。

```
T1=x2 * k
T3=x1+T1
```

常用的优化技术有删除多余运算、代码外提、强度削弱、变换循环控制条件、合并已知量与复写传播、删除无用赋值等。

目标代码生成是编译的最后一个阶段,由目标代码生成器生成目标机器的目标代码(或汇编代码),并完成数据分段、选定寄存器等工作,然后生成机器可执行的代码。最后生成的目标代码通常有 3 种形式。

(1) 能够立即执行的机器语言代码,所有地址均已完全定位。

(2) 待装机的机器语言模块,执行时,需由连接程序将模块及某些运行支持程序连接成可重定向的目标程序,再由装入程序装入内存执行。

(3) 汇编语言代码,还需要由汇编程序汇编,才可转换成可执行的机器语言代码。

例如,对于上述优化的中间代码,可生成下列以汇编语言程序表示的目标代码。

```
MOV   R2,k;   R2 <- k
MUL   R2,x2;  R2<-k * x2
MOV   R1,x1;   R1<-x1
ADD   R1,R2;  R1<-x1+k * x2
MOV   y,R1;   y<-x1+k * x2
```

代码生成与目标机有直接关系。代码生成阶段需要根据目标机的特性,重点考虑两个问题:①如何选择指令,生成最短的代码;②如何充分利用寄存器,减少目标代码中访问存储单元的次数。这两个问题的处理将直接影响目标代码的效率。

◈ 4.3　算法与数据结构

4.3.1　算法的定义

什么是算法?算法是计算机科学研究的核心。算法不仅仅是计算机科学中的一个概念,它被广泛地应用在生活当中,是古老智慧的结晶。简单来说,算法是解决问题的一系列步骤。例如,菜谱是有关烹饪的算法,它记录了制作菜肴的一系列步骤,你需要严格按照菜谱所记录的步骤操作才能得到预期的菜肴,烹饪过程是你实现算法的过程。当然,如果按菜谱制作出来的菜肴不合你的口味,你也可以修改菜谱,这个过程就是算法改进的过程。

在计算机科学领域,算法是指挥计算机处理问题(计算)的步骤。下面给出计算机科学中算法正式的定义:算法是一组明确步骤的有序集合,它产生结果并在有限的时间内终止。

需注意,目前计算机领域还尚未有被普遍接受的算法的正式定义,各种著作所给出的算法的定义描述不尽相同。《算法导论》一书中将算法描述为定义良好的计算过程,它取一个或一组值作为输入,并产生一个或一组值作为输出。Knuth 在《计算机程序设计艺术》一书中将算法描述从一个步骤开始,按照既定的顺序执行完所有的步骤,最终结束(得到结果)的一个过程。Weiss 在《数据结构与算法分析》一书中将算法描述为一系列的计算步骤,将输入数据转换成输出的结果。

虽然没有被普遍接受的算法正式定义,但是各种著作中对算法的基本要素或基本特征的定义都是明确的,Knuth总结了算法的四大特征。

(1)确定性。算法的每个步骤都是明确的,对结果的预期也是确定的。

(2)有穷性。算法必须是由有限个步骤组成的过程,步骤的数量可能是几个,也可能是几百万个,但是必须有一个确定的约束条件。

(3)可行性。一般来说,人们期望算法最后得出的是正确的结果,这意味着算法中的每一个步骤都是可行的。只要有一个步骤不可行,算法就是失败的或者说不能称之为某种算法。

(4)输入和输出。算法总是要解决特定的问题,问题来源就是算法的输入,期望的结果就是算法的输出。没有输入输出的算法是没有意义的。

算法简介

4.3.2 算法的表示方法

算法是抽象的,需要考虑的是如何去表示它。算法的常用表示方法有以下三种:①自然语言描述方法;②流程图方法;③伪代码描述方法。以求解 $sum=1+2+3+4+5+\cdots+(n-1)+n$ 为例,我们来看怎样使用这3种不同的表示方法去描述解决问题的过程。

1. 使用自然语言描述连续 n 个自然数求和的算法

(1)确定一个 n 的值。

(2)假设等号右边的算式项中的初始值 i 为1。

(3)假设 sum 的初始值为0。

(4)如果 $i \leqslant n$ 时,执行(5),否则转出执行(8)。

(5)计算 $sum+i$ 的值后,重新赋值给 sum。

(6)计算 $i+1$,然后将值重新赋值给 i。

(7)转去执行(4)。

(8)输出 sum 的值,算法结束。

从上面的求解过程描述中不难发现,使用自然语言描述算法的方法虽然比较容易掌握,但是存在很大的缺陷。例如,当算法中含有多分支或循环操作时很难表述清楚。另外,使用自然语言描述算法还很容易造成歧义(称之为二义性)。譬如有这样一句话——"武松打死老虎",我们既可以理解为"武松/打死老虎",又可以理解为"武松/打/死老虎"。自然语言中的语气和停顿不同,就可能使他人对相同的一句话产生不同的理解。例如,"你输他赢"这句话,使用不同的语气说,可以产生3种截然不同的意思,读者不妨试试看。为了解决自然语言描述算法中存在着可能的二义性,我们介绍第2种描述算法的方法——流程图。

2. 使用流程图描述连续 n 个自然数求和的算法

从图4-8算法流程图中,可以比较清晰地看出求解问题的执行过程。在进一步学习使用流程图描述算法之前,有必要对流程图中的一些常用符号做必要的了解,如图4-9所示。

流程图的缺点是在使用标准中没有规定流程线的用法。流程线能够转移、指出流程控制方向,即操纵算法中操作步骤的执行次序。在早期的程序设计中,曾经由于滥用流程线的

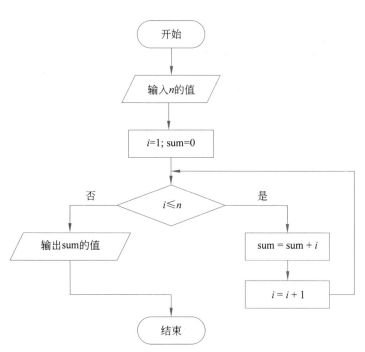

图 4-8　n 个自然数求和算法流程图

符号	名称	意义
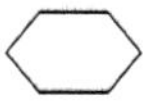 ⬡	准备作业（start）	流程图开始
▭	处理（process）	处理程序
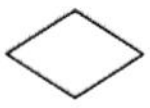 ◇	决策（decision）	不同方案选择
 ⬭	终止（end）	流程图终止
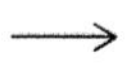 ⟶	路径（path）	指示路径方向
 ▱	文件（document）	输入或输出文件
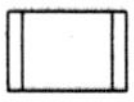 ▣	预定义处理（predefined process）	使用某一已定义的处理程序
 ○ ⬠	连接（connector）	流程图向另一流程图的出口；或从另一地方的入口
 ----⬜	批注（comment）	表示附注说明之用

图 4-9　流程图符号定义

转移而导致了可怕的"软件危机",震动了整个软件业,并展开了关于 GOTO 语句用法的大讨论,从而产生了计算机科学的一个新的学科分支——程序设计方法。

无论是使用自然语言还是使用流程图描述算法,仅仅是表述了编程者解决问题的一种思路,都无法被计算机直接接受并进行计算。由此我们引进了第三种非常接近于计算机编程语言的算法描述方法——伪代码(pseudo code)。

3. 使用伪代码描述连续 n 个自然数求和的算法

```
Begin;
Input n;                  /* 输入 n 的值 */
i←1;                      /* 为变量 i 赋初值 */
sum←0;                    /* 为变量 sum 赋初值 */
Do while i<=n             /* 当变量 i≤n 时,执行下面的循环体语句 */
{ sum ← sum + i;
i ← i + 1;}
Print sum;               /* 输出 sum 的值 */
End;
```

伪代码是一种用来书写程序或描述算法时使用的非正式、透明的表述方法。它并非是一种编程语言,这种方法针对的是一台虚拟的计算机。伪代码通常采用自然语言、数学公式和符号来描述算法的操作步骤,同时采用计算机高级语言(如 C、Pascal、VB、C++、Java 等)的控制结构来描述算法步骤的执行。一种用于获得伪代码的简单方法就是降低正式程序设计语言用于表达最终算法的那些规则要求。

从上述 3 种表示方法中可总结出算法的 3 种基本结构:①顺序结构;②判断(分支)结构;③循环结构。

顺序结构由若干依次执行的指令序列构成,如图 4-10(a)所示。

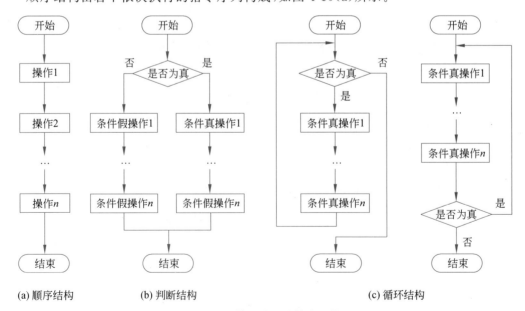

(a) 顺序结构　　(b) 判断结构　　(c) 循环结构

图 4-10　算法的 3 种基本结构

判断(分支)结构用于检测条件是否满足。如果结果为真,继续顺序往下执行指令;如果结果为假,程序从另一个顺序结构的指令继续执行,如图 4-10(b)所示。

循环结构支持在有些问题中重复执行相同的一系列顺序指令,如图 4-10(c)所示。

4.3.3 算法的设计方法

文献[5]的作者将算法设计定义为一个这样的过程:"从广泛的计算机应用中提出问题开始,建立在对算法设计技术理解的基础上,并最终发展成对这些问题的有效解决。"算法设计方法作为算法演进的一些固定思路,提供了一些构造算法的常用思想。经常采用的算法设计方法主要包括迭代法、穷举搜索法、递推法、贪婪法、回溯法、分治法、递归方法等。本节简要介绍几种典型的算法设计方法。

1. 迭代法

迭代法是一种不断用变量的原值计算新值的过程,跟迭代法相对应的是一次解法,即一次性解决问题。迭代算法是用计算机解决问题的一种基本方法,它利用计算机运算速度快、适合做重复性操作的特点,让计算机对一组指令进行重复执行,在每次执行这组指令时,都从变量的原值算出它的一个新值,迭代法又分为精确迭代和近似迭代。比较典型的迭代法如"二分法"和"牛顿迭代法"属于近似迭代法。

2. 穷举搜索法

穷举搜索法是对众多候选解按某种顺序进行逐一枚举和检验,并从中找出那些符合要求的候选解作为问题的解。数学上,穷举法也称枚举法,是在一个由有限个元素构成的集合中,将所有元素一一枚举研究的方法。例如,要找出班上身高最高的同学,只需要给这个班的所有同学一一测量身高,然后通过比较就可以确定哪个同学身高最高。穷举法就是这样一种思想。

例如,有一个由字符组成的等式为 WWWDOT－GOOGLE＝DOTCOM,每个字符代表一个 0～9 的数字,WWWDOT、GOOGLE、DOTCOM 都是合法的数字,不能以 0 开头。请找出一组字符和数字的对应关系,使它们可以互相替换,并且替换后的数字满足等式。从穷举法的角度看,这是一个典型的排列组合问题。题目中一共出现了 9 个字母,每个字母可能是 0～9 的数字,穷举的方法就是对每个字母用 0～9 的数字尝试 10 次,如果某一次得到的字母和数字的对应关系符合等式,则输出这一组对应关系。即使在不考虑 0 开头的情况下,这样的组合应该有 10!＝3 628 800 种组合,在这样的数量集上使用穷举法,计算机处理起来毫无压力。

3. 递推法

递推法是利用问题本身所具有的一种递推关系求解问题的一种方法。设要求问题规模为 N 的解,当 $N=1$ 时,解或为已知或能非常方便地得到。能采用递推法构造算法的问题有重要的递推性质,即当得到问题规模为 $i-1$ 的解后,由问题的递推性质,能从已求得的规模为 $1,2,\cdots,i-1$ 的一系列解,构造出问题规模为 i 的解。这样,程序可从 $i=0$ 或 $i=1$ 出发,重复地由已知至 $i-1$ 规模的解,通过递推,获得规模为 i 的解,直至得到规模为 N 的解。阶乘计算就是一种可采用递推法进行求解的问题。

4. 贪婪法

贪婪法（greedy algorithm）又称贪心算法，是寻找最优解问题的常用方法。这种方法一般将求解过程分成若干个步骤，每个步骤都应用贪心原则，选择当前状态下最好的或最优的原则，希望以此累积计算出的结果是最优的解。

找零钱是一个经典的贪婪法的例子。假如某国发行的货币有 25 分、10 分、5 分和 1 分 4 种硬币，你是售货员，你要找给客户 41 分的硬币，如何安排能使找给客人的钱正确，且硬币个数最少。将这个问题分解为多步，每一步所处理的问题为：从 4 种币值的硬币中选择一枚，使这个硬币的币值与已选硬币的币值和不超过 41 分。按照贪婪原则，在总币值不超过 41 分的情况下，选择币值最大的硬币。这样我们得到的选择最优策略为 25 分 1 枚、10 分 1 枚、5 分 1 枚、1 分 1 枚。

在上例的情况下，通过贪婪法确实获得了最优解，但如果把硬币种类变动一下，改为 25 分、20 分、5 分和 1 分 4 种硬币。这时，使用贪心算法得到的结果为 25 分硬币 1 枚、5 分硬币 3 枚、1 分硬币 1 枚，共 5 枚硬币。如果仔细思考，可以很容易推出，取 20 分硬币 2 枚和 1 分硬币 1 枚，共 3 枚硬币，这才是最优解。由此我们可以理解，贪婪法是一种不追求最优解，只希望得到较为满意解的方法。由于贪婪法的“短视”，大多情况下贪婪法得到的并不是真正的最优解。但贪婪法简单高效，可以得到与最优解比较接近的结构，常作为辅助使用。而且有一些问题可以被证明贪婪策略得到的就是最优解，如求最小生成树的 Prim 算法和 Kruskal 算法。

5. 回溯法

回溯法也称试探法，该方法首先暂时放弃关于问题规模大小的限制，并将问题的候选解按某种顺序逐一枚举和检验。当发现当前候选解不可能是解时，就选择下一个候选解；如果当前候选解除了还不满足问题规模要求外，满足所有其他要求时，继续扩大当前候选解的规模，并继续试探。如果当前候选解满足包括问题规模在内的所有要求时，该候选解就是问题的一个解。在回溯法中，放弃当前候选解，寻找下一个候选解的过程称为回溯。扩大当前候选解的规模，以继续试探的过程称为向前试探。在用回溯法求解有关问题的过程中，一般需要建立树（搜索空间），通过遍历（搜索）该树得到解。

6. 分治法

分治法（divide and conquer）的设计思想是将无法着手解决的大问题分解成一系列规模较小的相同问题，然后逐个解决小问题，即所谓的分而治之。分治法作为算法设计中一个古老的策略，在很多问题中得到了广泛的应用，例如，最大、最小问题，矩阵乘法，大整数乘法及排序等。

还是以硬币为例，考虑这样一个问题：给你一个装有 16 枚硬币的袋子，其中有一枚硬币是伪造的，它比其他硬币的质量都小，现在给你一台天平秤（只能比较两端质量大小），要求你找出这枚硬币。应用分治法的思想，可以这样去解决这个问题。第一步，将 16 枚硬币等分成两份，即每份 8 枚硬币；第二步，比较两份质量，哪份较小，就可以知道哪份当中有伪币；然后，选择有伪币的那份硬币重复第一、二步，直到找出伪币。一共经过 4 次质量比较就可以找出伪币。

应用分治法,一般出于两个目的:一是通过分解问题,使无法着手解决的大问题变成容易解决的小问题;二是通过减小问题的规模,降低解决问题的复杂度(或计算量)。

7. 递归方法

递归是设计和描述算法的一种有力的工具,复杂算法的描述经常采用递归方法。能采用递归描述的算法通常有这样的特征:为求解规模为 N 的问题,设法将它分解成规模较小的问题,然后从这些小问题的解方便地构造出大问题的解,并且这些规模较小的问题也能采用同样的分解和综合方法,分解成规模更小的问题,并从这些更小问题的解构造出规模较大问题的解。特别地,当规模 $N=1$ 时,能直接得解。

斐波那契(Fibonacci)数列的计算就是一个典型的递归问题。斐波那契数列为 0、1、1、2、3、…,采用递归表示上述数列,即

```
Fib(0)=0;
Fib(1)=1;
Fib(n)=Fib(n-1)+Fib(n-2)        (n>1)
```

4.3.4　数据结构与抽象数据类型

"数据结构+算法=程序",这是 Pascal 之父、结构化程序设计的先驱 Niklaus Wirth 所提出的一个著名的公式(也是书名)。它指出了程序设计中除算法之外另一个非常重要的部分,即数据结构。

什么是数据结构? 数据结构是由相互之间存在着一种或多种关系的数据元素的集合以及该集合中数据元素之间的关系组成。记为

$$Data\_Structure=(D,R)$$

其中,D 是数据元素的集合;R 是该集合中所有元素之间的关系的有限集合。

数据结构反映了数据集在计算机中的存储(物理)结构和组织方式,精心选择和设计的数据结构可以给计算程序带来更高的运行或者存储效率。例如,检索和索引应用为了获得高效的计算效率特别注重数据结构的设计。

数据元素之间的关系有两种不同的表示方法:顺序映像和非顺序映像。并由此得到两种不同的存储结构:顺序存储结构和链式存储结构。

顺序存储方法:把逻辑上相邻的元素存储在物理位置相邻的存储单元里,元素间的逻辑关系由存储单元的邻接关系来体现,由此得到的存储表示称为顺序存储结构。顺序存储结构是一种最基本的存储表示方法,通常借助于程序设计语言中的数组来实现。

链接存储方法:它不要求逻辑上相邻的元素在物理位置上亦相邻,元素间的逻辑关系是由附加的指针字段表示的。由此得到的存储表示称为链式存储结构,链式存储结构通常借助于程序设计语言中的指针类型来实现。

有了数据结构的概念,那么什么是抽象数据类型呢? 它与数据结构之间是什么关系呢?

抽象数据类型(abstract data type,ADT)的定义是一个数学模型以及定义在此数学模型上的一组操作。换句话说,抽象数据类型是数据和操作明确地与实现分离的数据类型。

抽象数据类型通常为了描述现实生活中的复杂问题。

Clifford A. Shaffer 在《数据结构与算法分析》一书中提出："数据结构是抽象数据类型的物理实现"。抽象数据类型需要通过固有数据类型来实现,即程序语言中已实现的数据类型,如整型、实数类型、字符型、指针等。程序设计语言通常对表、栈、队列、树等抽象数据类型不直接提供实现包。

抽象数据类型的描述包括给出抽象数据类型的名称,数据对象的说明,数据之间的关系和操作的集合方面的描述。抽象数据类型描述的一般形式如下。

```
ADT 抽象数据类型名称
{
    数据对象:
        …
    数据关系:
        …
    操作集合:
        操作名 1:
        …
        操作名 n:
} end of  ADT  抽象数据类型名称
```

抽象数据类型可以帮助人们更容易地将现实世界中复杂的问题抽象为具体的易于求解的抽象数据模型。例如,用线性表描述学生成绩,用树状结构描述家族遗传关系。

下面给出字符串(string)的抽象数据类型描述供读者体会。

```
ADT string
{
    数据对象:
        element:a₁,a₂,…,aₙ(n 是整数),aᵢ(1≤i≤n)可以是字母、数字或其他字符;
    数据关系:
        structure:s=a₁a₂…aₙ,串中字符数目为 n 即是字符串长,长度为 0 是空串,
        s,t 代表字符串;start,finish 是串下标;
    操作集合:
        (1)赋值 assign(s,t); 把串 t 的值赋值给串 s;
        (2)判等操作 equal(s,t); 如果串 s 等于串 t,返回结果为真,否则为假;
        (3)连接函数 connect(s,t); 返回由串 s 和 t 连接成一个新的字符序列;
        (4)求串长度 length(s); 返回串 s 的字符个数;
        (5)求子串操作 substring(s,start,finish); 返回从串 s 中第 start 到第 finish
    的字符序列;
        (6)求子串序号 index(s,t); 如在主串 s 中存在与子串 t 相等的子串,则 index 表示为
    第一个子串在主串中的位置
} end of ADT string_type
```

为什么算法设计和程序实现时需要考虑数据结构呢?下面举一个简单的例子帮助读者理解。如果一个教务软件需要处理 100 位学生的成绩,如果没有设计相应的数据结构,则在程序实现时需要申明 100 个简单类型的变量(score1,score2,…,score100)存储 100 个成绩。程序在读入成绩、处理成绩和输出成绩时需要对 100 个变量依次处理,如图 4-11 所示。如

果考虑用顺序存储结构依次存储 100 个成绩,则可采用程序设计语言支持的数组类型进行设计与实现。程序在读入成绩、处理成绩和输出成绩时,通过数组下标循环访问每个成绩,写出来的代码简洁明了,可读性强,如图 4-12 所示。

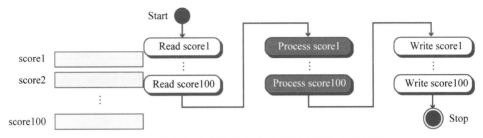

图 4-11　没有数据结构的教务软件变量声明与处理流程

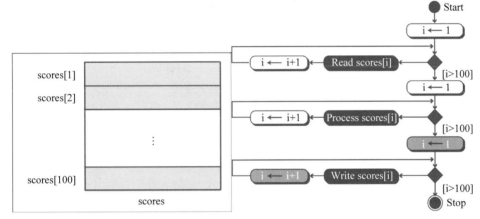

图 4-12　设计了数据结构的教务软件变量声明与处理流程

下面介绍一些基本的抽象数据类型。

1. 线性表

线性表(linear list)是最基本、最简单的一种抽象数据类型。一个线性表是 n 个具有相同特性的数据元素的有限序列。顺序和链式两种物理存储结构都可以实现。从程序语言实现的角度来讲,可通过数组和链表方式实现。

图 4-13 展示了线性表的顺序存储方式。线性表的基本操作包括自我创建、插入、删除、自我输出、访问某个元素、计数元素个数等。图 4-14 展示线性表数据元素的插入和删除操作。

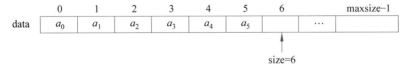

图 4-13　线性表的顺序存储

图 4-15 展示了线性表的链式存储方式,链上的一个节点存储两部分信息:数据元素信息、相邻节点的地址。当链表上没有数据元素时,只有一个头节点,头节点的指针变量值为

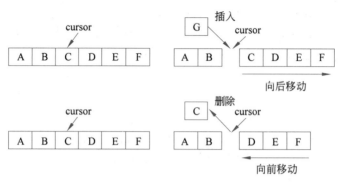

图 4-14　线性表数据元素的插入和删除操作

空(null),链表上最后一个节点的指针变量值也为空。图 4-16 展示了线性表采用双向循环链表方式的存储结构,链表上的每个节点有两个指针记录前后两个相邻节点的地址。

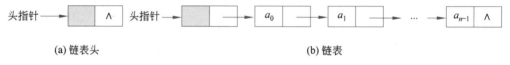

(a) 链表头　　　　　　　　　　　　　　　(b) 链表

图 4-15　线性表的链式存储

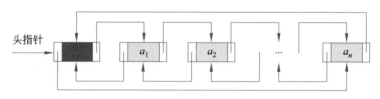

图 4-16　双向循环链表

图 4-17 展示了单链表上数据元素的插入和删除操作过程。

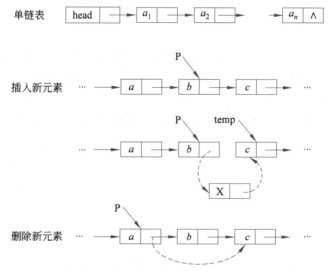

图 4-17　单链表上数据元素的插入和删除操作

2. 栈和队列

栈是一种特殊的线性表,其特殊性在于限定插入和删除数据元素的操作只能在线性表的一端进行。例如,图 4-18 所示为栈的示意图硬币栈和书本栈,只能从栈顶放置(获取)硬币或书本。

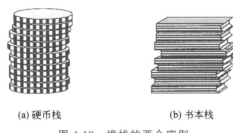

(a) 硬币栈   (b) 书本栈

图 4-18   堆栈的两个实例

栈的存储方式同样可以采用顺序方式和链式方式实现,链式存储的栈称为链栈,如图 4-19 所示。

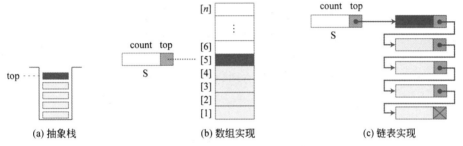

(a) 抽象栈   (b) 数组实现   (c) 链表实现

图 4-19   抽象栈、数组实现和链表实现

栈通常支持下列操作:①建立栈;②在栈顶插入一个元素;③删除栈顶的一个元素;④检查栈是否为空。

队列(queue)也是一种运算受限的线性表,它的运算限制与栈不同,是两头都有限制,插入只能在表的一端进行(只进不出),而删除只能在表的另一端进行(只出不进)。允许删除的一端称为队头(front),允许插入的一端称为队尾(rear),队列的操作原则是先进先出,所以队列又称作 FIFO(first in first out)表,如图 4-20 所示。

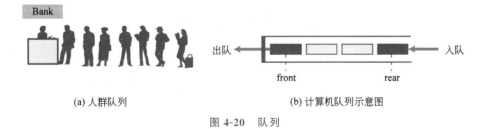

(a) 人群队列   (b) 计算机队列示意图

图 4-20   队列

队列的基本操作包括:①建立队列;②入列;③出列;④检查队列是否为空。

3. 树

树是用递归方式定义的一种抽象数据类型,如图 4-21 所示。下面给出树的定义。

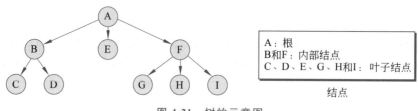

图 4-21 树的示意图

树是 $n(n \geqslant 0)$ 个结点的有限集合 T,在一棵树中满足如下两个条件。

(1) 有且仅有一个特定的称为根的结点。

(2) 其余的结点可分为 $m(m \geqslant 0)$ 个互不相交的有限集合 $T_1, T_2, \cdots, T_m$,其中每个集合又都是一棵树,并称其为子树。

树在计算机科学中应用广泛,如文件索引。树的类型众多,二叉树是使用最广泛的抽象树,哈夫曼编码树就是一种二叉树。

4. 图

图是由结点的有穷集合 V 和边的集合 E 组成。其中,为了与树结构加以区别,在图结构中常常将结点称为顶点,边是顶点的有序偶对,若两个顶点之间存在一条边,就表示这两个顶点具有相邻关系。图又分为有向图和无向图,如图 4-22 所示。有向图中的边是有方向的,代表关系是单向的;而无向图的边没有方向,代表关系是双向的。

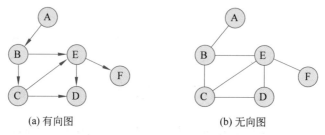

(a) 有向图   (b) 无向图

图 4-22 有向图和无向图

图广泛应用于表示连接城市的地图,如图 4-23 所示,城市表示结点,边表示直飞航班的距离,图算法可以用于计算最短城市间的最短路径。

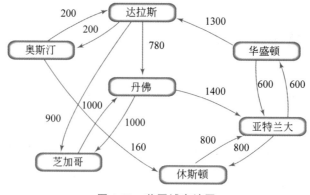

图 4-23 美国城市地图

◇ 4.4 操 作 系 统

4.4.1 操作系统概述

操作系统(operating system,OS)是管理和控制计算机硬件与软件资源的计算机程序,是直接运行在"裸机"上的最基础的系统软件。没有安装任何软件的计算机称为裸机。大多数应用软件都必须在操作系统的支持下才能运行。

由 4.1 节的软件分类可以知道,计算机软件层次结构自底向上为:操作系统→支撑软件→应用软件。软件是建立在硬件资源的基础之上的,由此可得到如图 4-24 所示的计算机软硬件结构层次,底层负责向上层提供功能支持。

由图 4-24 可知,操作系统是计算机系统结构中直接与硬件资源打交道的部分,是上层软件与底层硬件之间沟通的桥梁。它负责管理计算机软硬件资源,为软件的开发和运行提供支持,也为人与计算机之间提供一种更为轻松友好的交互方式。层次化设计方法是为了更高效地利用计算机资源,也是计算机层次化设计思想的一种体现。

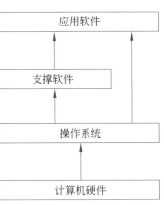

图 4-24 计算机软硬件结构层次

以服装生产为例,我们将一件衣服的生产过程分为 3 个阶段:原材料(棉花、蚕丝、毛皮等)→衣料(棉布、丝绸、皮草)→成衣。将计算机硬件假设成原材料供应者,将上层应用假设成成衣厂商。若没有衣料商,每个成衣厂商直接从原材料供应者那里进货,自己纺织加工制作衣料,再进行裁剪作成成衣。一件成衣的衣料并不是单一的,成衣厂商需要掌握各种衣料的加工技术,且各厂商之间资源还不共享。可想而知,成本大、效率低。如果有了衣料商的加入,衣料商负责统一处理原材料将其加工成各种衣料,供给所有需要的厂商,厂商只需要专注于裁剪加工部分即可。这样,资源统一协调调度,既减少了浪费,又提高了效率。操作系统就相当于衣料商的角色。

既然操作系统的任务之一是整合计算机资源,那么计算机中的资源包括些什么?

图 4-25 展示了计算机系统的主要资源。首先就是人类难以直接交互的计算机硬件资源。现代计算机大多采用冯·诺依曼体系结构,它的硬件包括五大部分:运算器、控制器、存储器、输入设备和输出设备。现代计算机将算术逻辑单元(运算器)和控制单元(控制器)集成在一起,组成中央处理器(CPU)。CPU 是系统的计算资源,对于内存中装有多道程序的系统而言,CPU 执行哪个程序是需要调度的(分配),即进程管理;内存作为存储器,存储程序和程序运行所需要的数据。如何高效分配内存给程序,程序装载在内存中的哪个位置是需要管理策略的,即内存管理。输入设备和输出设备统称为外设,需要注意的是,硬盘作为外部存储设备,也是外设之一。除了硬件资源之外,计算机中还有另外一种重要资源——软件资源,简单来说,就是数据,它以文件的形式存储在计算机的外存(硬盘)中。设备和文件的管理也是操作系统所管理的资源的一部分。除了整合计算机资源外,操作系统还负责用户和计算机之间的交互,即用户界面。

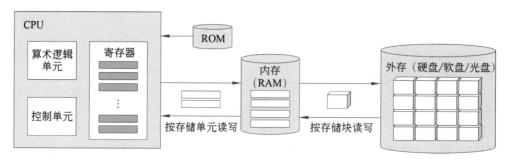

图 4-25　计算机系统的资源示意图

基于上述分析,如图 4-26 所示,计算机操作系统的功能模块可分为以下 5 部分:内存管理、进程管理、设备管理、文件管理和用户界面。4.4.2 节将逐一介绍各功能模块的详细内容。

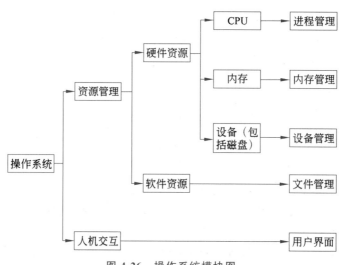

图 4-26　操作系统模块图

4.4.2　操作系统构成

1. 内存管理

由冯·诺依曼体系结构可知,作为存储器,内存主要用于存放程序和程序运行时所需的数据。虽然随着计算机硬件技术的提升和成本的降低,内存的容量变得越来越大,但计算机上运行的程序和数据也在变得更加复杂和庞大。因此,在计算机系统中,内存一直是作为一种稀缺资源存在的。此外,现代计算机系统支持多道程序驻留在内存中且并发执行(宏观上)。进行内存管理,提高空间的利用率,减少浪费,并保证程序之间相互独立是操作系统内存管理模块的主要任务。

具体来讲,操作系统内存管理模块负责:①内存空间分配;②内存与外存信息的自动交换;③内存空间回收;④追踪一个程序在内存驻留位置以及如何驻留;⑤转换逻辑地址为实际内存地址。

对于内存空间分配的问题,最直观的方法可能是把东西归类,一样的东西当然要放在一起。最初计算机的设计者也是这样操作的,将一个程序存放在内存中连续的一块区域当中,这叫作连续分配管理技术。这种方式曾被广泛用于 20 世纪 60—70 年代的操作系统中,目前在许多嵌入式系统中仍然采用这种方式,但使用过程中容易产生各种问题。

如图 4-27 所示,假设一块内存中已经运行了 A、B 两个程序,内存中还有两块剩余空间,一共 50MB,此时,又有一个程序 C 想要运行,它需要 35MB 的内存空间,此时内存中剩余空间大小是足够的,但却因为各种原因被分成了两小块,都不能被 C 程序利用,这就造成了空间的巨大浪费。当然,你或许会想到,把 B 程序的位置挪一下不就可以把两块空余位置合成一块了吗? 但是,这样的数据转移消耗的 CPU 资源是巨大的,所以并不适用。

图 4-27　内存连续分配技术的问题

我们再假设另一种场景,A 程序刚开始运行时所需的内存空间不多,但运行中途,它又需要增加 30MB 的内存空间(例如,你在使用浏览器浏览网页时,随着打开网页数量的增加,浏览器所占用的内存也在不断增加),但此时,A 程序后面剩余的内存空间只有 20MB,不能满足 A 程序的需求。由此可见,连续分配管理技术缺乏灵活性,且内存空间的利用率较低。

下面我们将描述一种在计算机系统,尤其是存储系统中常用的一种思想,即离散化思想,通俗地讲就是化整为零的思想。既然连续分配不行,那就将整个程序分成一个个小块,离散地分配到内存当中。然后,我们只需要通过某种方式,将这些离散分配的区域联系到一起,表明它们同属于一个程序即可。连接这些离散区域的方式可以理解为一种黏合剂。因此,程序在装入内存时需要完成两项工作:第一项是离散分配程序;第二项是采用某种黏合剂进行程序连接,即

程序的存储过程＝离散分配＋黏合

离散分配的一个首要问题是分配的基本单位。通常分配的基本单位有页和段。页是固定大小的内存片段;段是长度可变的内存片段,根据用户需要定义的有一定意义的数据集合。根据基本分配单位的不同,离散分配管理方式可以分为页式、段式、段页式 3 种。

1) 分页存储管理

在分页存储管理系统中,程序(进程)的地址空间被划分为若干固定大小的片段,称为"页"或"页面"。相应地,物理内存也被划分为相同大小的块,称为"帧"。页面的大小是预先设置的,典型的大小为 1KB,即 1024B。程序(进程)的每个页面在需要装入内存时,会向操作系统请求一个空闲的帧,并将页面与该帧联系起来。一个程序(进程)的两个连续页面可以分配到不连续的两个帧中,从而实现了离散分配。图 4-28(a)为程序页面与帧的示意图,每个程序(进程)的全部页面虽然不必装入连续的内存,但需要全部装入内存中才能运行。图 4-28(b)展示了另一种内存管理方式,即请求分页存储管理,内存中装有来自程序 A 的两页,来自程序 B 的一页,来自程序 C 的一页。在该方式下,程序的部分页面装入内存后就可运行,其他页面在需要运行时才装入内存。

对一个程序(进程)来说,只有最后一页可能不是满的,空闲的部分称为页内碎片,其大小不会超过一页,内存浪费很少。分页存储管理系统使用页表来描述进程内存的分配情况。

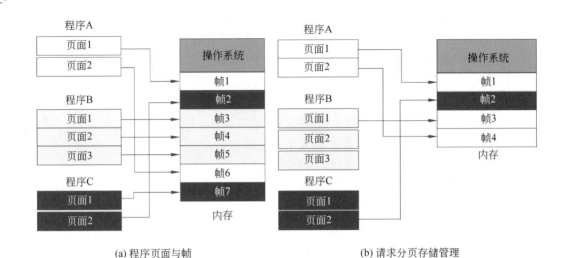

(a) 程序页面与帧　　　　　　　　　　(b) 请求分页存储管理

图 4-28　分页存储管理

页表包含页面号、帧号、是否占用、存取控制等信息。页面号是进程页的编号;帧号是该页面驻留内存时对应的物理内存帧的编号。

如何更简单地理解分页存储呢?内存好比一个大的柜子,分页存储的方式就是把这个大柜子分成一个一个相同大小的小格子,这个柜子还有一张表格,记录各个格子的使用情况。在你每次要存放一堆东西时,你可以随意找到空余的格子就把东西放进去,但同时你要在格子使用情况表上登记好这次使用了哪些格子,都存放的是什么。当你想要再去找东西时,查看表格后,就可以到相应的格子里去取东西了。

2) 分段存储管理

以段为基本分配单位的存储管理方式称为分段存储管理。一个程序(进程)可以有多个段,通常,每个程序至少包含代码段和数据段。段的概念为程序设计中模块化思想的一种体现,分页的划分方式是将程序机械地按大小划分,分段划分方式是按程序内容进行划分。如图 4-29(a)所示,早期的分区管理,整个程序(进程)作为一个段装入内存。如图 4-29(b)所示,程序 A 和 B 划分为主程序段和子程序段,每个段可以被分配在不连续的内存空间,也可以被来自同一程序或其他程序的模块替换,实现了离散分配。以段的方式组织信息也给共享带来了方便,尤其为模块化编程提供了基础。与分页系统一样,为记录进程的每个段在内存中的具体位置,也设置一个转换表来记录逻辑段和物理段的对应情况,即段表。段表的每条记录包括段号、段驻留内存的起始位置、段的长度和访问控制信息等。分段存储管理也会产生碎片,图 4-29(a)类似连续存储时的例子,段与段之间剩余内存空间太小,无法被利用,产生外部碎片;图 4-29(b)内存中的段是等长的,段的一部分可能是空的,称为分段的内部碎片。

3) 段页式存储管理

为解决分段的碎片问题,将页再次引入,即把一个段划分为许多页,形成两者的集合体,称为段页式存储,这也是目前采用最多的内存管理方式。对于程序(进程)空间的划分是先分段再分页,一个程序(进程)通常由多个段组成,每个段再按照固定的页面大小划分为众多的页面。每个段的长度不是固定的,因此每个段的页数也不是固定的。每个段的最后通常

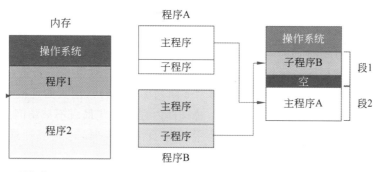

(a) 早期的分区存储管理　　　　　　(b) 请求分段存储管理

图 4-29　分段存储管理

不足一页,会存在页内碎片,但由于一个进程的段的数量往往不是很多,因此浪费不大。

现实应用中会遇到内存不足的问题,如何扩展内存呢? 内存的扩展不是简单地增加内存条就可以解决,受限于主板面积、地址总线等各种因素。由于物理上扩充内存受到限制,计算机界的前辈们提出了从逻辑上扩充内存的方法,即虚拟存储。

虚拟存储由 Fotheringham 在 1961 年提出,其基本思想是:程序(进程)运行时,系统只把当前需要的部分驻留在内存中,其余部分都存储在外部存储设备上,在需要时才将其调入内存,并把暂时不需要的部分换出内存。

在日常的 PC 使用中,我们可以看到虚拟存储技术的痕迹。图 4-30(a)为 Windows 操作系统中虚拟内存的设置,图 4-30(b)为 Ubuntu 操作系统中虚拟内存(swap 区)的设置。

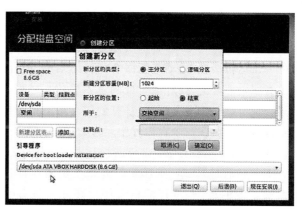

(a) Windows操作系统中虚拟内存设置界面　　　(b) Ubuntu操作系统中虚拟内存设置界面

图 4-30　操作系统虚拟内存设置

虚拟存储技术是基于进程的局部性原理实现的。如果某个进程运行时总是反复快速地访问所有内存空间,则要将任何一部分换出都很困难。1968 年,P. Dening 指出进程在执行时存在局部性特征,即进程运行时,无论在时间上还是空间上,往往都局限在部分区域,而不是整个进程空间。

正是由于进程执行时具有明确的局部特征,在一段时间内,会有一部分内存空间不会被访问到。操作系统可以将它们换出内存,为其他进程或进程的其他部分腾出内存空间。

对于目前广泛使用的分页技术,页面是虚拟存储交换的对象。需要重点考虑的一个问题是,当内存不足时,如何选择换出的页面。下面列出了几种常用页面置换算法。

(1) 最优页面置换算法:每次置换时,总选择内存中那些最久不被访问的页面。

(2) 先进先出页面置换算法:每次需要选择页面置换时,总是选择最早调入内存的页面。

(3) 最近最久未使用页面置换算法:最近一段时间内,如果某个页面最久没有被访问过,则也是将来最久不会被访问的页面。

(4) Clock 置换算法:只选择最近未访问过的页面换出,这就是最近未用算法,也称Clock 算法。

2. 进程管理

操作系统的另一个重要功能是进程管理,即确定 CPU 计算资源分配给哪个进程使用。在具体介绍进程调度算法前,读者需要区分清楚几个重要概念:程序、作业、进程。细心的读者可能已经注意到,内存管理部分已经同时用到了程序和进程术语。

程序是一组稳定的指令,存储在外部存储器上,是静态的概念。一个程序可以作为多个进程的运行程序。

作业是一个被选中执行的程序,从被选中进入内存阶段或到其运行结束并再次成为静态程序的阶段,此阶段的程序称为作业。作业的概念主要用在早期的批处理系统中。作业是用户需要计算机完成的某项任务,是要求计算机所做工作的集合。一个作业的完成要经历作业提交、作业收容、作业执行、作业完成4个阶段。作业可能会被执行,也可能不会被执行,未被执行的作业不会完整经历上述4个阶段。每个作业都是程序,但并非所有程序都是作业。

进程是一个获得 CPU 计算资源运行中的程序。它是具有独立功能的程序关于某个数据集合的一次运行活动,是动态的概念。具体来讲,进程由程序和数据两部分组成,进程是计算机系统有限资源分配、处理机分配的基本单位。进程有生存周期,有诞生、有消亡,是短暂的。一个进程也可以运行多个程序,具有创建其他进程的功能。进程能真实地描述应用的并发情况。进程也可被看作一个在内存中运行的作业。每个进程都是作业,而作业未必是进程。

图 4-31 展示了程序、作业与进程三者之间的关系。3 个概念既有区别,又有联系。

作业与进程的区别:①作业的概念主要用在批处理系统中,像 UNIX 这样的分时系统中就没有作业的概念,进程的概念则用在几乎所有的多道程序系统中;②作业是用户向计算机提交任务的任务实体,在用户向计算机提交作业后,系统将它放入外存中的作业等待队列中等待执行,而进程则是完成用户任务的执行实体,是向系统申请分配资源的基本单位,任一进程,只要它被创建,总有相应的部分存在于内存中;③一个作业可由多个进程组成,且必须至少有一个进程,反过来则不成立。

三者之间的联系:一个作业通常包括程序、数据和操作说明书3部分;每一个进程由进程控制块(PCB)、程序和数据集合组成。这说明程序是进程的一部分,是进程的实体。因此,一个作业可划分为若干个进程来完成,而每一个进程有其实体,即程序和数据集合。

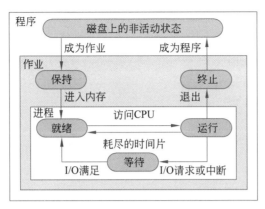

图 4-31　程序、作业与进程关系图

一段程序实际上是一组有序的指令的集合,这些指令的执行由 CPU 进行。但无论 CPU 的运行速度有多快,单个 CPU 也只能一条一条地执行指令。而现代计算机多个进程同时运行,且要求相互独立。就好像只有一个业务员,他却需要同时接待多个客户。那么,在同时有很多组指令需要 CPU 去执行时如何分配 CPU,这就是操作系统进程管理模块需要考虑的问题。这个步骤有一个专业术语来描述——进程调度。

在描述进程调度策略之前,先进一步了解一下进程的状态定义。

进程是一个动态的概念,其状态是可改变的:创建一个进程而进入新建状态;因为等待处理器资源进入等待状态;得到处理器资源而进入执行状态;因为等待某个事件而暂停执行进入阻塞状态;当执行结束进入终止状态。可见,一个进程从创建到终止,状态是不断变化的。按进程状态划分的不同,得到不同的进程状态的转换模型。下面简述两种典型的进程状态转换模型:两状态进程模型和五状态进程模型。

1) 两状态进程模型

进程从创建到执行结束的过程中,一会儿执行,一会儿暂停执行,将其状态简单地分为两类:执行、未执行。当进程获得处理器时,开始进入执行状态;当时间片结束或遇到其他原因时,进程释放处理器,暂停执行,处于未执行状态;当下一个时间片到来或等待的事件发生或其他进程执行结束时,暂停执行的进程又可以获得处理器,进入执行状态。两状态进程模型如图 4-32 所示。

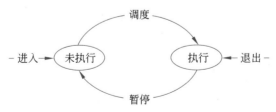

图 4-32　两状态进程模型

2) 五状态进程模型

将两状态模型中未执行状态按等待处理器和等待其他事件细化为就绪和阻塞两种状态。再加上新建和终止状态,即五状态进程模型,如图 4-33 所示。

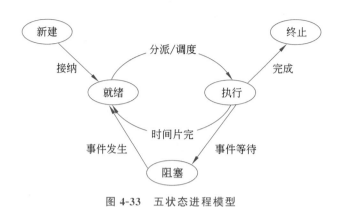

图 4-33　五状态进程模型

有了进程状态的概念,我们接着讨论进程调度。在多道程序系统中,操作系统内存中有若干进程,选择哪个进程先执行、执行多长时间、何时进行进程切换、何时让进程获得处理器执行等问题,就是进程调度所需要考虑的问题。

现代操作系统采用的调度策略(算法)有以下几种:先来先服务(first come first served,FCFS)、最短作业优先(shortest job first,SJF)、时间片轮转、基于优先级的调度、截止时间最短优先、最高响应比优先(highest response ratio next,HRRN)、反馈调度法等。

每一种调度策略都有其优劣,并不存在一种最优的策略。而调度策略的性能评估需要考虑用户和系统的实际需求,根据实际需求,才能选择合适的调度策略。对于用户需求,需要考虑响应时间、周转时间、截止时间等因素;对于系统需求,需要考虑系统吞吐量、处理器利用率、资源的平衡、公平性、优先权等因素。综合考虑各方需求,不同操作系统采用的调度算法也不完全相同,可能使用其中一种或综合使用多种调度策略。下面介绍几种常见的进程调度策略。

1) 先来先服务

按进程请求 CPU 的先后顺序来分配 CPU 的使用权。就像排队一样,谁先来谁使用,一个进程使用完后下一个进程才能使用。这种方法可以说相当公平,但对短作业的进程不利,试想,若一个进程占用 CPU 1s 就可以执行完成任务,但却为等待 CPU 花费了 10s。

2) 最短作业优先

最短作业优先又称“短进程优先”(shortest process next,SPN)。这是对 FCFS 算法的改进,对预计执行时间短的进程优先分配 CPU 执行,这种方法缩短了进程的等待时间,但对长进程不利。想象一下,如果不停地有短进程进来请求 CPU,长进程就一直被插队,就要一直等待,甚至被“饿死”,即一直分配不到计算资源。

3) 最高响应比优先

HRRN 是对 FCFS 方式和 SJF 方式的一种综合平衡。使用响应比来综合考量执行时间长短和等待时间长短。响应比 R 定义如下:$R=(W+T)/T=1+W/T$,其中,T 为该作业估计需要的执行时间,W 为作业已等待的时间。每当要进行作业调度时,系统计算每个作业的响应比,选择其中 R 最大者投入执行。这样既照顾了短进程,又避免了长进程被饿死的情况。但每次调度前都要计算所有等待进程的响应比,增加了系统开销。

4) 时间片轮转调度算法

所谓时间片轮转调度算法,就是操作系统给每个就绪状态的进程一个时间片,当某就绪进程获得 CPU 使用权时,允许它执行一个时间片的时间,若时间片用完后,进程仍未执行完,操作系统将该进程放到就绪队列的末尾,强行剥夺它的 CPU 使用权,等待下一次调度。若该进程在时间片未用完时就执行完毕或被阻塞,操作系统将重新调度,立刻将 CPU 资源分配给下一进程。图 4-34 所示为 4 个进程分别按照时间片大小为 1 个单位时间和 4 个单位时间进行时间片轮转的调度过程,其中每个进程的执行时间分别是 $P1=7,P2=6,P3=4,P4=4$。由图可见,时间片大小的选择会对该算法应用的性能产生影响。当时间片大小设为一个单位时间时,CPU 不停地调度 4 个进程,直至第 15 个单位时间结束后,P3 才首个完成,随后,P4、P2、P1 陆续完成。而当时间片大小设为 4 个单位时间时,在第 12 个时间单位时,虽然进程 P1、P2、P4 结束时间不变,但 P3 的结束时间提前到了第 12 个单位时间。

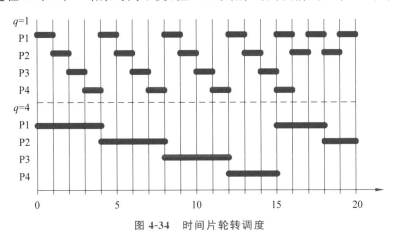

图 4-34 时间片轮转调度

假设一个单处理机系统,有 10 个进程依次到达,每个进程的执行时间如表 4-4 所示。读者可以试着采用上述 4 种调度策略,①画出系统进程的执行过程图;②计算每个进程的完成时间。以所有进程的完成时间之和作为衡量调度策略性能的标准,看看哪种策略更适合该实例。

表 4-4 系统进程执行时间表

进 程	执 行 时 间	进 程	执 行 时 间
P1	2	P6	5
P2	6	P7	4
P3	10	P8	13
P4	8	P9	11
P5	3	P10	7

3. 设备管理

现代计算机系统能支持各种各样的外部设备,如显示器、键盘、鼠标、硬盘、光盘驱动器、网卡、打印机等。这些外部设备的运行速度、功能特性、工作原理和操作方式等都不一致。因此,如何有效地分配和使用外部设备、协调处理器与外部设备操作之间的速度差异,提高系统总体性能,是操作系统设备管理模块的主要任务。设备管理是操作系统与硬件结合最紧密的部分。

从管理角度来看,操作系统关注设备的使用特性、数据传输速率、数据的传输单位、设备共享属性等特征。因而,设备分类有着不同的标准。

1) 以设备的使用特性分类

以设备的使用特性分类,常见的、最基本的输入输出设备(I/O设备)大体上可分为3类。

(1) 用户可以直接获取信息的I/O设备,包括显示终端、打印机、鼠标及键盘等。

(2) 能存储大量信息的I/O设备,包括硬盘、磁带、移动硬盘及磁鼓等。

(3) 能进行信息交换的I/O设备,包括网络适配器、调制解调器、桥接器、路由器及网关等。

2) 以传输速率分类

以传输速率分类,可将I/O设备分为3类。

(1) 低速设备,传输速率为几字节到几百字节每秒的设备,如键盘、鼠标等。

(2) 中速设备,传输速率为数千字节到十万字节每秒的设备,如行式打印机、激光打印机等。

(3) 高速设备,其传输速率在十几万字节至千兆字节每秒的设备,如磁带机、磁盘机、光盘机等。

3) 以信息交换的单位分类

以信息交换的单位分类,可把I/O设备分为两类。

(1) 块设备,这类设备中的信息以数据块为单位,传输速率较高,可寻址,常采用DMA方式。例如,磁盘的每个盘块为512B～4KB,传输率通常为几兆位每秒,可随机地读写任一数据块。

(2) 字符设备,用于数据的输入和输出,其基本单位是字符,属于无结构类型,传输速率较低,不可寻址,常采用中断驱动方式。例如,打印机,传输率通常为几字节至数千字节每秒,不能指定数据的输入源地址及输出的目标地址,采用中断驱动方式。

4) 以设备的共享属性分类

以设备的共享属性分类,可以分为3类。

(1) 独占设备,指在一段时间内只允许一个用户(进程)访问的设备,该设备一旦被分配给A进程占用,其他进程就不能再占用,只有当A进程使用完毕,释放该设备后,才能分配该设备给另一进程使用。常见的独占设备有鼠标、打印机等。

当多个进程同时申请某独占设备时,具体将该设备分配给哪一个进程,涉及分配策略(算法)。对于独占设备,常见的分配策略包括先来先服务策略、基于优先级的分配策略等。

(2) 共享设备,是指该设备可以同时分配给多个进程同时使用,宏观上是并发使用的,微观上多个进程顺序使用该设备。最典型的共享设备是磁盘,多个进程请求读写磁盘数据,磁盘都会接受请求,但磁盘在一个时刻只能处理磁盘上一块数据的读写。而多个进程申请读写的数据位置不同,磁盘需要决定先处理哪个请求,这就是磁盘调度算法需要研究和解决的问题。常见的磁盘调度算法有先进先出(FIFO)算法、最短寻道时间优先(SSTF)算法、电梯调度(SCAN)算法、循环扫描(CSCAN)算法等。

下面结合一个实例来简要说明磁盘调度算法。

假设磁盘最外层磁道号是100号,当前磁头在67号,要求访问的磁道号顺序为98、25、63、97、56、51、55、6。

FIFO算法的思想比较简单,按照请求的先后顺序来处理。同请求顺序一样依次访问

98、25、63、97、56、51、55、6 号磁道,但这样会导致磁头频繁前后移动,平均移动距离大。

SSTF 算法根据磁道的当前位置,在所有请求中,选择要求访问的磁道离当前位置最近的请求作为下一步要处理的请求。因此,访问的磁道号顺序为 63、56、55、51、25、6、97、98。

SCAN 算法中磁头先按照一个方向移动,移动过程中依次处理对途经磁道的访问请求,直至到达最里层或外层要访问的磁道后,再反方向扫描。本例中假定先向内扫描,访问的磁道号顺序为 63、56、55、51、25、6、97、98,需要注意的是,磁头扫描到 6 号磁道后,没有对序号更小的磁道的访问请求,即没有继续扫描 5 号磁道,就开始反向扫描。

CSCAN 算法按一定方向扫描,扫描过程中处理对途经磁道的访问请求。CSCAN 算法只按一个方向扫描,从外向内,要求访问的最内层磁道完成之后,再从最外层开始往里走。就像梳头发,从上往下梳,到了最下面之后,再一次从上往下梳。本例访问的磁道号顺序为 63、56、55、51、25、6、98、97。

(3) 虚拟设备是指通过虚拟技术将一台设备变换为若干台逻辑设备,供若干用户(进程)同时使用。

4. 文件管理

除了 CPU、内存以及外设等各种计算机硬件资源,现代计算机系统中还有一类重要资源——软件资源。软件资源包含程序和数据,从操作系统管理的角度而言,它们都是以文件的形式存在。例如,在 Windows 操作系统下,可执行程序可以是 .exe 文件、.sys 文件、.com 文件等类型文件,文本数据可以以.txt 文件、.doc 文件等类型文件存储。

文件是具有标识符(即文件名)的一组相关信息的集合。操作系统中负责管理和存储文件信息的软件模块称为文件管理系统,简称为文件系统。操作系统的不同,存储介质的不同,提供的功能不同,文件系统也是多种多样的。对于 Windows 系统,常见的文件系统有 FAT、NTFS、FAT64;对于 Linux 系统,常见的文件系统有 Ext2、Ext3、Ext4;还有苹果计算机中最常用的默认文件系统 HFS+等多种多样的文件系统。

文件系统管理的对象包括:①文件,是文件系统管理的直接对象;②文件目录,是一种数据结构,用于标识系统中的文件及其物理地址,供文件检索时使用,从而对文件实施有效的管理和妥善组织;③磁盘存储空间,用于存储文件和目录信息。对磁盘空间的有效管理,不仅能提高外存的利用率,而且能提高对文件的存取速度。

操作系统中的文件管理系统通常应具备以下功能。

(1) 用户可执行创建、修改、删除、读写文件的功能。

(2) 用户能以合适的方式构造所需的文件。

(3) 用户可在系统的控制下,共享其他用户的文件。

(4) 对文件存储空间的管理。

(5) 系统应具有转存和恢复文件的能力,以防止意外事故的发生。

(6) 系统应能提供可靠的保护及保密措施。

一个文件具有两种结构:①逻辑结构,从用户的角度看到的文件组织形式,是用户可以直接操作的数据及其结构;②物理结构,全称为文件存储的物理结构,是指文件在外部存储设备上的存储组织形式,不仅与存储介质有关,还与外存分配方式有关。

一个文件在逻辑上是连续的、完整的数据块,它的物理结构也是连续的吗? 图 4-35(a)

所示为采用连续物理结构存储文件的情况。从图中可见,文件 A 按照逻辑结构作为一个整体依次存放在磁盘中,剩余的磁盘空间无法装入文件 B,因为文件 B 也试图作为一个整体连续放入磁盘中。因而实际的文件管理系统采用了化整为零的策略,即将物理存储介质划分为一个个小的物理块用来存储数据,将文件也是划分为多个逻辑块。图 4-35(b)所示为采用化整为零方式后,文件 A 和 B 都能存储到磁盘上。如何划分物理介质、如何划分文件逻辑块与文件系统采用的管理策略相关,最终影响文件系统的效率。

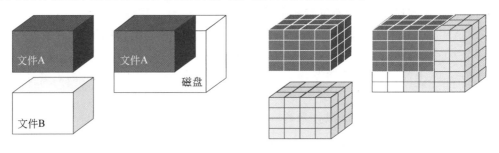

(a) 整体存储　　　　　　　　　　　　　　　(b) 化整为零存储

图 4-35　文件存储结构

文件存储的物理结构常用的有顺序结构、链式结构和索引结构 3 种。

1) 顺序结构

一个文件的信息连续存放在相邻物理块中,这种结构称为顺序结构。而对多个文件存放顺序不做要求。图 4-36 是顺序结构存储的示意图。文件 A 的文件说明信息提示了文件 A 在物理存储介质中占用了 4 个物理块,第一个物理块号是 10。由此可知,文件 A 存储在块号分别为 10、11、12、13 的 4 个物理块中。

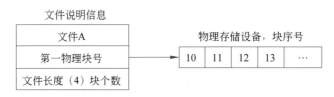

图 4-36　顺序结构存储的示意图

例如,一个目录下依次存放了 picture、text、video、mail、execute 五个文件(见图 4-37),picture 存放在物理块 10~14 中,text 存放在物理块 17、18 中,video 存放在物理块 0~5 中,mail 存放在物理块 27~29 中,execute 存放在物理块 21~23 中。由此可见,一个文件内的数据在物理存储介质中的存储顺序是连续的,而文件和文件之间是没有顺序要求的,最后存放的 execute 文件可以存放在 text 文件和 mail 文件之间。

顺序结构的优点是一旦知道文件存储的起始块号和文件块数,就可以立即找到所需的信息,文件存取速度快。此外,由于文件所占用的盘块可能是位于一条或几条相邻的磁道上,使得磁头移动距离最少,文件访问速度是最高的。缺点主要是:①文件长度确定后不易改变,不利于扩充,不便于文件内容的增加、删除和修改操作;②会产生许多外部碎片,降低外存空间的利用率,定期整理会花费大量的机器时间。

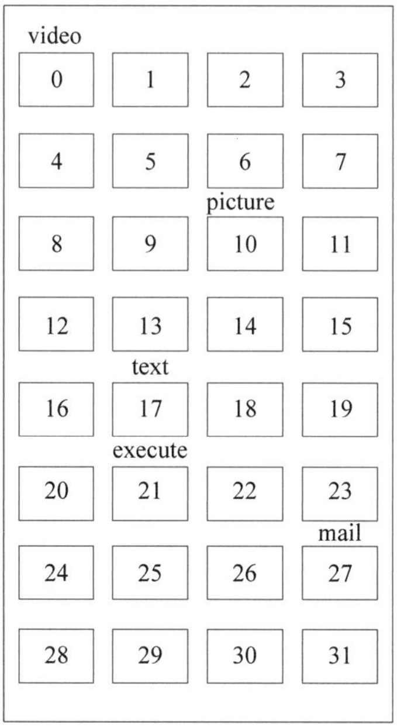

video
0
1
2
3
4
5
6
7
picture
8
9
10
11
12
13
14
15
text
16
17
18
19
execute
20
21
22
23
mail
24
25
26
27
28
29
30
31

目录

File	Start	Length
picture	10	5
text	17	2
video	0	6
mail	27	3
execute	21	3

图 **4-37**　顺序结构应用举例

2）链式结构

链式结构不要求所分配的物理块是连续的，各物理块也不必顺序排列。每个物理块中都设置一个指针，指向逻辑关联的下一个物理块的物理存储位置。图 4-38 为链式结构的示意图，知道一个文件的起始块号，就可以按每个块内的指针找到下一个物理块，直至找到一个物理块，发现此物理块内的指针为空时，就意味着这是文件的最后一个物理块，该文件的数据到此结束。

文件说明信息
第一个物理块号20
…
物理块号
连接指针
20
15
15
35
35
47
47
0

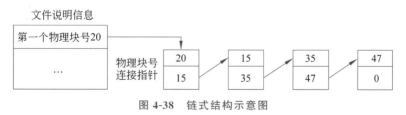

图 **4-38**　链式结构示意图

链式结构的优点是文件可以动态增、删，不限制最大长度，存储空间浪费小。缺点：①只能按指针方向顺序存取，不能支持高效的直接存储，存取效率低，当要对一个较大的文件进行存取时，需要顺序地查找很多盘块号；②记录盘块信息的文件说明表需要占用较大的内存空间，只有全部装入内容，才能保证查到所有的盘块信息。

3）索引结构

索引，类似于书籍的目录。一本书将其连续的内容分为多个小的章节，将各章节所在的页数统一记录在目录中，读者想要查阅书内某一部分内容时，先翻看目录，查找到章节所在页数，再到对应的页数去查看内容。同样，将一个文件存入物理存储介质时，将该文件连续的数据划分成很多逻辑块存入不同的物理块中，然后将所有块的存储信息汇总到一张表中。

该表记录了逻辑块和物理块之间的对应关系,称为索引表。当要读取文件时,首先查看的是该文件的索引表,查表后再到相应的物理块内读取数据,图 4-39 为索引结构的示意图。

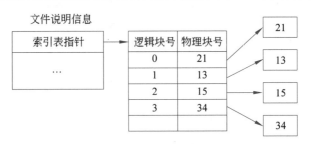

图 4-39　索引结构示意图

常规的做法是为每个文件在内存中分配一个索引块,将分配给该文件的所有盘块号都记录在该索引块中,该索引块就是一个记录多个磁盘块号的数组。在建立一个文件时,只需要在对应的目录项中填上指向该索引块的指针即可,如图 4-40 所示,目录中记录文件 leesf 的索引块为 15,在 15 号物理存储块中记录了文件 leesf 所有的物理块号。

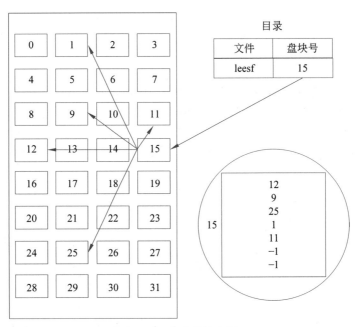

图 4-40　索引结构实例

索引结构既适用于顺序存取,也适用于随机存取,且访问速度快,文件长度可以自动变化。缺点是:①每当建立一个文件时,需要为之分配一个索引块,对于小文件而言,索引块的利用率非常低;②由于使用索引块而增加了存储空间开销,且存取文件时至少访问存储器两次以上,当文件较大时,即一个索引块不足以记录所有的盘块号,文件需要建立多级索引结构。

在计算机系统中有许许多多的文件,为了便于对文件进行存取和管理,必须建立文件名与文件物理位置的对应关系,这种关系即为文件目录。通常文件目录分为单级目录、二级目录和多级目录。

1）单级目录结构

在整个文件系统中只建立一张目录表,每个文件占一个目录项,如图 4-41 所示。单级目录结构实现了"按名存取",但是存在查找速度慢、文件不允许重名、不便于文件共享等缺点,而且对于多用户的操作系统显然是不适用的。

文件名	物理地址	文件说明	状态位
picture			
text			
video			

图 4-41　单级目录结构

2）二级目录结构

二级目录结构把系统中的目录分为主目录和用户文件目录。主目录由用户名和用户文件目录首地址组成,用户文件目录由用户文件的所有目录组成,如图 4-42 所示。

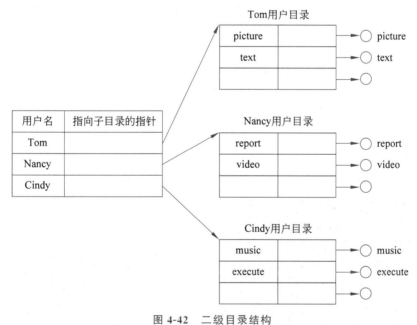

图 4-42　二级目录结构

二级目录结构缩短了文件查找时间,解决了多用户文件重名的问题,也可以在目录上实现控制访问。但二级目录缺乏灵活性,不能反映现实文件系统中的多层次关系。

3）多级目录结构

将二级目录结构的层次关系加以推广,就形成了多级目录结构,即树目录结构,如图 4-43 所示。多级目录结构由根目录和多级目录组成,除最末一级目录外,任何一级目录的目录项对应一个目录文件,也可以对应一个数据文件。

多级目录结构中,访问文件是通过路径名进行的。系统中每一个文件都有唯一的路径

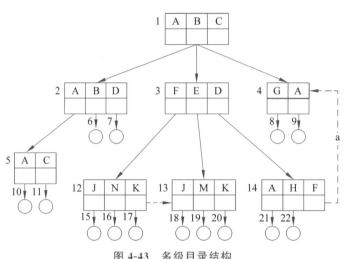

图 4-43　多级目录结构

名,从根目录出发的路径称绝对路径。当层次较多时,每次从根目录查询浪费时间,于是加入了当前目录,进程对各文件的访问都是相对当前目录进行的。与前两种目录结构相比,多级目录结构有层次清晰、解决了文件重名问题,具有查找速度快、文件管理和保护方便的优点。

5. 用户界面

用户界面(user interface,UI,也称用户接口),是系统和用户之间进行信息交换的手段,它实现信息的内部形式与人类可以接受形式之间的转换。用户与系统交互有两种基本的方法:①命令行方式,系统提供命令行接口,用户通过键盘输入命令,经命令解释程序解释后,操作系统完成功能,如图 4-44(a)所示;②图形用户界面(graphical user interface,GUI)方式,用户通过鼠标点击与某种应用或功能相关的图标,与系统进行交互,如图 4-44(b)所示。

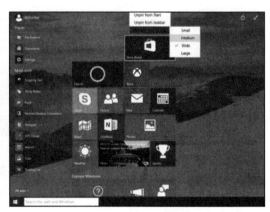

(a) 命令行用户界面　　　　　　　　　　(b) 图形用户界面

图 4-44　用户界面类型

让我们先来看看 PC 上的第一个图形用户界面——Xerox Alto(该系统并未商用),如

图 4-45 所示。该用户界面于 1973 年由施乐公司 Xerox Palo Alto Research Center（Xerox PARC）设计，从此开启了计算机图形用户界面的新纪元。图 4-46 是第一个完整地集成了桌面和应用程序以及图形界面的操作系统，发布于 1981 年，人们一开始叫它 Xerox Star，而后又叫 ViewPoint，再以后又叫作 GlobalView。20 世纪 80 年代以来，操作系统的界面设计经历了众多变迁，OS/2、Macintosh、Windows、Linux、Symbian OS，各种操作系统将 GUI 设计带进新的时代。

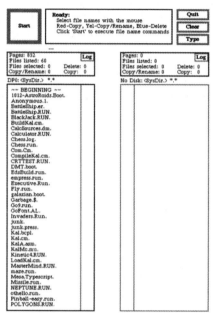

图 4-45　第一个图形界面——Xerox Alto

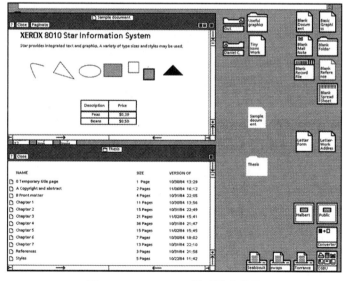

图 4-46　Xerox Star 图形用户界面

图 4-47 是 IBM PC 上的第一个采用图形用户界面的操作系统，叫 Visi，其主要是给大公司用的，当然其价格也非常高昂。这个图形界面使用了鼠标，内置安装程序以及帮助文档，但没有使用图标（icon）。

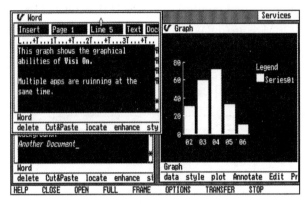

图 4-47　IBM Visi 界面

macOS System 1.0 是第一个划时代的图形界面，如图 4-48 所示，其中的很多技术至今还在使用。例如，基于窗口、采用图标的 UI，窗口可以被鼠标移动，可以使用鼠标拖动文件和目录以完成文件的复制和移动。

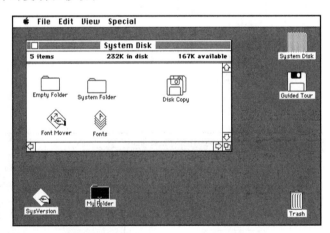

图 4-48　macOS System 1.0 用户界面

微软公司在图形界面上也有着执着的热情，1985 年，微软公司终于在图形用户界面大潮中占据了一席之地，Windows 1.0 是其第一款基于 GUI 的操作系统。使用了 32×32 像素的图标以及彩色图形，如图 4-49 所示。

Windows 3.x 之后，微软公司对整个 GUI 完全重新设计，设计团队在每个窗口上加上了"关闭"按钮，图标有已启用（enabled）、已禁用（disabled）、已选择（selected）、已选中（checked）等状态，最著名的"开始"按钮第一次出现在 Windows 95 上，如图 4-50 所示。这是 Windows 操作系统用户界面历史，使其从此走上了软件帝国之路。

目前计算机界在研究下一代用户界面，开发面向主流应用的自然、高效、多通道的用户界面。多通道、多媒体的智能化用户界面是下一代用户界面，语音识别、手势识别、脑电波识

图 4-49　Windows 1.0 界面

图 4-50　Windows 95 的用户界面

别、人工智能都将是未来用户界面的支撑技术。

1）语音用户界面

在语音用户界面方面，我们最熟悉不过的产品便是苹果的 Siri 语音助理服务，如图 4-51 所示，该服务允许用户利用自然语言与系统交互，帮助用户完成部分特定任务。你同样可以在诸如谷歌眼镜等产品中看到语音用户界面的影子，谷歌眼镜需要用户首先说出"Ok, Glass"来激活自己的任务系统。

图 4-51　语音用户界面

2）手势用户界面

在 2002 年上映的美国科幻影片《少数派报告》（*Minority Report*）中，可以看到许多利用手势完成计算机系统操作的画面。该片主演汤姆·克鲁斯（Tom Cruise）在佩戴上极具未来感的电子手套后便可以轻松在自己的计算机上完成图片、视频和数据处理等操作，如图 4-52 所示。目前，一些游戏或虚拟现实设备，如 Wii、Kinect 等，都已经具备了类似的手势控制功能。

图 4-52　手势用户界面

3）脑电波用户界面

当人们在进行思考时，大脑会产生各种各样的电子信号，而这些电子信号完全可以被设计用于处理某些特定工作。美国旧金山的神经科技公司 Emotiv Lifescience 联合创始人兼总裁谭黎就率领自己的团队开发出了可以让使用者戴上之后，只需一个念头便可以操控眼前计算机的神经头盔（neuroheadset），如图 4-53 所示。

图 4-53　神经头盔

4.4.3　操作系统的演变

操作系统作为计算机系统最重要的管理软件，经历了无操作系统到当前的分布式并行操作系统的发展过程。下面简要介绍操作系统的发展历程。

1. 无操作系统时代

从 1946 年第一台电子计算机诞生到 20 世纪 50 年代中期,计算机上还没有操作系统软件。当时计算机工作采用手工操作方式,具体过程如下:程序员将对应于程序和数据的穿孔纸带或卡片装入输入机,然后启动输入机把程序和数据输入计算机内存,接着通过控制台开关启动程序针对数据运行;计算完毕,打印机输出计算结果;用户取走结果并卸下纸带(或卡片)后,才让下一个用户上机。

手工操作方式有两个特点:①用户独占全机,不会出现因资源已被其他用户占用而等待的现象,但资源的利用率低;②CPU 等待手工操作,因而 CPU 的利用不充分。

2. 批处理系统时代

20 世纪 50 年代后期,人机速度严重不匹配,手工操作的慢速度和计算机的高速度之间形成了尖锐矛盾,手工操作方式已严重降低了系统资源的利用率,资源利用率降为百分之几甚至更低,使得用户无法容忍。唯一的解决办法只有摆脱人的手工操作,实现作业的自动过渡,由此产生了批处理方式。

批处理系统是加载在计算机上的一个系统软件,在它的控制下,计算机能够自动地、成批地处理一个或多个用户的作业(包括程序、数据和命令)。

首先出现的是联机批处理系统,即作业的 I/O 由 CPU 自动处理。主机与输入机之间增加一个存储设备——磁带,在运行于主机上的监督程序的自动控制下,成批地把输入机上的用户作业读入磁带,再把磁带上的用户作业读入主机内存并执行,向输出机输出计算结果。完成了上一批作业后,监督程序又从输入机上输入另一批作业,保存在磁带上,并按上述步骤重复处理。

监督程序不停地处理各个作业,从而实现了作业到作业的自动转接,减少了作业建立时间和手工操作时间,有效克服了人机矛盾,提高了计算机的利用率。但是,在作业输入和结果输出时,CPU 等待慢速的 I/O 设备完成工作,仍处于空闲状态。

为进一步提高 CPU 的利用率,又引入了脱机批处理系统。这种系统中,在 I/O 设备和磁带设备间增加了一台卫星机,卫星机负责 I/O 设备,主机直接控制速度相对较快的磁带机,主机与卫星机并行工作,分工明确,有效缓解了主机与 I/O 设备的矛盾,可以充分发挥主机的高速计算能力。

3. 多道程序系统

脱机批处理系统在 20 世纪 60 年代应用十分广泛,它极大缓解了人机矛盾及主机与外设的矛盾。但每次主机内存中仅存放一道作业,每当它运行期间发出 I/O 请求后,高速的 CPU 便处于等待低速的 I/O 完成状态,致使 CPU 空闲。为更大限度地提高 CPU 的利用率,又引入了多道程序系统。

所谓多道程序系统,就是指允许多个程序同时进入内存并运行。即同时把多个程序放入内存,并允许 CPU 交替运行它们的指令,它们共享系统中的各种硬、软件资源。当一道程序因 I/O 请求而暂停运行时,CPU 便立即转去运行另一道程序。多道程序系统的出现,标志着操作系统渐趋成熟,先后出现了作业调度管理、处理机管理、存储器管理、设备管理、文件管理等功能。

4. 分时系统

由于 CPU 速度不断提高,为进一步提高 CPU 的利用率,基于分时技术的分时系统出现了。分时技术把处理机的运行时间分成很短的时间片,按时间片轮流把处理机分配给各联机作业使用。若某个作业在分配给它的时间片内不能完成其计算,则该作业暂时中断,把处理机让给另一作业使用,等待下一轮时再继续其运行。分时系统的一台计算机可同时连接多个用户终端,每个用户可以通过自己的终端向系统发出各种操作控制命令,在充分的人机交互情况下,完成作业的运行。由于计算机速度很快,作业运行轮转得很快,给每个用户的感觉是好像自己独占了一台计算机。

5. 实时系统

虽然多道程序系统和分时系统能获得较令人满意的资源利用率和系统响应时间,但却不能满足实时控制与实时信息处理两个应用领域的需求,于是产生了实时系统,即系统能够及时响应随机发生的外部事件,并在严格的时间范围内完成对该事件的处理。

实时系统按处理速度可分为 3 类:①强实时系统,其系统响应时间在毫秒或微秒级,例如,飞机飞行、导弹发射等自动控制时,要求计算机能尽快处理测量系统测得的数据,及时地对飞机或导弹进行控制或将有关信息通过显示终端提供给决策人员;②一般实时系统,其系统响应时间在几秒的数量级上,其实时性的要求比强实时系统稍弱;③弱实时系统,其系统响应时间为数十秒或更长,这种系统的响应时间可能随系统负载的轻重而变化,例如,预订飞机票、航班查询、情报检索等应用。

实时操作系统的主要特点:①响应及时,每一个信息接收、分析处理和发送的过程必须在严格的时间限制内完成;②高可靠性,需采取冗余措施,双机系统前后台工作,也包括必要的保密措施等。

6. 通用操作系统

通用操作系统是具有多种操作特征的操作系统,可以同时兼有多道批处理、分时、实时处理的特征或其中两种以上的特征。

从 20 世纪 60 年代中期,国际上开始研制一些大型的通用操作系统。这些系统试图达到功能齐全、可适应各种应用范围和操作方式变化多端的环境目标。但是,这些系统过于复杂和庞大,不仅付出了巨大的代价,且在解决其可靠性、可维护性和可理解性方面都遇到很大的困难。相比之下,UNIX 操作系统却是一个例外,是一个通用的多用户分时交互型的操作系统。它首先建立的是一个精干的核心,在核心层以外,可以支持庞大的软件系统。它很快得到应用和推广,并不断完善,对现代操作系统有着重大的影响。

进入 20 世纪 80 年代,大规模集成电路工艺技术的飞跃发展,微处理器的出现和发展,掀起了计算机大发展、大普及的浪潮。一方面迎来了个人计算机的时代,同时又向计算机网络、分布式处理、巨型计算机和智能化方向发展。于是,个人计算机操作系统、网络操作系统、分布式操作系统等应运而生。

4.4.4 主流操作系统介绍

操作系统根据其应用领域可分为以下 3 类。

（1）桌面操作系统。桌面操作系统主要用于个人计算机，根据个人用户在鼠标和键盘上发出的各种命令进行工作，是目前应用最为广泛的系统。在个人计算机上，微软公司的 Windows 系列几乎控制了整个桌面操作系统的市场，而 macOS X 系列和 Linux 系列也有较高的占有率。

（2）服务器操作系统。服务器操作系统一般是指安装在大型计算机和服务器上的操作系统，如 Web 服务器、应用服务器和数据库服务器等。常见的服务器操作系统有 Linux 系列、UNIX 系列和 Windows 系列。例如，SUNSolaris、IBM-AIX、HP-UX、FreeBSD、Red Hat Linux、CentOS、Debian、UbuntuServer、Windows NT Server、Windows Server 2003、Windows Server 2008、Windows Server 2008 R2、Windows Server 2012、Windows Server Technical 等。

（3）嵌入式操作系统。嵌入式操作系统是应用在嵌入式环境的操作系统。嵌入式环境应用场景广泛，涵盖范围从便携设备到大型固定设施，如手机、平板计算机、数码相机、家用电器、交通灯、医疗设备、航空电子设备和工厂控制设备等。常用的操作系统有嵌入式 Linux、Windows Embedded、VxWorks 等以及广泛使用在智能手机或平板计算机上的操作系统，如 Android、iOS、Windows Phone 和 BlackBerry OS 等。

操作系统自产生以来，类型、版本众多，主流系列包括如下。

1. Windows 操作系统

Windows 操作系统是一款由美国微软公司开发的操作系统。采用了 GUI 图形用户界面操作模式，是目前世界上使用最广泛的操作系统之一，各种版本系列支持服务器、个人计算机以及嵌入式设备，Windows 10 操作系统如图 4-54 所示。

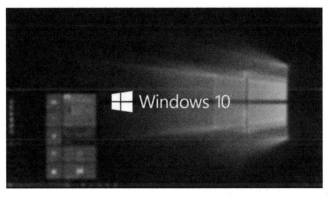

图 4-54　Windows 10 操作系统

2. UNIX 操作系统

UNIX 操作系统 1969 年在贝尔实验室诞生，最初是运用在中小型计算机上，当前广泛用于服务器系统，也可移植到个人计算机上。最早移植到 80286 计算机上的 UNIX 系统称为 Xenix。UNIX 是多用户、多道程序、可移植的操作系统,它被设计来方便编程、文本处理和通信。UNIX 由 3 个主要部分构成:内核、命令解释器、标准工具,如图 4-55 所示。UNIX 为用户提供了一个分时系统以控制计算机的活动和资源,并且提供一个交互灵活的操作界面。UNIX 被设计成为能够同时运行多进程,支持用户之间共享数据。同时,UNIX 支持模块化结构,当安装 UNIX 操作系统时,只需要安装需要的部分。用户界面同样支持模块化原则,互不相关的命令能够通过管道相连接用于执行非常复杂的操作。UNIX 有很多变种,许多公司都有自己的版本,如 AT&T、Sun、HP 等。

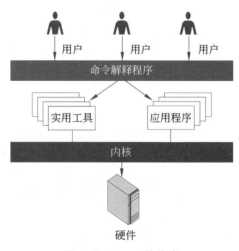

图 4-55　UNIX 的构成

3. macOS 操作系统

macOS 是美国苹果计算机公司为它的 Macintosh 计算机设计开发的操作系统,基于 UNIX 内核,一般情况下在普通 PC 上无法安装。苹果公司于 1984 年推出 Macintosh 计算机,当时大多数 PC 采用 DOS 操作系统,用户界面是枯燥的字符界面,而苹果公司率先采用了一些至今仍为人称道的技术。如 GUI 图形用户界面、多媒体应用、鼠标等。Windows 用户界面至今在很多方面还有 Macintosh 的影子。Macintosh 计算机在出版、印刷、影视制作和教育等领域有着广泛的应用。

苹果机的操作系统从 System 1 到 2021 年发布的 macOS Monterey 12.0.1 经历了很多版本的迭代。其中 OS 10,代号为 macOS X(X 为数字 10 的罗马数字写法)是现代苹果操作系统的起点,如图 4-56 所示。macOS X 使用基于 BSD UNIX 的内核,并带来 UNIX 风格的内存管理和抢占式多任务调度(pre-emptive multitasking),大大改进内存管理,允许同时运行更多软件,而且消除了一个程序崩溃导致其他程序崩溃的可能性。

4. Linux 操作系统

Linux 是目前全球最大的一款自由免费开源的操作系统,且它的功能可与 UNIX 和 Windows 相媲美,具有完备的网络功能,用法与 UNIX 非常相似,因此许多用户不再购买昂贵的 UNIX,转而投入 Linux 免费系统的怀抱。

图 4-56　macOS X 用户界面

Linux 最初由芬兰人 Linus Torvalds 开发,其源程序在 Internet 网上公开发布,由此,引发了全球计算机爱好者的开发热情,许多人下载该源程序并按自己的意愿完善某一方面的功能,再发回网上,Linux 也因此被打磨成一个全球最稳定的、最有发展前景的操作系统。Linux 可安装在各种计算机硬件设备中,如手机、平板计算机、路由器、视频游戏控制台、台式计算机、大型机和超级计算机。

Linux 的设计基于文件,系统中的所有内容都归结为文件,包括命令、硬件和软件设备、操作系统、进程等,都看作是拥有各自特性或类型的文件,每个文件都有确定的用途。Linux 支持多用户,各个用户对于自己的文件设备有自己特殊的权利,保证了各用户之间互不影响。支持多任务,使多个程序同时并独立地运行。Linux 同时具有字符界面和图形界面,在字符界面用户可以通过键盘输入相应的指令来进行操作;图形界面采用 X-Windows 管理系统,支持鼠标进行操作,图 4-57 是 Linux 2.6.0 的图形用户界面。

图 4-57　Linux 2.6.0 的图形用户界面

◆ 4.5　应 用 方 向

4.5.1　人工智能

什么是人工智能? 人工智能(artificial intelligence,AI)是集认知心理学、机器学习、情感识别、人机交互以及数据存储、决策等于一身的多学科技术。

计算机科学理论奠基人以及人工智能之父艾伦·麦席森·图灵(Alan Mathison Turing)在论文《计算机器和智能》中提出了著名的"图灵测试"———如果一台机器能够与

人展开对话(通过电传设备),并且会被人误以为它也是人,那么这台机器就具有智能。图灵

Interrogator

Respondent A   Respondent B

图 4-58   图灵测试

测试的概念图如图 4-58 所示,提问的人必须确定回答者是计算机还是人。马文·明斯基(Marvin Lee Minsky)则将其定义为让机器做本需要人的智能才能够做到的事情的一门科学。人工智能的另一条路线——符号派的赫伯特·西蒙(Herbert A. Simon)认为,智能是对符号的操作,最原始的符号对应物理客体。

人工智能的发展充满了传奇和坎坷,在经历两次低谷后,从 1993 年开始,人工智能取得了一些里程碑式的成果。例如,在 1997 年,国际象棋冠军卡斯帕罗夫被 IBM 深蓝计算机战胜;英国皇家学会举行的“2014 图灵测试”中“尤金·古斯特曼”第一次“通过”图灵测试,而这一天恰为艾伦·图灵逝世 60 周年纪念日。2015 年以来,人工智能再次成为诸多业界人士关注的焦点之一。2016 年 3 月 AlphaGo 在韩国首尔以 4∶1 战胜围棋世界冠军李世石,再次引发了人工智能研究的热潮。

第二次世界大战时期,英国 27 岁的数学天才艾伦·图灵在破译德军密码时改变了世界。他在破译德军的密码过程中发明了一种名为“炸弹”的机器,图灵赋予了这台机器人类所无法企及的计算能力来破译德军的密码。战争结束后,图灵对计算机有了新的想法。1950 年,他在论文《计算机器与智能》开篇就提了一个问题:机器能思考吗? 文中这样描述他的想法:人的大脑就像一台精确的电子计算机,而出生不久的婴儿大脑皮层像一台还没完全组织好的机器,可以通过训练学习完善它的组织。他相信机器也能够思考,可以通过他的图灵测试,使机器具有人类的智能。正是他的这种大胆设想,为人工智能的发展奠定了深厚的思想基础。

1956 年,在美国达特茅斯(Dartmouth)学院,约翰·麦卡锡(John McCarthy)、马文·明斯基等一些年轻有为的科学家参加了一个主题为研究和探讨用机器模拟智能的聚会。在这次聚会上,他们尝试弄清楚如何让机器像人类一样地思考、如何让机器用自然语言来交流、如何让机器伸手抓取东西,并且在这次会议上第一次提出“人工智能”这个术语,“达特茅斯会议”也被称为人工智能的发端。联合提出此概念的麦卡锡和明斯基被人们称为“人工智能之父”。从 20 世纪 70 年代至今,虽然期间有因盲目的理想与乐观不足以解决实际问题的薄弱理论和逐渐减少的研究经费等种种因素使很多人工智能的研究者心灰意冷,但人工智能研究者们一直在这条道路上艰难地前行。

人工智能大致经历了 3 次大发展。人工智能的第一次大发展是 1956—1970 年,那时的人工智能计算机只是被用来解决代数应用题、证明几何定理、学英语,这些成果在当时得到广泛赞赏。人工智能的第二次大发展是 1980—1987 年,日本政府拨巨款支持人工智能,开始第五代计算机计划,目标是制造出能够实现人机对话、翻译、图像识别的机器。随后,欧美一些科技发达国家也纷纷响应,开始向人工智能研究人员提供大量资金。在这一阶段,“知识处理”是人工智能研究的焦点。人工智能的第三次大发展就是 1993 年至今,随着 IBM 公

司的深蓝计算机战胜国际象棋世界冠军卡斯帕罗夫、谷歌公司的 AlphaGo 战胜围棋世界冠军李世石等一系列轰动事件,让世人看到人工智能取得了一些标志性的成果。特别是最近几年,随着互联网的发展,语音识别、机器视觉等人工智能技术更是被应用到普通人的实际生活中。虽然人工智能的研究和发展几经沉浮,但科学家们并没有忘记对人工智能的探索和初心,人工智能一直是世界尖端技术之一。尤其近 30 年,互联网的崛起和大数据的应用以及计算机硬件的升级,为人工智能新一轮浪潮奠定了基础。

2016 年是人工智能爆发的元年,各种重大成果和突破性的进展不断涌现:谷歌公司的AlphaGo 打败了李世石;微软公司研发的 ECHO 虚拟助理语言理解力击败人类;日本软银研发出可以感知人类情感的机器人 Pepper;IBM 公司研发的人工智能医疗机器人竟然诊断出了一位被医生漏诊的白血病患者,同时 IBM 公司还运用了人工智能的语音识别和机器学习技术研制出世界首个人工相变神经元;德国研发出了能感知疼痛的人工神经系统;Wordsmith 机器人编辑和 IBM 的法律助手罗斯也相继问世。自从“达特茅斯会议”以来,人工智能经过 60 多年的蹒跚学步,终于在超强的计算能力、互联网、大数据的助力下,开始了迅速的奔跑。在万物互联、万物智能的时代,它将融入人们的生活,无所不在。

目前,人工智能学科研究内容的主要分支包括知识表示、专家系统、神经网络、自然语言理解、机器人学等。**知识表示**主要研究如何表示知识以便计算机处理智能问题,**专家系统**是嵌入人类专家知识的计算机系统,**神经网络**研究如何模拟人脑。这些分支涉及的关键技术包括语义网、自动推理和搜索方法、机器学习和知识获取、知识处理系统、计算机视觉、智能机器人、自动程序设计等方面。根据人工智能的内涵,人工智能可分为类人行为(模拟行为结果)、类人思维(模拟大脑运作)、泛智能(不再局限于模拟人)。

经过多年发展,人工智能的发展形成 3 个层次:运算智能、感知智能、认知智能。**运算智能**,即快速计算和记忆存储能力,主要依赖计算机运算能力和存储能力。自 1997 年 IBM公司的深蓝计算机战胜了当时的国际象棋冠军卡斯帕罗夫,人类在这样的强运算型的比赛方面就没再战胜机器了。**感知智能**,即视觉、听觉、触觉等感知能力,能够通过各种智能感知能力与自然界进行交互。例如,无人驾驶汽车,就是通过激光雷达等感知设备和人工智能算法,实现感知智能。机器在感知世界方面比人类更显优势。人类是被动感知的,但是机器可以主动感知。具体而言,感知智能充分利用了神经网络和大数据的成果,使机器已越来越接近于人类。**认知智能**,负责感觉“像人一样”的交互,要求“能理解会思考”。概念、意识、观念等都是认知智能的表现。认知智能必须能够轻松处理复杂性和二义性,同时还持续不断地在数据挖掘、自然语言处理(NLP)和智能自动化的经验中学习,才能监督更复杂或不确定的事件,从而帮助扩大人工智能的适用性,并生成更快、更可靠的答案。

面向人工智能的编程语言主要有两种:LISP 和 PROLOG。LISP 是 1958 年由人工智能之父麦卡锡发明的。它是一种操纵表的编程语言,语法复杂,运行速度慢。PROLOG 的全称是 PROGraming in LOGic,是一种能建立事实数据库和规则知识库的编程语言,使用逻辑推理来回答从知识库中推导出来的问题,编程效率不高。目前一些复杂问题仍然使用C/C++ 、Java 来编程。

4.5.2　信息系统

计算机的另一个重要功能是帮助用户管理和分析数据。一般将帮助用户组织和分析数据的软件称为信息系统。在日常生活中，信息系统随处可见。例如，银行的财务数据管理系统，超市的销售管理系统，公司的人事管理系统，等等。文件和数据库是两种常见的信息组织方式，与之对应的，电子制表软件和数据库管理系统是两种常见的信息系统。下面就这两种信息系统做简要介绍。

1. 电子制表软件

目前的电子制表软件多种多样，Microsoft Excel 就是一个典型的电子制表软件，其他的典型产品还有 VisiCalc 和 Lotus 1-2-3。虽然各种电子制表软件在功能上有细微差别，但基本功能是相同的，下面就以 Microsoft Excel 为例介绍电子制表软件的功能。

所谓电子制表软件，是一种基于带标签的单元格组织和分析数据的软件应用程序，单元格可以存放数据或用于计算值的公式。电子制表软件采用文件方式组织信息。

图 4-59 电子制表软件示意图

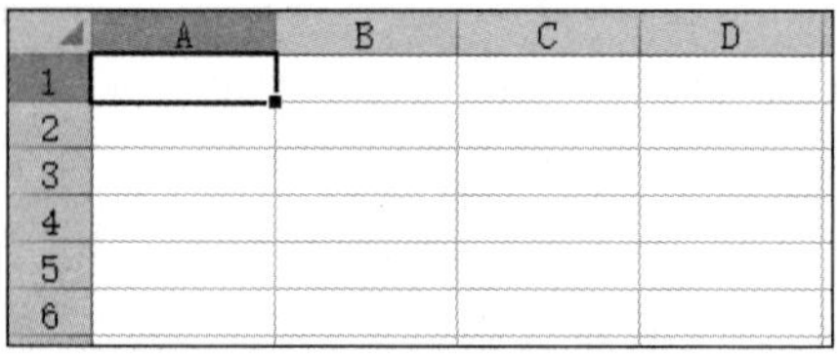

如图 4-59 所示，电子数据表的单元格可以用行列标号指示，通常列标号使用字母，行标号使用数字，这样就可以使用 C4、D2 这样的标号来标识单元格。

电子制表软件的使用通常是为了管理大量的数值和进行计算。下面我们来看一个实例。

如图 4-60 所示的学生成绩表，这个电子数据表中包含了标签(第一、二行和第一、二列)、原始数据(每个学生每门课程的成绩)和统计数据(总分和平均分)。这些数据保存在单元格中。原始数据单元格中保存的是数据，而统计数据单元格中保存的则是计算公式。读者或许会有疑问，这样保存公式和我们直接使用计算器计算出结果再保存下来到底有什么区别？毕竟这张表格的数据和计算方法如此简单。在此说明的区别有两点：一是保存公式使操作更加简单、更加易扩展，在这个实例中我们的原始数据量很小，但在实际应用中，原始数据会变得很庞大，假使学生增加到 300 名，再手动计算每门课程的平均分就会变得复杂易错，而且目前电子制表软件大多提供公式类推的快捷操作，随着学生人数增长，用户不需要在总分一栏的每个单元格都手动添加公式；二是公式的使用使电子数据表更易于修改，假如老师发现张一的生物成绩登错了，将 G3 中的数据从 79 改为 99，总分 H3 一格的结果会自动修改，因为公式保存的不是具体的数据，而是单元格的引用(标号)，所以当电子数据表变化时，公式就会立刻重新计算。所以说，**电子数据表是动态的**。

	A	B	C	D	E	F	G	H	
1				成绩					
2			数学	语文	物理	化学	生物	总分	
3		张一	89	88	91	83	79	430	
4		王二	78	60	79	84	93	394	
5	学生	李三	88	87	81	73	83	412	
6		陈四	64	92	75	86	68	385	
7		赵五	96	73	69	88	86	412	
8		钱六	60	76	67	96	90	389	
9		平均分	79.17	79.33	77.00	85.00	83.17	403.67	
10									

=SUM(C3:G3)

=AVERAGE(D3:D8)

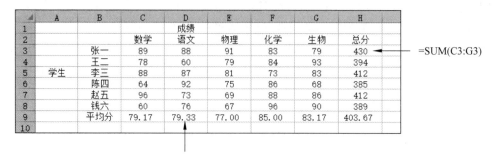

图 4-60 学生成绩电子表格

除了计算和记录数据外,电子数据表的分析功能也很强大,可以应用到多种场景下,例如,分析运动统计数字,总结公司季度开销,跟踪项目进展情况,预计开销和盈利,等等。事实上,电子数据表的潜在应用是很多的。用户可以在电子数据表中设置一些假设,然后通过改变表中表示假设的值,以观察对相关数据有什么影响。

2. 数据库管理系统

目前,几乎所有复杂的数据管理都要依靠数据库技术。数据库可以简单地定义为结构化的数据集合。数据库管理系统(database management system,DBMS)是一种操纵和管理数据库的大型软件,用于建立、使用和维护数据库。

现有的数据库都是基于某种数据模型,数据模型是对现实世界数据特征的抽象,用来描述数据、组织数据和操纵数据。常见的数据模型有层次模型、网状模型、关系模型、面向对象模型。目前,基于关系模型的关系数据库占据主流地位。因此下面的介绍围绕关系数据库相关的基础概念进行。

关系数据库由多张二维表组成。表的行描述一个实体,列描述实体的一个属性。在数据库系统中,一个实体就是一个我们要为其收集数据的物体,可以是一个人、一棵树、一个事件等。每个实体都有某些称为属性的描述特征,如人类实体的属性可以是身高、体重、年龄等。同一类实体构成一个实体集,可以用一张表描述,如表 4-5 所示。

表 4-5　人员信息表

ID	Name	Weight	Height	Age
1	张一	55	167	21
2	王二	62	172	33
3	李三	70	181	27

关系模型的核心是关系,即实体与实体之间的联系。关系模型中描述关系一般通过两种形式——键和表。我们先了解一下什么是键。

表中能唯一区分不同实体的属性或属性的组合称为表的一个键。一个表中可能有多个键,我们可以从中选定一个唯一标识该表中的实体,这个键称为该表的主键。表 4-6 是一个学生的信息表,该表有学生学号(Student_ID)、学生身份证号(ID_Number)、学生姓名(Name)、班主任工号(Teacher_ID)和学生年龄(Age)5 个属性。学生的学号和身份证号都可以作为该表的主键。假如该数据库中还有一张教师的信息表,那么教师的工号则可能是教师表的主键,而学生表中的班主任工号就与教师工号相对应。若一个属性或属性组合不是表 A 中的键,却是另一个表 B 的主键,则该属性或属性组合称为表 A 的外键。本例中,外键班主任工号就体现了教师和学生一对多的关系。

表 4-6　学生的信息表

Student_ID	ID_Number	Name	Teacher_ID	Age
001	120000111122	李明	1001	10
002	120000666677	刘华	1001	10
003	120000888899	王虎	1002	11

关系模型中的关系还可以用表来表述。假如学校选课系统的数据库中有学生信息表和课程信息表,学生信息表用学号作主键,选课信息表用课程号作主键,那么学生和课程之间的关系如何体现呢? 学生和课程之间是多对多的关系,一个学生可以选多门课程,一门课程也可以被多个学生选择,这时外键已经不能描述这种关系了,可以创建下面这样一张表格来描述这种多对多关系,如表 4-7 所示。

表 4-7　多对多关系表

Student_ID	Class_ID
001	K1.002
001	K2.100
002	K2.100

要建立关系数据库,并对数据库中的数据进行操作,用户需要使用结构化查询语言,即 SQL。

结构化查询语言(structured query language,SQL)是一种用于管理关系数据库的综合性数据库语言。SQL 提供的功能可以分为以下 3 部分。

(1) 数据定义功能:提供命令定义关系模型、索引、视图,例如,表的创建、修改、删除。

(2) 数据操纵功能:提供命令对数据库数据进行查询、插入、修改、删除。

(3) 数据控制功能:提供命令对数据库的授权、事务、加锁等进行控制管理。

下面通过一些示例来简单地了解下 SQL 语句。需要说明的是,SQL 不区分大小写,无论是关键字、表名,还是属性名等都不区分大小写。

示例 4-1　select Name, Age, Sex from Customer where Credit=3。

这条语句的含义是从 Customer 表中查询所用信用等级为 3 的客户的姓名、年龄和性别。select 是查询操作的关键词;from 后面追加表名,表示从哪个表中查询;select 和 from 中间填写需要查询的属性,如果需要查询所有的属性可以使用 * 表示;where 是条件关键字,后面是查询的限制条件,查询条件也可以用 and、or 等逻辑运算来组合。

示例 4-2　insert into Customer(Name, Age, Sex, Credit) values('王五', 29, '男', 1)。

这条语句的含义是在 Customer 表中插入一条客户记录,客户的姓名为王五,年龄为 29 岁,性别为男,信用级别为 1。insert 是插入操作的关键字(命令);into 后面追加表名,表示在哪张表中插入这条记录;表名后面括号内填写的表中的属性,指示插入记录填写了哪些属性,values 后面括号内填写的就是对应的属性值。需要注意的是,两个括号内的属性和属性值必须一一对应,不能有缺少、多余或顺序错乱。如果插入记录时给表定义的所有属性都指定了属性值,且顺序与表的属性顺序一致,前面的括号可以省略。

示例 4-3　delete from Movie where Rate<0.2。

这条语句的含义是将 Movie 表中上座率小于 20% 的记录删除。delete 是删除操作的关键词。同 select 一样,from 后指定操作的表,where 指定操作条件。

示例 4-4　update Customer set Credit=2 where Credit=1。

这条语句的含义是将 Customer 表中所有信用等级为 1 的客户的信用等级改为 2。update

是更新操作关键词,后面追加要更新的表的表名。set 后面填写的是更新的具体操作。

在了解如何用 SQL 操纵数据库表中的数据后,下面介绍用于设计数据库的实体关系模型工具,即 E-R(entity-relation)图。

数据库设计是根据用户需求研制数据库模式结构的过程。一个好的数据库设计除了要满足用户需求外,还要便于维护和扩充,满足空间和效率的需求,增强可读性等。实体关系建模法是一种常用的数据库设计方法,主要工具是 E-R 图。E-R 图用图形化的形式反映现实世界中的事物之间的相互联系,基本的构成元素有实体、属性和联系,对应的符号如表 4-8 所示。

表 4-8　E-R 图元素定义表

符　号	含　义
实体名	实体
关系名	关系
属性	属性
1 ◇ 1	一对一关系
1 ◇ M	一对多关系
M ◇ N	多对多关系

图 4-61 为一个 E-R 图的示例,该 E-R 图描述了医生和患者以及两者之间的关系。需要注意的是身份证号和工号作为主键,用下画线标识。

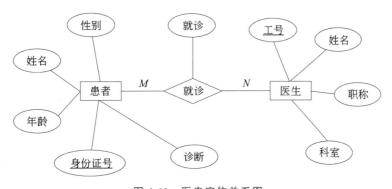

图 4-61　医患实体关系图

4.5.3　仿真

计算机仿真技术是利用计算机技术建立被仿真系统的模型,并在某些实验条件下对模型进行动态实验的一门综合性技术。它具有高效、安全、受环境条件的约束较少、可改变时间比例尺等优点,已成为分析、设计、运行、评价、培训系统(尤其是复杂系统)的重要工具。

计算机仿真技术起源于美国,后来被多个国家引进和推广,并且将该项技术列为国防军事重点发展的关键技术。计算机仿真技术依托计算机技术、图形图像技术、复杂系统建模技术和专业建模技术的发展而发展。计算机仿真在其不断进行技术改进的过程中大概经历了以下 4 个发展阶段。

(1)模型实验阶段。在计算机仿真技术出现之初,是以物理模型为基础制造出的模型实验,比较原始,且缺乏深度,无法大范围地应用到社会实际中。

(2)数字化仿真阶段。在这个阶段,可以在计算机上进行演算,但是演算出来的结果只能用文字和图表表达出来,无法让人直观地了解。

(3)图像化仿真阶段。仿真结果一般用丰富的图像技术来进行表达。

(4)虚拟现实技术阶段。人们可以利用三维技术和特殊装置将仿真结果以虚拟的形式展示出来。

近年来,随着信息处理技术的突飞猛进,仿真技术也得到了迅速发展。未来的计算机仿真技术可能会向以下几方面发展。

(1)分布式的计算机仿真技术。这既是数据分布的需要,也是用分布式计算环境进行并行计算并达到实时显示的手段。

(2)协同式的计算机仿真技术。随着计算机技术的不断应用,可以达到高速协同工作的目的,方便地达到应用共享。

(3)沉浸式的计算机仿真技术。使用沉浸式的计算机技术,更有利于用户对数据获得直观的感受,更好的分析结果。

(4)基于网络环境的计算机仿真技术。网络技术的发展会让计算机仿真技术更快捷和普及。

计算机仿真技术最开始在军事领域得到广泛应用,后来在各行业领域得到全面发展,以下就计算机仿真技术在各行业领域的应用做简要介绍。

1. 军事领域

计算机仿真技术最先应用于军事领域,其应用于武器装备的设计、研制、生产以及使用维护等全过程。在设计阶段,利用计算机仿真技术将需要设计的实物进行仿真模型实验,能够降低产品设计的风险;在研制过程中,利用仿真技术对项目进行调试、检测,避免出现不必要的生产工序,同时能够加快研制进度;在生产阶段,采用仿真模型来测试武器装备的结构部件、工位以及出厂测试,确保产品质量达标;使用维护阶段,可以通过仿真模型,建立产品保障预控方案,对产品性能进行综合评估。计算机仿真技术在军事领域的应用,能够加快军事武器装备的研制周期,节约生产成本,降低产品风险,提高产品的综合性能,对促进军事行业的发展具有极其重要的意义。

2. 教育教学领域

计算机仿真技术应用在教育教学领域,能够提高课堂教学效率和质量。通过计算机仿真模型的动态实验和教学实验仿真训练相结合,使课程教学内容更加直观形象地展现在学生面前,将抽象化的课程内容实体化,使学生更深入地理解复杂模型和计算方法的复杂过程,从而起到良好的教学效果。

3. 工业领域

随着现代工业的不断发展,工业领域涉及的大量系统、项目都具有一定的复杂性和特殊性。为了提高工业生产的安全性和经济性,采用计算机仿真技术,能够发现工业项目生产的规律和机理,为提高工业产品的性能指标提供有效的理论依据。计算机仿真技术主要应用于汽车、电子产品、设备仪器、能源以及石油化工等多个领域,在不同产品和项目建设的前期研究和实际需求的分析过程中起到至关重要的作用。

4. 其他领域

随着计算机仿真技术的应用领域不断扩大,在交通、医学旅游等行业领域中也得到广泛应用。在交通领域,建立了交通流特征以及交通质量的仿真软件平台,以此实现对交通规划、设计、控制以及工程建设方案等相关内容的综合评估;在医学领域,建立人体生物学模型和三维视觉模型,为进一步拓展生命机理研究和远程医疗提供强有力的支持;在旅游行业,通过计算机仿真技术能够建立虚拟的景点模型,并在立体的电影放映厅播放,从而实现旅游景观的虚拟展现。

4.5.4　计算机安全

计算机安全是保护计算机系统的硬件、软件或电子数据免于失窃或损坏及提供被破坏或错误的服务。

计算机安全包括实体安全、运行环境的安全和信息的安全。**实体安全**包括环境安全、设备安全和媒体安全,它用来保证硬件和软件本身的安全。**运行环境的安全**包括风险分析、审计跟踪、备份与恢复和应急,它用来保证计算机能在良好的环境里持续工作。**信息的安全**包括操作系统安全、数据库安全、网络安全、防病毒、访问控制、加密、认证,它用来保障信息不会被非法阅读、修改和泄露。采用先进可靠的安全技术,可以减少计算机信息系统的脆弱性。

安全的三大目标是机密性、完整性和可用性。所谓机密性是指信息需要避免未授权的使用,例如,无论是信息的存储还是传输都需要考虑信息的机密性。完整性是指保护信息不受到未授权的篡改,例如,一位银行客户的账户余额只能是客户通过授权机制来操作。可用性是得到授权的实体在需要时信息是可用的,例如,银行客户交易时应该能随时访问自己的账户。

常见的产生计算机安全问题的几大源头如下。

1. 计算机操作系统的自身缺陷

操作系统管理计算机的计算和存储资源,同时负责人机交互,是规模庞大的系统级软件,代码量和复杂性与用户程序相比,其规模庞大、复杂度高。尽管实现操作系统的团队庞大且专业,但代码接口之中难免存在漏洞。一旦漏洞被发现,攻击者便能够在未经授权下对计算机数据系统实施破坏及攻击,从而极大地威胁计算机安全。著名的 Windows 操作系统时常都需要用户"打补丁"，就是在修复一些漏洞，提高系统安全。例如，攻击者如果有服务漏洞的许可运行权，就能够进行系统文件的删除以及锁定用户账户等操作。

2. 计算机病毒

计算机病毒，即 computer virus，在《中华人民共和国计算机信息系统安全保护条例》中被明确定义为："程序员在计算机程序中插入的破坏计算机功能或者破坏数据，影响计算机使用并且能够自我复制的一组计算机指令代码。"

计算机病毒不是天然产生的，是人为利用计算机软件和硬件所固有的脆弱性编制的一组指令代码，它能潜伏在计算机的存储介质（或程序）里，条件满足时被激活。通过修改其他程序的方法将自己的精确副本或者进化版本放入其他程序中，从而感染其他程序，对计算机资源进行破坏。

第一份关于计算机病毒理论的学术报告（当时并未使用"病毒"一词）于 1949 年由冯·诺依曼完成。冯·诺依曼以"*Theory and Organization of Complicated Automata*"为题在伊利诺伊大学进行演讲，后来以"*Theory of self-reproducing automata*"为题出版。冯·诺依曼在他的论文中描述一个计算机程序如何复制其自身。

20 世纪 60 年代初，美国麻省理工学院的一些青年研究人员，利用业务时间玩一种他们自己创造的计算机游戏。其做法是某个人编制一段小程序，然后输入计算机中运行，并销毁对方的游戏程序，这可能就是计算机病毒的雏形。

计算机病毒中较为出名的是木马病毒，其破坏力很大。木马病毒较为常见的是附加在一些安装包或程序之上，往往会因为用户的无意点击引发木马病毒的侵入，侵入计算机后会快速引发网络程序的破坏，进而导致用户网络信息的盗取或者网络瘫痪。

病毒的传播主要通过复制、传送、执行等方式进行，随着 Internet 的发展，不同地域间的计算机可以经由传输介质实现大数据的实时传送，成为计算机病毒的又一新型传播途径。

美国的 Norton Antivirus、McAfee、PC-cillin，俄罗斯的 Kaspersky Anti-Virus，斯洛伐克的 NOD32 等产品在国际上口碑较好，但杀毒能力都有限。目前病毒库总数量也都仅有数十万个。虽然许多计算机上都安装了杀毒软件或者防火墙，但往往杀毒软件的更新速度无法与病毒编写速度相匹敌，导致很多计算机还在不间断地受到病毒的侵害。因此，计算机病毒是计算机安全的又一大影响因素。

3. 黑客攻击

黑客是指拥有较高的计算机运用能力的人，凭借着自身完备的计算机知识，通过对用户账户、信息以及密码等多样化信息的盗取，从中获得高额经济利益。黑客作为安全隐患中的一种，危险度极高，而且大多数人往往对于网络黑客入侵的防范存在盲点，导致信息泄露的情况极易出现。

常用的黑客攻击手段包括后门程序、信息炸弹、拒绝服务、网络监听、密码破解等。这些手段又可分为非破坏性攻击和破坏性攻击两类。非破坏性攻击一般是为了扰乱系统的运行，并不盗窃系统资料，通常采用拒绝服务攻击或信息炸弹；破坏性攻击是以侵入他人计算机系统、盗窃系统保密信息、破坏目标系统的数据为目的。

在程序开发阶段，后门程序用于测试、更改和增强模块功能。正常情况下，完成设计之后需要去掉各个模块的后门,不过有时由于疏忽或者其他原因(例如,将其留在程序中,便于日后访问、测试或维护)并没有去掉后门,一些别有用心的人会利用穷举搜索法发现并利用这些后门,然后进入系统并发动攻击。

信息炸弹是指使用一些特殊工具软件,短时间内向目标服务器发送大量超出系统负荷的信息,造成目标服务器超负荷、网络堵塞、系统崩溃的攻击手段。例如,向未打补丁的Windows 95 系统发送特定组合的 UDP 数据包,会导致目标系统死机或重启。常见的信息炸弹有邮件炸弹和逻辑炸弹。

拒绝服务又名"分布式 DOS 攻击",它是使用超出被攻击目标处理能力的大量数据包消耗系统可用系统、带宽资源,最后致使网络服务瘫痪的一种攻击手段。作为攻击者,首先需要通过常规的黑客手段侵入并控制某个网站,然后在服务器上安装并启动一个可由攻击者发出的特殊指令来控制进程,攻击者把攻击对象的 IP 地址作为指令下达给进程时,这些进程就开始对目标主机发起攻击。这种方式可以集中大量的网络服务器带宽,对某个特定目标实施攻击,因而威力巨大,顷刻之间就可以使被攻击目标带宽资源耗尽,导致服务器瘫痪。例如,1999 年美国明尼苏达大学遭到的黑客攻击就属于这种方式。

网络监听是一种监视网络状态、数据流以及网络上传输信息的管理工具,它可以将网络接口设置为监听模式,并且可以截获网上传输的信息。黑客在登录网络主机并取得超级用户权限后,可将网络接口设置为监听模式,即可以有效地截获网上的数据。该方法是黑客获取用户口令使用最多的方法。网络监听只能应用于物理上连接于同一网段的主机。

4. IP 地址的盗用

IP 地址盗用作为现今网络攻击的新方式,往往会经由盗用个人或公司的 IP,进行虚假信息的传送,以便诱导用户点击,实现用户计算机上木马的间接植入;也有部分人借助盗用的 IP,假冒别人的信息,从而向用户计算机发送一系列虚假信息,达到误导用户的目的。盗用的 IP 和真实存在的网站相比具有极高的相似度的,一般情况下很难辨别。

5. 计算机使用者对计算机了解不足

我国是互联网使用大国,大部分人都能操作和使用计算机,但是对计算机的工作原理了解不多,缺乏辨识危险源的能力以及自我保护的意识。通常人们借助计算机为了达到购物或休闲娱乐的目的,但是对计算机的日常管理以及维护是不够关注的。许多用户只能达到为计算机安装一两种杀毒软件的程度,而且使用频率也不高,在问题出现时,也只会采用如系统还原或系统重装等简单的方法,并不能解决实际问题,从而为计算机安全埋下了极大的隐患,对于别有用心的人来说则是一个极大的机会。

目前计算机安全主流的防护方法有数据加密技术、反病毒软件、防火墙等技术。

1)数据加密技术

数据加密实质是一种数据形式的变换,把数据和信息(明文)换成难以识别和理解的密文并进行传输,同时在接收方进行相应的逆变换(解密),从密文中还原出明文,以供本地的信息处理系统使用,从而实现数据保护的机密性。加密和解密过程组成加密系统,明文和密文统称为报文。

加密算法主要分为对称式加密和非对称式加密。对称式加密是最古老的方法,一般说的"密电码"采用的就是对称密钥。对称加密又叫专用密钥加密,即发送和接收数据的双方必使用相同的密钥对明文进行加密和解密运算。对称式加密算法主要包括 DES、3DES、IDEA、FEAL、BLOWFISH 等。由于对称式加密运算量小、速度快、安全强度高,因而如今仍被广泛采用。非对称式加密,通常有两个密钥,称为"公钥"和"私钥",加密和解密时使用不同的密钥,两个必须配对使用,否则不能打开加密文件。"公钥"是可以对外公布的,"私钥"则只能由持有人知道。非对称式的加密方法的优越性在于收件人解密时用自己的私钥即可以解密,很好地避免了密钥的传输安全性问题,而对称式加密无法避免密钥被窃听的问题。"公钥"和"私钥"两者之间存在一定的关系,但不可能轻易地从一个推导出另一个。例如,RSA 算法有一把公用的加密密钥,有多把解密密钥。

常见的加密算法如下。

(1) DES(data encryption standard)。对称加密算法,数据加密标准,速度较快,适用于加密大量数据的场合。美国政府所采用的 DES 加密标准的密钥长度为 56 位。

(2) 3DES(triple DES)。是基于 DES 的对称算法,对一块数据用三个不同的密钥进行三次加密,强度更高。

(3) RC2 和 RC4。对称算法,用变长密钥对大量数据进行加密,比 DES 快。

(4) IDEA(international data encryption algorithm)国际数据加密算法。使用 128 位密钥,安全性非常强。

(5) RSA。由 RSA 公司发明,是一个支持变长密钥的公共密钥算法,需要加密的文件块的长度也是可变的,非对称加密算法。

(6) DSA(digital signature algorithm)。数字签名算法,是一种标准的 DSS(数字签名标准),严格来说不算加密算法。

(7) AES(advanced encryption standard)。高级加密标准,对称算法,是下一代的加密算法标准,速度快,安全级别高,AES 标准的一个实现是 Rijndael 算法。

(8) BLOWFISH。它使用变长的密钥,长度可达 448 位,运行速度很快。

(9) PKCS。the Public-Key Cryptography Standards (PKCS)是由美国 RSA 数据安全公司及其合作伙伴制定的一组公钥密码学标准,其中包括证书申请、证书更新、证书作废表发布、扩展证书内容以及数字签名、数字信封的格式等方面的一系列相关协议。

(10) SSF33、SSF28、SCB2(SM1)。国家密码局隐蔽不公开的加密算法,在国内用作民用和商用加密。

2) 反病毒软件

反病毒软件,又称杀毒软件,也称防毒软件,是用于消除计算机病毒、特洛伊木马和恶意软件等计算机威胁的一类软件。杀毒软件通常集成监控识别、病毒扫描与清除和自动升级等功能,有的杀毒软件还带有数据恢复等功能,是计算机防御系统(包含杀毒软件、防火墙、特洛伊木马及其他恶意软件的查杀程序,入侵预防系统,等等)的重要组成部分。

3) 防火墙技术

防火墙技术是由计算机硬件和软件共同组成的,能够保护网络和计算机中保存的数据,防止数据被窃取和改动。防火墙技术能够保证计算机内部网络与因特网之间互相隔离、限制网络互访,从而保证计算机内部网络的安全性。防火墙是网络安全的重要保证,防火墙通过过滤不安全的服务和信息而有效降低网络运行过程中存在的风险。

常用的防火墙技术主要包括以下两种类型:一是代理防火墙;二是包过滤防火墙。代理防火墙也被称为代理服务器,它能够根据访问者对网络数据的需求向外部网络进行相应数据的索取,最后转给访问者。包过滤防火墙产品技术主要是依据网络中的分包传输技术,通过对数据包的读取与处理来判断数据包来自哪些站点,从而确定数据包中数据的安全性,一旦发现数据包存在安全隐患,包过滤防火墙技术就会自动拒绝数据包。

◆ 4.6　计算机网络

4.6.1　定义与类型

计算机网络是为了通信和共享资源而以各种方式连在一起的一组计算设备。按照网络的作用范围,计算机网络主要可分为局域网、城域网和广域网。

局域网(local area network,LAN):一般用微型计算机或工作站通过高速通信线路相连(速率通常在 10 Mb/s 以上),但地理上则局限在较小的范围(如 1 km 左右)。在局域网发展的初期,一个学校或工厂往往只拥有一个局域网,但现在局域网已非常广泛地使用,一个学校或企业大都拥有许多个互连的局域网(这样的网络常称为校园网或企业网)。

城域网(metropolitan area network,MAN):作用范围一般是一个城市,可跨越几个街区甚至整个城市,其作用距离为 5~50km。城域网可以为一个或几个单位所拥有,但也可以是一种公用设施,用来将多个局域网进行互连。目前,很多城域网采用的是以太网技术,因此城域网有时也常纳入局域网的范围进行讨论。

广域网(wide area network,WAN):作用范围通常为几十到几千千米,因而有时也称为远程网。广域网的主要任务是通过长距离(例如,跨越不同的国家)运送主机所发送的数据。连接广域网各结点交换机的链路一般都是高速链路,具有较大的通信容量。为人们熟悉和广泛使用的因特网就是目前世界范围内的最大的一个广域网。

此外还有个人区域网(personal area network,PAN)的提法。所谓个人区域网就是在个人工作的地方把属于个人使用的电子设备(如便携式计算机等)用无线技术连接起来的网络,因此也常称为无线个人区域网(wireless PAN,WPAN),其范围大约在 10m。

按计算机网络的使用者进行分类,可分为公用网和专用网。

公用网(public network):指电信公司(国有或私有)出资建造的大型网络。"公用"的意思就是所有愿意按电信公司的规定交纳费用的人都可以使用这种网络。因此,公用网也可称为公众网,如中国电信网络 CHINANET。

专用网(private network):这是某个部门、某个行业为各自的特殊业务工作需要而建造的网络。这种网络不对外人提供服务。例如,政府、军队、银行、铁路、电力、公安等系统均有本系统的专用网。

公用网和专用网都可以传送多种业务。如传送的是计算机数据,则分别是公用计算机网络和私有计算机网络。

4.6.2　网络拓扑与传输介质

通俗来讲,网络拓扑是指网络的物理布置方式。两个或多个设备连接形成一个链路,一个或多个链路形成拓扑。网络的拓扑是所有链路和设备(通常称为节点)关系的几何表示。4 种基本结构是:网状、星状、总线和环状,如图 4-62 所示。

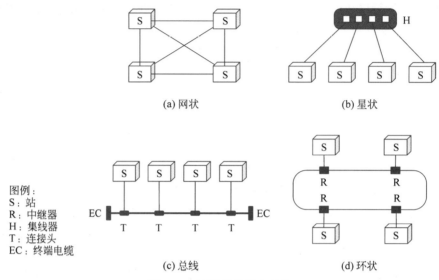

(a) 网状　　　　　　　　　(b) 星状

图例:
S:站
R:中继器
H:集线器
T:连接头
EC:终端电缆

(c) 总线　　　　　　　　　(d) 环状

图 4-62　网络拓扑基本结构

在网状拓扑中,每个设备都有专用的点对点链路与其他每个设备相连。在星状拓扑中,每个设备都有专用的点对点链路与通常称为集线器的中央控制器相连。总线拓扑使用同一电缆(传输介质)连接所有节点设备,一根长电缆(称之为总线)起着骨干的作用,把网络中所有的设备连接在一起,节点使用分支线和连接头(连接器)与总线相连。在环状拓扑中,传输介质连接一个节点到另一个节点,直到将所有的节点连成环状,数据在环路中沿着一个方向在各个节点间传输,使信息从一个节点传送到另一个节点,环中的每个节点设备连接一个中继器。当一个设备收到信息需要送到另一个设备时,中继器会将信息重新生成二进制流并传输出去。

网状拓扑安装复杂、造价高、不经济,只有每个站点都要频繁发送信息时才会采用这种结构。但该结构系统可靠性高,容错能力强,一个连接故障不会影响其他连接传输信息。

星状拓扑比网状拓扑便宜,而且具有网状拓扑的大多数优点。星状拓扑的主要缺点就是整个拓扑依赖单个点(即集线器)。如果集线器停机,那么整个网络就不工作了。但是低廉的费用、易安装性和可伸缩性使星状拓扑成为当前高速局域网中的常用拓扑。

环状拓扑相对容易安装和重构,还简化了故障隔离。显然,这种结构消除了星状结构通信时对中心系统的依赖性。但是,系统可靠性低,当一个节点不可用时,会使整个网络不可用。虽然这个问题可以通过使用双环和能隔离断裂的开关来解决,但是该结构可维护性差,对故障节点定位困难。当年 IBM 公司引入局域网令牌环协议时,环状拓扑曾经占据局域网络的主导地位。

总线拓扑安装简单,无中心控制点,所有节点设备地位平等,具有费用低、节点设备入网灵活等优点。但是,总线电缆的故障或断裂将终止所有的传输,即使是问题区域同一边的两个设备间也不能传输。总线结构需要确保节点设备发送数据时不出现冲突,一次仅能一个设备发送数据,其他设备必须等待,直到获得发送权。

除了上述 4 种基本结构,网络拓扑还有树拓扑、分布式拓扑、蜂窝拓扑、混合拓扑等。下面以因特网为例,介绍计算机网络拓扑的一个实例。

因特网(**Internet**)是一个互联了遍及全世界的数以亿计的计算设备的广域网络。早期的计算设备多数是传统的桌面 PC、Linux 工作站以及一些数据存储服务器。如今,越来越多的非传统端系统,如智能手机、平板计算机、电视、游戏机、汽车、家用电器等,与因特网相连。因特网统称这些设备为主机(host)或端系统(end system)。

采用网状拓扑连接这些端系统,存在实现困难且耗资巨大的问题。于是,人们想到了另一种方法,借鉴电话网络的组网方式,如图 4-63 所示,采用电路交换(circuit switching)或类似的方法来连接所有的端系统。

图 4-63　电话网络连接方式

因特网的物理结构由多样的端系统、交换机(路由器)和链路组成。其中,因特网中所有的端系统和端系统直接连接的交换机被划分为网络边缘,这部分是用户直接使用的,用来进行通信(传送数据、音频、视频等)和资源共享。而交换机和链路组成的网络称为网络核心,也称主干网(backbones),用来提供连通性和交换数据。主干网通常由 AT&T、Verizon、British Telecom 和 IBM 这样的大公司以及政府或学院支持的资源提供。这样,物理拓扑结构庞大且复杂的因特网就按其工作方式被划分为了两大块,如图 4-64 所示。

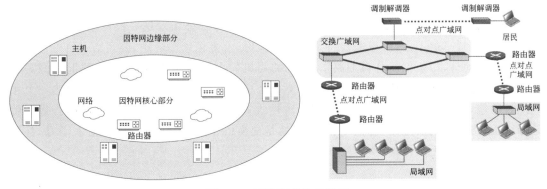

图 4-64　因特网结构示意图

有了网络边缘和网络核心的概念,需要考虑的是如何连接边缘设备与核心网络,即接入网。在如今的计算机网络环境中,家庭设备接入因特网的方式主要有 3 种:数字用户线(digital subscriber line,DSL)、电缆和光纤到户。

首先,我们来了解一下什么是 **DSL** 接入方式。DSL 接入就是住户从提供本地电话接入的电话公司处获得 DSL 因特网接入。使用 DSL 时,用户的本地电话公司就是它的互联网服务提供商(internet service provider,ISP)。用户使用原本的电话线来传输数据,而电话线传输的是模拟信号,互联网传输的是数字信号(二进制码),所以数据传输过程需要经过两次转换。其中需要用到专门的转换器——调制解调器(modem,俗称"猫")。家庭用的调制解调器收到端系统的数字数据后将其转换为高音频,通过电话线传输给本地中心局的数字用户线接入复用器(DSLAM),在DSLAM处被变换回数字形式,再将数据传入网络核心部分,经某个通信路径到达目的端系统。反过来,外部端系统要向用户发送数据,数据在传输到DSL端时被转换为模拟信号,经电话线传给用户家庭中的调制解调器,调制解调器再将信号转为数字数据传输给用户的端系统。

电缆接入方式同DSL接入方式类似,利用有线电视公司现有的有线电视基础设施,使用电缆传输数据,也同样需要特殊的调制解调器来转换信号。DSL和电缆接入方式通常都是不对称的,即上行速率和下行速率不同,下行速率高于上行速率。DSL标准定义了12Mb/s的下行和1.8Mb/s的上行速率及24Mb/s的下行和2.5Mb/s的上行速率。

光纤到户(fiber to the home)是一种更高速率的接入方式。概念很简单,从本地中心局直接到家庭提供一条光纤路径。最简单的光纤分布网络称为直接光纤,从本地中心局到每户设置一根光纤。更为一般的是从中心局出来的每根光纤实际上由许多家庭共享,直到相对接近这些家庭的位置,该光纤才分成每户一根光纤。

下面我们再来了解网络的核心工作方式。网络核心是由交换机和链路构成的网状网络,它的职责就是保持联通和传输数据。通过网络链路和交换机传输数据有两种基本方法:电路交换和分组交换。首先我们来了解一下什么是分组交换。

在说明分组交换之前,我们需要了解一个概念,什么叫分组。在各种网络应用中,端系统彼此交换报文(message)。报文可以理解为端系统一次发送的全部数据,如一封电子邮件、一首歌曲、一张图片等。端系统每次要发送的数据大小是不同的,所以报文也是有大有小。端系统将一个长报文划分成较小的数据块,即称之为分组(packet)。然后,将这些分组通过网络传输给目的端系统,如图4-65所示。端系统之间通过分组交换的方式传输数据的过程就像一个公司向另一个公司发货一样。A公司要向B公司发送一批货物,但这批货物量很大,一辆货车运不走,所以需要将货物分成多份,由多辆货车运送,公司给了每个货车司机目的地的地址,司机们就各自上路了,不同的司机们由于时间延迟、遇到的路况不同等原因,他们可能不会同时到达目的地,也可能不会走相同的路径,但最终他们都会到达一个相同的目的地,在目的地聚合,再由B公司一次性收货。这就是分组交换的传输方式,货车就是分组,道路就是网络链路,加油站、收费站就是交换机。这个过程中也可能会有阻塞,甚至是丢包(就像货物丢失)。

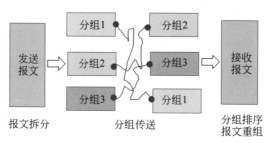

图4-65　分组交换示意图

了解了分组交换之后,我们再来看看什么是电路交换。在电路交换网络中,在端系统通信会话期间,预留了端系统间通信沿路径所需要的资源(缓存、链路传输速率)。在分组交换中,这些资源是不会预留的(货车不会在走之前通知各个路段"我需要走这条路,给我留出通路来",只能看运气,遇到了堵车就只能等待)。在电路交换网络中,在发送方能够发送消息之前,该网络必须在发送方和接收方之间建立一条连接,一条名副其实的连接,在连接期间该网络链路上预留了恒定的传输速率,发送方能以确保的恒定速率向接收方传送数据。

这两种方式各有其优劣。分组交换提供了更好的带宽共享,比电路交换更简单有效,成本也更低,但因为它的端到端的延迟是可变的和不可预测的,所以电话和视频会议一类的实时服务存在延迟风险。

传输介质是网络中发送方与接收方之间的物理通路。常用的传输介质分为**有线传输介质**和**无线传输介质**两大类。不同的传输介质,其特性也各不相同,它们不同的特性对网络中数据通信质量和通信速度有较大影响。

有线传输介质主要有双绞线、同轴电缆和光纤。双绞线和同轴电缆传输电信号,光纤传输光信号。无线传输介质指利用电磁波在自由空间传播信息,实现多种无线通信。在自由空间传输的电磁波根据频谱可将其分为无线电波、微波、红外线、激光等,信息被加载在电磁波上进行传输。

双绞线是最便宜并且使用最为普遍的有线传输介质。电话网一百多年来一直采用双绞线,从电话机到本地电话交换机超过 99% 的连线使用的是双绞铜线,大多数人在自己的家庭或工作环境中一定见过双绞线。双绞线由两根隔离的铜线组成,以规则的螺旋形式排列着,如图 4-66(a)所示。这两根线被绞合起来,以减少来自邻近类似的双绞线的电气干扰。通常许多双绞线捆扎在一起形成一根电缆,并在这些双绞线外面覆盖上保护性防护层。一对电线对应一个通信链路。局域网中常采用无屏蔽双绞线(unshielded twisted pair,UTP)。目前局域网中的双绞线的数据速率从 10Mb/s 到 10Gb/s 所能达到的数据传输速率取决于线的粗细以及发送方和接收方之间的距离。

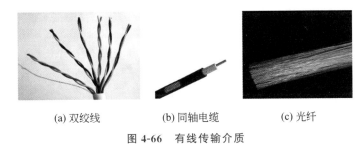

(a) 双绞线　　　　(b) 同轴电缆　　　　(c) 光纤

图 4-66　有线传输介质

20 世纪 80 年代出现光纤技术时,许多人以为光纤技术将完全代替双绞线。但是,现代的双绞线技术,如 6a 类电缆,能够达到 10Gb/s 的数据传输速率,距离长达 100m。双绞线仍然是高速局域网的主要传输介质。

同轴电缆与双绞线类似,以硬铜线为芯,即导体,外包一层绝缘材料,绝缘材料再用密织的网状导体环绕构成屏蔽,其外又覆盖一层保护性材料(护套),如图 4-66(b)所示。同轴电缆的这种结构使它具有更高的带宽和极好的噪声抑制特性。1km 的同轴电缆可以达到 1G～2Gb/s 的数据传输速率。

光纤由纯石英玻璃制成,细而柔软,能传输光脉冲,如图 4-66(c)所示。纤芯外面包围着一层折射率比纤芯低的包层,包层外是一塑料护套。光纤通常被扎成束,外面有外壳保护。光纤的传输速率可达 100Gb/s。光纤传输不受电磁干扰,长达 100km 的光缆信号衰减极低,并且很难窃听。这些特征使得光纤成为长距离传输介质,特别是跨海链路的首选。光纤设备成本高,如发射器、接收器和交换机,阻碍光纤应用于短距离传输。

4.6.3 网络性能指标

性能指标用于从不同的方面来度量计算机网络的性能,下面介绍常用的 6 个性能指标。

1. 速率

网络速率指的是连接在计算机网络上的主机在数字信道上传送数据的速率,也称为数据率(data rate)或比特率(bit rate),是网络的额定速率。速率的单位是 b/s(比特/秒),有时也写为 bps,即 bits per second。现在人们常提到的 100M 以太网,是省略了单位中的 b/s,它的意思是速率为 100Mb/s 的以太网。

2. 带宽

带宽用来表示网络的通信线路传送数据的能力,即在单位时间内从网络中的某一点到另一点所能通过的"最高数据率"。带宽的单位仍然是"比特/秒",记为 b/s。在这种单位的前面也常常加上 $k(10^3)$、$M(10^6)$、$G(10^9)$ 或 $T(10^{12})$ 这样的倍数。一条通信链路的"带宽"越宽,其所能传输的"最高数据率"也越高。

3. 吞吐量

吞吐量(throughput)表示在单位时间内能通过某个网络(或信道、接口)的数据量,也定义为在某个时刻网络中的两个节点之间,提供给网络应用的剩余带宽,即某一时刻有多少数据量能够通过网络。吞吐量受网络的带宽或网络额定速率的限制。例如,对于一个 100Mb/s 的以太网,其额定速率是 100 Mb/s,那么这个数值也是该以太网吞吐量的绝对上限值。因此,对于 100 Mb/s 的以太网,其典型的吞吐量可能只有 70 Mb/s。

4. 时延

时延(delay 或 latency)是指数据(一个报文或分组,甚至比特)从网络或链路的一端传送到另一端所需的时间。时延是个很重要的性能指标,它有时也称为延迟。网络中的时延是发送时延、传播时延、处理时延和排队时延之和。

(1) **发送时延**(transmission delay)是主机或路由器发送数据帧所需要的时间,从发送数据帧的第一个比特算起,到该帧的最后一个比特发送完毕所需的时间,因此发送时延也叫作"传输时延"。发送时延的计算公式是

$$发送时延 = 数据帧长度 / 发送速率 \tag{4-1}$$

(2) **传播时延**(propagation delay)是电磁波在信道中传播一定的距离需要花费的时间。传播时延的计算公式是

$$传播时延 = 信道长度 / 电磁波在信道上的传播速率 \tag{4-2}$$

(3) **处理时延**是主机或路由器在收到分组时要花费一定的时间进行处理,例如,分析分组的首部,从分组中提取数据部分,进行差错检验或查找适当的路由,等等,这就产生了处理时延。

（4）排队时延是分组在进入路由器后要先在输入队列中排队等待处理,在路由器确定了转发接口后,还要在输出队列中排队等待转发,这就产生了排队时延。排队时延的长短往往取决于网络当时的通信量,当网络的通信量很大时会发生队列溢出,使分组丢失,此时的排队时延为无穷大。

5. 往返时间

在计算机网络中,往返时间(round-trip time,RTT)表示从发送方发送数据开始,到发送方收到来自接收方的确认(假定接收方收到数据后便立即发送确认),总共经历的时间。在互联网中,往返时间还包括各中间结点的处理时延、排队时延以及转发数据时的发送时延。显然,往返时间与所发送的分组长度有关。发送很长的数据块的往返时间,正常情况下比发送很短的数据块的往返时间要多些。

6. 利用率

利用率分为信道利用率和网络利用率两种。信道利用率表示某信道有百分之几的时间是被利用的,即有数据通过。完全空闲的信道的利用率是 0。网络利用率则是全网络的信道利用率的加权平均值。信道利用率并非越高越好,因为,根据排队论的理论,当某信道的利用率增大时,该信道引起的时延也会迅速增加。例如,当高速公路上的车流量很大时,由于在公路上的某些地方会出现堵塞,因此行车所需的时间就会增长。网络也有类似的情况,当网络的利用率很小时,网络产生的时延并不大;但在网络通信量不断增大的情况下,由于分组在网络结点(路由器或结点交换机)进行处理时需要排队等候,因此网络引起的时延就会增大。

除了上述的计算机网络的性能指标,还有一些非性能指标也很重要。包括费用、质量、标准化、可靠性、可扩展性和可升级性及是否易于管理和维护等。

4.6.4　网络协议

在理解计算机网络拓扑和传输介质相关知识的基础上,接着了解计算机网络中另一重要的术语:协议。什么是协议?协议是用来干什么的?

其实,人类活动中也存在各种各样的协议。例如,当你在路上向陌生人询问时间时,你会先向对方打个招呼,“你好”。对方会回应你一个“你好”。这样你们就建立了一个沟通的连接,下一步,你才会询问,“请问现在几点了”,对方会回复“现在 XX 点了”或“我不知道”。至此,你们完成了一次有效的沟通。当然,如果你对对方说“你好”,而对方回复你“不要烦我”或“我听不懂你在说什么”时,你也可以做出相应的处理,放弃询问。这就是人类活动中存在的协议,我们会对别人传达信息,也会根据别人回复的信息进行相应的处理。

网络协议类似于人类协议,是计算机网络中进行**数据交换**而建立的规则、标准或约定的集合。交换信息和采取动作的实体是具有网络能力的设备硬件或软件组件,如计算机、智能手机、平板计算机、路由器等。在计算机网络中,凡是涉及两个或多个远程通信实体的所有活动都受到协议的制约。

以读者熟悉的一个网络应用为例,描述当你向一个 Web 服务器发出请求数据交换的过程(即你在 Web 浏览器中输入 Web 网页的 URL)。首先,你的计算机向该 Web 服务器发送一条连接请求报文,该 Web 服务器在接收到连接请求报文后,返回一条连接响应报文;得知请求该 Web 文档正常以后,计算机则在一条 GET 报文中发送要从这台 Web 服务器上取回的网页名字;最后,Web 服务器向计算机返回该 Web 网页(文件)。

从上述的人类活动和网络应用例子中可见,报文的交换以及发送和接收这些报文时所采取的动作是定义一个协议的关键元素。

一个协议定义了在两个或多个通信实体之间交换的报文格式和次序,以及报文发送和/或接收一条报文或其他事件所采取的动作。

计算机网络广泛地使用了协议。不同的协议用于完成不同的通信任务。网络协议主要由以下 3 个要素组成。

(1) 语法,数据与控制信息的结构或格式。

(2) 语义,需要发出何种控制信息,完成何种动作以及做出何种响应。

(3) 同步,即事件实现顺序的详细说明,也称作时序。

协议表示通常有两种形式:一种是使用便于阅读和理解的文字描述;另一种是使用让计算机能够理解的程序代码,即是协议的实现。两种不同形式的协议都必须能够对网络上信息交换过程做出精确的解释。

计算机网络中的通信活动是多样化的,因而用到的协议也是多种多样的,如 HTTP(超文本传输协议)、FTP(文件传输协议)、SMTP(简单邮件传输协议)、TCP/IP(传输控制协议/互联网协议)、UDP(用户数据报协议)等。我们需要了解的是,这些协议并不管理数据从发送方到接收方的整个通信过程,它们往往只负责传输过程的一部分,而由多个协议协同工作,共同作用来完成数据的一次传输。这就是计算机软件设计中常用的模块化思想,体现为协议的分层。

为了使不同计算机厂家生产的计算机能够相互通信,以便在更大的范围内建立计算机网络,国际标准化组织(ISO)在 1978 年提出了"开放系统互连/参考模型",即著名的 ISO-

序号	分层
7	应用层
6	表示层
5	会话层
4	传输层
3	网络层
2	数据链路层
1	物理层

图 4-67　OSI-ISO/RM

OSI/RM 模型(open system interconnection/reference model),如图 4-67 所示。它将计算机网络体系结构的通信协议划分为 7 层,自下而上依次为物理层(physics layer)、数据链路层(data link layer)、网络层(network layer)、传输层(transport layer)、会话层(session layer)、表示层(presentation layer)、应用层(application layer)。其中,第 4 层完成数据传送服务,上面三层面向用户。对于每一层,至少制定两项标准:服务定义和协议规范。前者给出了该层所提供服务的准确定义,后者详细描述了该协议的动作和各种有关规程,以保证服务的提供。

另一个广泛使用的网络通信模型 TCP/IP,合并 ISO-OSI/RM 模型的上面三层,分为 5 层,从上至下分别是:应用层、传输层、网络层、链路层、物理层,如图 4-68 所示。图 4-69 列出了 TCP/IP 应用层、传输层、网络层常用的部分协议的名称。下面对 TCP/IP 的各层进行简要介绍。

应用层
传输层
网络层
链路层
物理层

图 4-68　TCP/IP 分层结构图

应用层:应用层包括网络应用程序及这些应用所采用的协议。应用层包括许多协议,例如,HTTP(支持 Web 文档的请

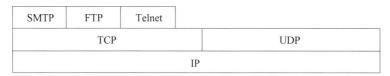

图 4-69 TCP/IP 协议簇分层示意图

求和传送)、SMTP(支持电子邮件报文的传输)和 FTP(支持两个端系统之间的文件传送)、Telnet(支持远程登录服务)、DNS 域名系统(将端系统名字转换为 32 比特网络 IP 地址的功能)。

传输层:传输层负责在应用程序端点之间传送应用层报文。此层有两个传输协议,即 TCP 和 UDP,利用其中的任一个都能传输应用层报文。TCP 向应用程序提供了面向连接的服务,这种服务包括了应用层报文向目的地的确定传递和流量控制(即发送方/接收方速率匹配)。TCP 将长报文划分为短报文,并提供拥塞控制机制,当网络拥塞时,在发送端抑制其传输速率。UDP 向应用程序提供无连接服务,不提供流量控制和拥塞控制,没有可靠性。应用层的报文在传输层分组后称为报文段。

网络层:网络层传送的数据分组称为数据报(datagram),网络层协议将数据报从一台主机传送到另一台主机。传输层向网络层递交传输层报文段和目的地址,就如同人类通过邮政服务寄信件时提供一个目的地址一样。网络层有著名的 IP,该协议定义了在数据报中的各个字段以及端系统和路由器如何作用于这些字段。此层仅有一个 IP,所有具有网络层的因特网组件必须运行 IP。因特网的网络层还包括路由选择协议,它确定数据报从源到目的端的路径,因特网提供各种路由选择协议。

链路层:链路层的数据分组被称为帧。为了将数据报从一个结点(主机或路由器)移动到路径上的下一个结点,网络层必须依靠链路层提供的服务。特别是在每个节点,网络层将数据报下传给链路层,链路层沿着路径将数据报传递给下一个节点。在接收节点,链路层将数据帧上传给网络层。由链路层提供的服务取决于应用于该链路的特定链路层协议。例如,某些协议基于链路提供可靠传递,从发送节点跨越一条链路到接收结点。链路层协议的例子包括以太网、Wi-Fi 和电缆接入网的 DOCSIS 协议。因为数据报从源到目的地传送通常需要经过几条链路,一个数据报可能被沿途不同链路上的不同链路层协议处理。例如,一个数据报可能被一段链路上的以太网和下一段链路上的 PPP 所处理。网络层接收来自每个不同的链路层协议的不同服务。

物理层:物理层的任务是将链路层下传的数据帧中的信息一个一个比特地传输到下一个节点。物理层中的协议是链路相关的,并且进一步与该链路的实际传输介质(如双绞铜线、单模光纤)相关。以太网具有许多物理层协议:关于双绞线的物理层协议、关于同轴电缆的物理层协议、关于光纤的物理层协议等。在每种场合中,跨越这些链路传输一比特信息是以不同的方式进行的。

4.6.5 因特网应用

1. 万维网

万维网(world wide web,WWW)并非是某种特殊的计算机网络,而是一个由许多互相链接的超文本组成的系统,用户通过互联网访问存储在不同站点上的文档,如图 4-70 所示。可以把万维网理解为一个连接分布在世界各地信息的知识库,且提供分布式服务。万维网使用内嵌在文档中的链接地址能非常方便地从因特网上的一个站点跳转到另一个站点,从而主动地按需获取丰富的信息。

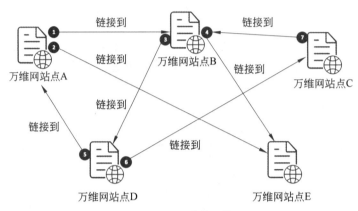

图 4-70　互联的文档

万维网的实现是基于超文本的概念。超文本(hypertext)最初指的是包含指向其他文档的链接的文本文档,而这种链接称为超链接(hyperlink)。今天,超文本已经扩展到了包含图像、音频以及视频。图 4-70 画出了 5 个万维网上的站点,它们可以相隔数千千米,但都连接在因特网上。每一个万维网站点都存放了许多文档。在这些文档中包含超链接,可以链接到位于其他站点的文档。例如,一个超文本文档有语句"这个管弦乐队对 Maurice Ravel 的'Bolero'的演奏精彩极了",名字 Maurice Ravel 与另外一个文档链接,用户可以通过用鼠标点击名字 Maurice Ravel 查看它所链接的文档相关信息,甚至还能收听到该音乐会的录音。通过这种方式,用户可以查阅相关的文档或者跟随思维顺序,一个文档一个文档地查看。各个文档的许多部分都与其他文档相链接,于是就形成了一个相关信息的相互"缠绕"的网状组织。

1984 年,蒂姆・伯纳斯-李(Tim Berners-Lee)进入位于瑞士日内瓦、由著名欧洲原子核研究组织(CERN)建立的欧洲粒子物理实验室工作。年轻的蒂姆接受了一项极富挑战性的工作:为了使欧洲各国的核物理学家能通过计算机网络及时沟通传递信息进行合作研究,开发一个软件,以便使分布在各国各地物理实验室、研究所的最新信息、数据、图像资料可供大家共享。软件开发虽然不是蒂姆的本行,但强有力的诱惑促使他勇敢地接受了这个任务。1989 年,蒂姆向 CERN 建议采用超文本技术把 CERN 内部的各个实验室连接起来,在系统建成后,可以扩展到全世界。蒂姆得到了一笔经费,购买了一台 NEXT 计算机率领助手开发实验系统。四年后(1993 年),伊利诺伊大学 Marc Andreessen 创建了第一个图形浏览器——Mosaic,1994 年开发了 Netscape(网景),顿时风靡全世界。万维网的诞生给全球信息的交流和传播带来了革命性的变化,一举打开了人们获取信息的方便之门。另一个广泛使用的浏览器是微软公司的 Explorer 浏览器。可以这样说:因特网使通信成为可能,而万维网使通信变得轻松、更丰富、更有趣。

万维网主要由三部分构成:浏览器、Web 服务器、超文本传输协议(HTTP),如图 4-71

所示。浏览器用于显示在万维网或局域网等内的文字、图像及其他信息,大多数网页为超文本标记语言(hypertext markup language,HTML)格式。Web 服务器的主要功能是提供网上信息浏览服务,可以向发出请求的浏览器提供文档。超文本传输协议(hypertext transfer protocol,HTTP)是用于从万维网服务器传输超文本到本地浏览器的传输协议。它可以使浏览器更加高效,使网络传输减少。它不仅保证计算机正确快速地传输超文本文档,还确定传输文档中的哪一部分,以及哪部分内容首先显示(如文本显示先于图形)等。关于 HTTP 协议的详细内容可参考 RFC2616。

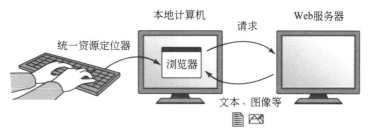

图 4-71　万维网的构成

万维网上的一个超文本文档即是一个网页,网页的制作遵循 HTML 规范,通过标记符号来标记要显示的网页中的各个部分。网页本质上是一种文本文件,通过在文本文件中添加标记符,通知浏览器如何显示其中的内容。例如,文字的大小和颜色,图片如何显示,等等。浏览器按顺序阅读网页文件,然后根据标记符号解释和显示其标记的内容,对书写出错的标记既不会指出其错误,也不停止其解释执行过程,网页制作者只能通过显示效果来分析出错原因和出错位置。不同的浏览器,对同一标记符号可能会有不完全相同的解释,因而可能会有不同的显示效果。图 4-72 展示了网页与超文本标记语言编写的文本内容的对应关系。

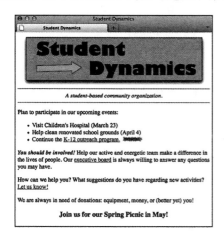

```
<HTML>
    <HEAD>
        <TITLE>Student Dynamics</TITLE>
    </HEAD>
    <BODY>
        <CENTER><IMG SRC="stuDynamics.gif"></CENTER>
        <HR>
        <CENTER><I>A student-based community organization.</I></CENTER>
        <HR>
        <P>Plan to participate in our upcoming events:</P>
        <UL>
            <LI>Visit Children's Hospital (March 23)</LI>
            <LI>Help clean renovated school grounds (April 4)</LI>
            <LI>Continue the <a href="outreach.html">K-12 outreach
                program.</a> <IMG SRC="updated.gif"></LI>
        </UL>
        <P><B><I>You should be involved!</B></I> Help our active and
            energetic team make a difference in the lives of people. Our
            <a href="execBoard.html">executive board</a> is always willing
            to answer any questions you may have.</P>
        <P>How can we help you? What suggestions do you have regarding
            new activities? <a href="suggestions.html">Let us know!</a></P>
        <P>We are always in need of donations: equipment, money, or
            (better yet) you!</P>
        <CENTER><H3>Join us for our Spring Picnic in May!</H3></CENTER>
    </BODY>
</HTML>
```

(a) 网页　　　　　　　　　　　　　　(b) 超文本内容

图 4-72　网页与超文本标记语言编写的文本内容的对应关系

万维网实现的另一关键点就是 URL——统一资源定位符。为了在万维网上定位及检索文档,每个文档都被赋予了唯一的一个地址,称为统一资源定位符(uniform resource locator,URL)。每个 URL 都包含浏览器要连接到正确的服务器以及请求希望的文档所需要的信息。因此，为了浏览网页，人们要首先提供给浏览器所需要文档的 URL，然后要求该浏览器检索和显示这个文档。

图 4-73 给出了一个典型的 URL 定义，它包含以下 4 段：与控制文档存取的服务器进行通信的协议，服务器所在的机器的助记地址，目录路径（供服务器找到存放该文档的目录）及该文档的名字。简言之，图 4-73 中的 URL 告知浏览器：使用 HTTP 与称为 ssenterprise.aw.com 的计算机上的万维网服务器连接，并检索名为 Julius_Caesar.html 的文档，该文档存放在 authors 目录内的子目录 Shakespeare 中。

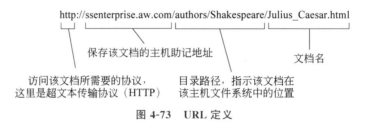

图 4-73　URL 定义

2. 电子邮件

电子邮件，互联网应用最广泛的服务之一，通过网络提供信息交换的通信方式。通过电子邮件系统，用户以非常低廉的价格，几秒内将信息发送到世界上任何指定的目的地，与世界上任何一个角落的网络用户联系。电子邮件的兴起使得传统邮政行业的信件投递业务急剧萎缩。

在万维网出现后仅过了几年，1995 年 12 月，Sabeer Bhatia 和 Jack Smith 拜访了因特网风险投资人 Draper Fisher Jurvetson，提出了研发一个免费的基于万维网的电子邮件系统的建议。其基本思想是为任何想要使用电子邮件系统的用户分配一个免费的电子邮件账户，并且使得这个账户可以在万维网上使用。通过用公司的 15% 份额作为交换，Draper Fisher Jurvetson 向 Bhatia 和 Smith 提供了资金，后者组建了一家公司，叫作 Hotmail。3 个全职员工和 14 个兼职人员在 1996 年 7 月开始提供电子邮件服务。很快，他们就拥有了 10 000 名用户。1997 年 12 月，在启动该服务不到 18 个月内，Hotmail 就拥有超过 1200 万用户，并且以 4 亿美元的价格被微软公司收购。

当今最为流行的电子邮件系统是谷歌公司的 Gmail，它提供了千兆字节的免费存储、先进的垃圾邮件过滤和病毒检测、电子邮件加密（使用 SSL）、对第三方电子邮件服务的邮件接纳和面向搜索的界面。

图 4-74 展示了电子邮件系统的体系结构，它由三个重要部分组成：用户代理程序、邮件服务器、简单邮件传输协议。一份电子邮件的传递过程如下：邮件发送者在自己的 PC 上使用用户代理程序将一份邮件发送出去；此时用户代理将邮件发送到发送者的邮件服务器，邮件服务器再将邮件发送到接收者的邮件服务器，接收者的邮件服务器存储邮件；当接收者打开自己 PC 上的用户代理程序，用户代理程序向接收者的邮件服务器提取邮件服务器中存储的邮件。这样，接收者就可以看到发送者发送给他的邮件。

简单邮件传输协议（simple mail transfer protocol，SMTP）是电子邮件系统中主要的应用层协议，它使用 TCP 可靠数据传输服务，用于从发送方的邮件服务器发送报文到接收方

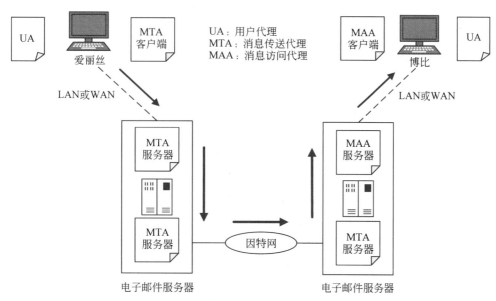

图 4-74　电子邮件系统的体系结构

的邮件服务器。SMTP 包含两部分：运行在发送方邮件服务器上的客户端和运行在接收邮件服务器上的服务器端。每台邮件服务器既运行 SMTP 的客户端也运行 SMTP 的服务器端。SMTP 一般不使用中间服务器发送邮件。如图 4-74 中,爱丽丝的邮件服务器在中国北京,而博比的服务器在美国圣路易斯,如果博比的邮件服务器没有开机,该报文会保留在爱丽丝的邮件服务器上并等待进行新的尝试,并不在中间的某个服务器上存留。

3. FTP 文件传输服务

文件传输协议(file transfer protocol,FTP)是一种有效的文件传输手段,它既是一种在因特网上传输文件的客户机/服务器协议,也是一种应用程序。基于不同的操作系统有不同的 FTP 应用程序。

使用 FTP 传输文件,因特网中一台计算机的用户需要使用 FTP 程序与另外一台计算机建立连接。发出传送请求的计算机相当于客户机,它请求连接的计算机相当于服务器,通常称为 FTP 服务器。一旦建立了这个连接,文件就可以在两台计算机之间进行双向传输。

FTP 已经成为因特网上提供受限数据访问的主流方式。FTP 服务器通过口令限制对该文件的访问权限,知道访问密码的用户可以通过 FTP 访问该文件,而其他人的访问就会被拒绝。FTP 支持匿名机制,例如,系统管理员建立了一个特殊的用户 ID,名为 anonymous,因特网上的任何人在任何地方都可使用该用户 ID,通过它连接到远程主机上,并从其下载文件,而无须成为服务器的注册用户。

◇ 思 考 题 4

1. 软件和程序有何不同?

2. 计算机软件分为哪些类型? 试列出各类型常用的软件名称。

3. 什么是机器语言、汇编语言和高级语言？三者之间是什么关系？

4. 高级程序语言有哪些编程模式？

5. 高级程序语言编写的程序如何转换为 CPU 能执行的机器指令？

6. 比较编译程序与解释程序的执行过程。

7. 什么是算法？算法具有哪些特征？

8. 如何描述算法？试用流程图方式描述 N 个数找最大(最小)数的算法。

9. 算法有哪些基本结构？

10. 算法设计有哪些方法？试设计一个从电话簿中查找一个指定人名的算法。

11 什么是数据结构？为什么算法设计和程序实现时需要考虑数据结构？

12. 抽象数据类型与数据结构之间是什么关系？常用的抽象数据类型有哪些？

13. 什么是操作系统？计算机系统为什么需要操作系统？

14. 计算机系统有哪些资源？

15. 操作系统主要包括哪些功能模块？

16. 操作系统的内存管理主要实现哪些功能？

17. 程序、作业和进程之间是什么关系？操作系统如何确定分配 CPU 给哪一个进程使用？

18. 操作系统用户界面风格主要有哪两种？

19. 列出主流操作系统的名称？

20. 什么是人工智能？什么是图灵测试？人工智能有哪些研究分支？

21. 什么是信息系统？试列出常用的信息系统软件。

22. 什么是计算机仿真技术？它的主要应用领域有哪些？

23. 什么是计算机安全？它主要包括哪些方面的安全？

24. 产生计算机安全问题可能是哪些诱因？有哪些防护方法？

25. 什么是计算机网络？主要有哪些类型？

26. 计算机网络中设备连接的基本结构有哪些？

27. 什么是因特网？因特网的物理结构是如何构成的？

28. 计算机网络采用哪些传输介质？

29. 如何衡量计算机网络的性能？

30. 什么是网络协议？试列出一些常用的计算机网络协议。

31. 什么是万维网？万维网由哪三部分构成？

32. 试列出因特网的一些常见应用。

第2篇

数字媒体技术概论

本书第二部分介绍数字媒体技术的相关概念与术语，从传播学起源开始，到虚拟现实系统，依次回答初学者心中对数字媒体技术的种种疑问：什么是媒体？什么是数字媒体？报纸和杂志是数字媒体吗？数字媒体技术与计算机科学有何关系？人们日常生活中在QQ音乐中听到的乐曲是如何制作出来的？美颜软件由哪一种数字媒体技术支撑？好莱坞的动画电影与计算机图形学之间是何关系？如今火遍全球的概念"元宇宙"与数字媒体技术有关系吗？本篇从数字媒体的概念开始，对支撑数字媒体行业的各项计算机技术依次简要阐述。

数字媒体概述

◆ 5.1 人类传播学发展史

传播学是一门研究人类传播行为的社会学科。关于传播的严格定义,目前并没有统一的说法。美国学者弗兰克·丹斯(Frank E. X. Dance)曾对此做过统计,结果共发现了 126 种关于传播的定义。传播学研究先驱查尔斯·霍顿·库利(Charles Horton Cooley)将传播描述为"人与人关系赖以成立和发展的机制"。被称为"传播学之父"的威尔伯·施拉姆(Wilbur Schramm)则认为,传播的行为就是人们"试图与其他人共享信息"的过程。此外,从符号角度讨论传播学的观念也很流行,例如,传播符号学就认为符号与传播相互依存,符号和媒介是传播的载体,而传播的过程使得符号本身具备实际意义。这样的观点以符号为纽带,将观念和意识的表达与扩散和传播学联系在一起。

5.1.1 传播学的起源

传播学就是研究传播行为的产生与发展以及社会信息系统运营规律的科学。信息传递的行为自古以来从未停止,可以说人类文明的诞生和进步与其息息相关,而在这过程中,关于传播的研究也在不断取得进展。然而,传播学作为一门正式学科,则是在 20 世纪上半叶才在美国逐渐成型。

传播学的起源有其特殊的时代背景。首先,在技术方面,信息传递技术的突破式发展为其奠定了基础。在更早的年代,信息的主要传递方式是以书籍、报刊等形式进行文字传播,且印刷技术相对落后,传播效率较低。经过工业革命,以美国为首的西方国家在制造、交通、邮政行业获得大幅发展,使得书刊、报纸的发行量暴增;同时,20 世纪 20 年代广播的出现提供了信息传播的全新渠道,极大地提高了信息传递的时效性。在此之后,电视也逐渐走入人们的生活,使得传播的内容更加立体和丰富多彩。可见,工业革命带来的一系列科技突破为传播学的产生提供了必不可少的物质条件。

除了科技因素,当时西方的政治社会环境在客观上也促进了传播学的诞生。时值第二次世界大战,欧洲的诸多科学家和学者都逃至美国避难,推动了美国的社会科学发展;而紧张的战争环境,也迫使政府对传媒和舆论给予了更多重视。与此同时,与传播学紧密相关的许多科学也得以充分发展,如香农的信息论、维纳的控制论、达尔文的进化论思想、马克思的历史唯物主义及弗洛伊德的精神分析理论等。这些客观因素都为传播学的萌发提供了重要的土壤。

20 世纪 20 年代以后,有 4 位学者为传播学的建立做出了重大贡献,被称为传播学的四位奠基人。其中,哈罗德·拉斯韦尔(Harold Lasswell)总结了传播学的 3 项功能:监视社会环境、协调社会关系、传承社会遗产。同时他还提出了著名的"5W 问题":"谁? 说了什么? 通过什么渠道? 对谁说? 有什么效果?"从而总结出控制分析、内容分析、媒介分析、受众分析和效果分析 5 个传播学的主要研究课题。虽然这样的总结在如今看来略显粗糙,还有可以补充完善之处,但是在当时的学术环境中足以产生深远的影响。

库尔特·卢因(Kurt Lewin)是著名的心理学家,在群体心理和社会心理学等领域有巨大的成就。他在传播学的最重要贡献是"把关人"概念。他指出,信息流动的渠道总是含有"门限"的,在门限处,根据"把关人"的意向,会对商品是否被允许进入渠道做出判决。把关人可以指某一类人,也可以指某一组织。这一理论强调了传播者本身对信息传递过程的影响,为传播学的研究提供了重要的新思路。

同为心理学家的卡尔·霍夫兰(Carl Hovland),将实验心理学与传播学领域结合,并进行了大量实验,对传播学在劝服与态度方面的作用进行了深入研究。他富有现实意义的实验方法为后世的传播学研究树立了标杆,同时他的研究结果也推翻了在当时盛极一时的"子弹论"。在此之前,很多观点认为,大众传播对受众的影响巨大且不可抵抗,就像子弹打进靶子,针管将药剂注射进皮肤。而霍夫兰等人的实验结果显示,信息传播对于受众的影响力并非无所不能,需要满足一定的条件,才可以发挥足够的说服力。

社会学家保罗·拉扎斯菲尔德(Paul F. Lazarsfeld)也对传播学的奠基和发展做出了巨

大贡献。他十分重视量化分析在社会调查中的运用,讲究严谨的调查程序和严格的统计方法,在研究方法的创立和改进方面有诸多成果。他所倡导的方法和理论很大程度上将传播学的研究推向经验主义,同时他所提出的"二级传播"理论,也为后世的传播学研究提供了新思路。他认为,大众传播需要通过"意见领袖"的引导才会产生影响力。这一理论也印证了霍夫兰的研究成果。

在以上四位奠基人之后,威尔伯·施拉姆(见图 5-1)正式开创了传播学这一学科。他是公认的传播学集大成者,被誉为传播学之父。他在伊利诺伊大学创立了第一个传播学研究机构,设置相应的课程和学位。他也是第一个获得传播学教

图 5-1 威尔伯·施拉姆

授头衔的人。他所主持编写的《大众传播学》长期以来被视为传播学的权威性教科书。

5.1.2 传播学的主流学派

传播学在美国生根发芽后,很快在世界各地得以流传发展,并衍生出不同的学派。事实上,传播学的各学派之间并没有十分明确的划分,但是按照其起源、主流特征,有两个比较泾渭分明的经典学派:经验主义和批判主义。随着学科的高度发展,很多学者认可了第三大主流学派,即媒介技术主义。

经验主义学派,主要是以美国学者为代表的传统学派,拉斯韦尔、霍夫兰、拉扎斯菲尔德、施拉姆等都是其代表人。他们具有多元主义的社会观,即认为社会是一个相互竞争的多

元利益体的集合。所以,经验主义并不研究如何利用传播学改变社会制度,而是要运用传播机制来维护当前社会的稳定和利益,因此又被称为管理学派、行政学派或社会功能学派。经验性方法论受行为主义影响,注重传播效果的改进,主要采用定量分析和实际调查的研究形式。由于其良好的实用性和功能性,经验主义在早期的传播学发展中占据主流地位,并深刻地影响了美国的诸多社会科学。但是,其对社会现象的"纯客观"态度,以及过分推崇定量和实证的风格和过于务实的研究倾向,也使得它受到了其他学说,尤其是批判主义学派的批评。

批判主义学派,兴起于 20 世纪 60 年代的西欧。它并不是由具备一个明确的统一观念和清晰的人群组成,但他们的观点在很大程度上都与美国传统的经验主义学派相对立。例如,在社会观上,他们认为现行的资本主义政治制度及形态不合理,大众传媒只是上层资产阶级进行意识垄断的工具,因此制度本身需要进行改革。在研究倾向上,经验主义学派主要关注词义、文本等表层内容。而批判主义则认为,在符号和媒介的背后还隐藏着深刻的结构和思想,蕴含有某些政治、经济或文化上的"权利"。研究传播学,就要探讨并揭示这些隐藏内容。换言之,经验主义重视微观研究,而批判主义更强调宏观的探索。批判主义是个松散的学派,它有几个最具代表性的分支:继承了德国传统思辨哲学的法兰克福学派;重点关注政治制度和意识形态的政治经济学派;以采用文本分析、自上而下进行研究的伯明翰学派;等等。他们从不同角度出发,修正了美国传统传播学的一些缺陷;但同时,他们的某些观点也有失偏颇,需要以辩证的态度来看待。

早期的传播学领域以经验主义和批判主义两大学派为主。随着学科的发展和研究的深入,越来越多的学者认为,**媒介技术主义**已经成为第三个不容忽视的学派。这一学派早期以加拿大社会学家哈罗德·亚当斯·英尼斯(Harold Adams Innis)和马歇尔·麦克卢汉(Marshall McLuhan)(见图 5-2)等人为代表。英尼斯认为:"一种新的媒介的长处,将导致一种新文明的诞生",某一种媒介与一个特定的文化紧密相连,甚至把传播技术视为社会进步的基础。这样的观点称为硬媒介决定论。相对地,软媒介决定论认为,媒介不一定产生绝对、必然的社会结果,而是提供产生结果的可能性。英尼斯的学生麦克卢汉还提出媒介即是信息,是人体的延伸,"一切技术都是肉体和神经系统增加力量和速度的延伸"。他的思想不仅在当时产生了巨大的轰动,并且在 20 世纪 90 年代,电子通信技术高度发展之后得到了验证。最好的佐证就是在当时听起来难以置信的"地

图 5-2　马歇尔·麦克卢汉

球村"一词,如今已是耳熟能详的常用语。纽约学者尼尔·波兹曼也是这一流派的领头人。他将媒介生态的概念引入媒介研究,并首创了媒介环境学专业。可以说,媒介环境学在波兹曼的努力下,才真正成为一门成型的崭新科学。他所著的《娱乐至死》一文深刻论述了媒介环境学的理论,至今仍对相关领域产生着深远影响。

5.1.3　传播学的发展和展望

从 20 世纪 80 年代开始,传播学的发展开始变得复杂,各类学说站在不同阵营,相互争论、抨击,形成百家争鸣的局面。1983 年,美国极具影响力的期刊《传播学期刊》,组织了诸

多学者对传播学的发展历程做了总结回顾。在这次活动中,有学者提出了"领域的骚动"概念,"领域的骚动"不只存在于知识层面,还发生在国际、政治层面。持不同观点流派之间的交流都以抨击批评为主,而非反照自身,取长补短。不过,这次讨论也使得不同学说之间更加了解,激烈的碰撞在客观上让不同阵营的思想相互渗透,从而激发了新的观点和思路。这一时期,被称为传播学的"骚动期"。

经过了骚动期的思想交流,到了20世纪90年代,传播学的发展更加复杂与混乱。1993年,《传播学期刊》组织了一次总结讨论。在这次讨论中,学者们普遍认为"分裂"成为了当时学术环境的主题。罗森格伦在《从研究领域到青蛙池塘》一文中指出,传播学的研究不像是在一条河流上一脉相承的水系,而像是一个个独立的池塘。每个池塘有自己的生态系统,但相互之间并没有联系。这样的比喻形象地说明了传播学领域研究的"细分"现象,即发展架构和关注方向分割成了若干个几乎毫不相关的内容。例如,经验主义与批判主义在观点上相互对立,曾摩擦出激烈火花;事实上,发展到当时,这两个派别已经相互孤立,既不融合,也无矛盾,只在自己关注的领域中埋头研究。罗森格伦认为,造成这一现象的根本原因是,传播学研究范式在发展历程上仍欠缺积累沉淀。这样互相分裂、各自为阵的状态,显然会限制一门学科的长远、深层发展。在当时,甚至有悲观的学者提出,"传播学是一个即将死亡的领域。"

发展到21世纪,传播学既没有"死亡",也没有像很多人所期望的那样,打破隔阂,融为一体,而是继续细化,在各分支中的研究越来越深入。但是,学者们也认识到,学科的发展需要内部互利共存,相互包容,而非漠视或者一味地排斥异己。在知识认知,研究手段等方面,都有学者提出了"交叉"的观点。同时,传播学本身与其他学科相结合,衍生出了一系列交叉学科。这种引入其他学术领域、接纳其他知识系统的行为,为传播学的研究提供新思路的同时,也增强了其多样性和包容性,使得传播学受到更广泛的重视和关注。

在20世纪末,个人计算机和网络的普及,对传播学领域产生了巨大的冲击。新时代互联网不仅有着极强的传播效率和普及度,也提供了很多新的信息交流模式。新的媒介革命为世界带来的巨大变化,印证了麦克卢汉的技术决定论。媒介环境学派的新一代代表人物保罗·莱文森被称为"数字时代的麦克卢汉"。他结合新时代的技术背景,继承并发扬了传统媒介理论的观点,为数字时代的新媒体技术研究提供了新的思路和视角。莱文森不仅是负有盛名的媒介学家,还是成就斐然的科幻小说作家。他的一系列理论著作和文学作品,都对人们探索、审视媒介技术有着重要的借鉴价值。同为媒介理论的继承者,多伦多学派的德里克·德克霍夫对网络媒介的研究也颇为深入。他分析了互联网和计算机与传统媒介的异同和优势,认为网络的到来使得诸多传统媒介技术相连,形成了"集体智能""连接智能"。他还提出,人类已经进入赛博文化(cyber-culture)时代,并从心理学的层面深度解析了新媒介对人们的影响。他的理论为麦克卢汉思想在现代的发扬起到了十分关键的作用。

新时代的另一个极具影响力的人物是埃弗里特·罗杰斯。他在其代表作《创新的扩散》中,详细论述了一项创新的扩散、发展模式以及大众传播在其中的重要作用。可以说,创新的扩散过程,本身就是一种"传播"。《创新的扩散》自从1962年首次出版后,到2003年已经4次再版,其中每次都经过了修正和补充,越来越关注网络尤其是互联网在扩散和传播中的作用。罗杰斯也是媒介技术论者,但不像前文提到的诸多硬媒介决定论者,他的态度较为温和。他认为,科技与其他诸多因素的共同作用,是推动社会进步的原因。罗杰斯对传播学的贡献不止于此。在跨文化传播、发展传播学等领域中,他做出了开拓性的贡献:在传播学发展史的研究上,他的著作《传播学史:一种传记式的方法》已经成为研究传播学历史时最具参考价值的资料之一。

传播学自上世纪 40 年代诞生,发展到如今,已经经历了多次改革和变迁。新的思路和观点不断出现,在反复的学术争论和总结反思中,这一门年轻的学科正越发紧密地与其他领域以及人们的生活联系在一起。当下传播学依然面临着不断细分的情况。学者们指出,传播学并非如其他学科一样是向纵向发展的,而是横向地朝不同方向、结合不同领域独立发展。很多研究是局限在狭隘的一个方向,是微观、边缘的。研究者往往只针对某一类特殊问题来探讨,而较少地站在宏观的角度,进行更有深度的思考。越来越多的学者意识到了这一问题,并提出了一系列解决的途径。例如,梳理领域内的知识体系,对比每一个子系统的研究内容和方式,寻求将它们连接起来,构建成一个相对完整、包容的知识结构。另外,可以发掘不同子系统中,共同研究的问题或是将各类研究都应用到一个宏观、综合的问题上,试图在合作中促进各个分支的融合交流。

在当下这个数字媒体技术飞速发展的时代,传播学的研究也在不断演变。而要更好地理解传播学的核心,将它的知识加以实践运用,就需要我们对数字媒体的概念和技术有更好的了解。

◆ 5.2　媒体的定义与分类

媒体的概念

媒体(媒介)的英文单词是 medium,常用其复数形式 media。它源自拉丁语 medius,原意指两者之间、中介、中间。现在,媒体一般指传递、交流信息的工具或手段。麦克卢汉曾说:“媒体就是信息。”施拉姆则认为:“媒体就是插入传播过程中,用于扩大并延伸信息传送的工具。”在我们关注的计算机领域中,媒体主要有两层含义:一是储存信息的实体,如书本、光盘、硬盘等;二是信息传播的表现形式,如文本、图像、音频、视频等。

国际电信联盟(International Telecommunication Union,ITU)从纯技术的角度,将媒体分为 5 大类。

感觉媒体(perception medium):指能够直接作用于人的感觉器官,使人产生直接感觉(视、听、嗅、味、触觉)的媒体。这类媒体的特征是“直接”,包括语言、文字、音乐、图像、图形、视频等。

表示媒体(representation medium):指为了传送感觉媒体而对其进行加工、处理之后得到的一种媒体。这类媒体可以更加快捷有效地进行修改、存储和传输。它们包括语言编码、电报码、条形码以及各类文本、图像、声音等媒体的编码表示。

表现媒体(presentation medium):又称为呈现媒体,指用于实现表示媒体与感觉媒体之间转换的媒体设备,分为输入和输出类型。其中,输入媒体用于将感觉媒体转化为表示媒体,包括话筒、鼠标、键盘、扫描仪、摄像机等;输出媒体用于将表示媒体转化为感觉媒体,包括扬声器、显示器、打印机等。

存储媒体(storage medium):指用于存储表示媒体的设备,如光盘、硬盘等。

传输媒体(transmission medium):指用于传递信号的载体,包括电话线、光纤、电磁波等。

上述的分类主要从技术的角度划分了媒体的不同分支,也形象地反映了媒体所包含的范畴和研究方向,对理解媒体概念有重要的参考意义。除了上面的分类方法,我们还可以从其他角度划分媒体的种类。

从媒体的实体形式来看,媒体包括图片、文字、音频、图像等。从载体的角度看,媒体包括广播、书籍、报刊、游戏、流媒体等。

从媒体的出现顺序划分,报刊为第一媒体,广播为第二媒体,电视为第三媒体,互联网则被称为第四媒体,移动网络为第五媒体。

从媒体的表现形式划分,有平面媒体:主要包括印刷类、非印刷类、光电类等;电波媒体:主要包括广播、电视广告(字幕、标版、影视)等;网络媒体:主要包括网络索引、平面、动画、论坛等。

媒体具有集成性、多样性、便捷性、实时性、交互性、共享性和非线性等特点。**集成性**就是将各种信息媒体按照一定的数据模型和组织结构集成为一个有机的整体,来传情达意,更形象地实现信息的传播。**多样性**是指媒体信息能够被处理的空间范围扩展和放大,不再局限于数值、文本或特定的图形和图像。**便捷性**指人们可以按照自己的需要、兴趣爱好、任务要求和认知特点来使用信息,及时快捷地获取图、文、声等各种信息表现形式。**实时性**的意思是各类媒体都是与时间轴紧密相关的,人们可以对媒体进行实时的操作和处理。**交互性**是指人们对信息的主动选择、使用、加工和控制。**共享性**指用户最大程度地共享各类信息资源。**非线性**的意思是以非线性结构组成特定内容的信息网络,使人们可以有选择地查询自己感兴趣的媒体信息。

◇ 5.3 数字媒体的概念与特性

数字媒体是指通过计算机存储、处理和传播信息的媒体。它的基本特征是,信息以数字化的形式,即一系列二进制数字 0 和 1 的排列组合来记录,其中的一位即是信息的最小单位比特。这样的记录方式优势是显著的,在接下来的章节中将详细讨论。

与传统媒体相比,数字媒体不仅在存储和处理上进行数字化、二值化,而且其传播方式也与众不同。在《2005 中国数字媒体技术发展白皮书》中,明确了国家对数字媒体的定义:"数字媒体是将数字化内容的作品,以现代网络为主要传播载体,通过完善的服务体系,分发到终端和用户进行消费的重要桥梁。"这一定义强调了网络为数字媒体的主要传播方式,而光盘等老式的载体则被忽略在外。网络的应用已经成为数字媒体最显著的特征之一,也必将成为未来的主流趋势。

数字媒体利用有别于传统媒体的新技术,具有其他媒体形式欠缺的诸多特征,如数字化、交互性、多样性、集成性、趣味性等。

1. 数字化

与数字媒体相对立的媒体形式主要是以模拟信号的方式记录、存储和传播的。相比之下,数字化的优点不言而喻。首先,比特只是一种状态,且只需要 0 和 1 二进制数表示,在存储和传输过程中都易于记录、复制、传递、还原。同时,数字化的信息可以更方便地进行量化处理。另外,鉴于所有媒体都可以用同一种形式表示,文本、图像、声音、视频等不同类型的媒体得以混合处理,而这些特点都是传统媒体不具备的。

2. 交互性

在媒体领域中,交互性是指参与的各方(包括发送方和接收方)都可以对媒体信息进行编辑、控制和传递。传统的媒体形式(如报刊、电视等),其信息的流动都是单向的,即由发送者传向接收者,用户接收信息是被动的,只能选择看的内容,但是想要修改、处理接收到的内容并不容易。相反,数字媒体系统中,用户拥有加工和控制信息的手段,使得发送方和接收方能更好地传递和利用信息。

交互性是数字媒体的重要特性,也是它最大的优势之一。它不仅改变了传统的信息流向模式,而且为很多新应用的出现打下了基础,让用户可以借助计算机和媒体进行更多活动,如实时交流、模拟教学、虚拟现实等。有了交互性,媒体得以在更广泛的领域开枝散叶。

3. 多样性

多样性也是数字媒体的主要特性之一。信息在采集、生成、传输、处理和呈现的过程中涉及多类媒体的共同作用;同时,信息的载体多样性,使得数字媒体的信息空间得以充分拓展,不再局限于单调的文本、图像,而可以广泛应用图形、音视频以及各类传统媒体所无法达成的信息形式。丰富的信息种类提供了更多选择,可以更好地满足不同人群的不同需求,使信息在传播和交互过程中,自由度更高,更加人性化。

4. 集成性

基于数字化和多样性的特点,数字媒体理所应当地具备了集成的特性。数字媒体的集成性在技术上主要包括两个层面:媒体设备的集成和媒体信息的集成。不同的信息从采集到展现的过程,需要使用不同的设备来完成;而在生成、加工、传输等过程中,各类信息又可能经过同一设备的处理,这些设备集成在一起,就可以大大增加数字媒体处理的效率。例如,电视节目录制常用的导播台(见图 5-3)设备,就是将多种媒体类型和功能高度集成的典例。

图 5-3　数字导播台

同时,数字化的形式能将不同的媒体信息结合起来。这种结合不是简单地叠加,而是通过互补的方式使它们有机地融为一体,起到"一加一大于二"的效果。

5. 趣味性

得益于计算机和互联网的强大功能,数字媒体可以为用户带来更强的趣味性。电子游戏、移动流媒体、互动交流软件等的应用,以及庞大的信息量、迅捷的信息传输速度,都给人们带来了前所未有的娱乐体验。可以说,基于数字媒体的娱乐模式已经深入到每家每户的日常生活中。

数字媒体的发展比较快,新技术的不断涌现促进了新的数字媒体形式为大众所用。它的划分可依据以下属性。

按照时间属性,媒体可分为静止媒体和流动媒体。静止媒体是指呈现的内容不会随时间变化的媒体,如图像和文本;流动媒体则是指内容随时间变化的媒体,如音频、视频等。

按照来源属性,可分为自然媒体和合成媒体。自然媒体是指客观存在的景象,经过相关设备进行记录和数字化之后得到的媒体形式,如数码相机拍摄的相片或通过麦克风录制的音频等;合成媒体则是指完全使用计算机,通过特别的语言或算法生成的媒体形式,例如,计算机录入的文本,绘制的图像及利用 3ds Max 等工具制作的模型和视频,等等。

按照组成元素属性,可分为单一媒体和多媒体。顾名思义,单一媒体就是指单一信息载体构成的媒体;而多媒体就是多种信息混合而成的媒体形式。一般而言,多媒体的实现形式是数字媒体的一大趋势。

◇ 5.4 数字媒体的传播模式与传播特性

数字媒体作为新的媒体形式,与传统媒体的一个重大区别在于先进的传播媒介。随着计算机和互联网技术的飞速发展,数字媒体与众不同的传播模式与传播特性为其带来了更多的优势和机遇。按照不同的标准,数字媒体的传播模式可以分成不同类别,本节将对其进行介绍。

5.4.1 依据传播类型分类

以不同传播类型和对象范围为标准,数字媒体的传播模式可以分为自我传播模式、人际传播模式、群体传播模式、大众传播模式等。

自我传播又称内向传播。传统意义上,它是指一个人通过对某一事件或现象的观察和思索,得到新的结论的过程。结合数字媒体的范畴,自我传播主要指用户使用搜索引擎、浏览网页等行为。

人际传播是指个体与个体之间的信息交流。得益于媒体介质的先进性,数字媒体可使交流突破时间、空间的限制,让人际传播具有更高的信息交换效率和更多的可能性。网络社交工具、IP 电话、电子邮件等都是人际传播的例子。

群体传播是指若干个体在一定的群体范围内进行的信息交流活动。这也是数字媒体带来的极大的便利之一,如贴吧、论坛以及不同形式的虚拟社区、问答交流平台,都是群体传播模式的成功应用。结合了数字媒体强大的功能和效率,用户可以足不出户地结识更多有共同话题的人,接收和传递更多信息。

　　大众传播是指通过媒介对广大群体进行的信息传播活动。这样的传播通常是某一个组织发起的,而其受众则十分广泛。鉴于数字媒体多样化的形式和丰富的内容,综合性网站、官方微博、网络视频、数字新闻报刊等都成了大众传播模式的常见应用。

5.4.2　依据传播要素分类

　　传播的基本要素包括传播者、接收者、传播信息、媒体介质和传播效果。依据传播者与接收者的关系,数字媒体可以分为以下几类。

　　F2F(face-to-face)模式,即面对面模式。包括传播者与接收者面对面,接收者与接收者面对面,传播者与传播者面对面等。这是人类起源最早,也是应用最广泛的模式,发展到互联网时代,数字媒体技术为其提供了更多的新平台。

　　R2M(receiver-to-meida)模式,即接收者对媒体模式。指接收者自主选择通过媒体获取信息,常被形容为"拉"(pull)的模式。用户在网页、阅读器、播放器中选择自己感兴趣的内容浏览,就是这类传播模式。

　　M2R(media-to-receiver)模式,即媒体对接收者模式。指媒体通过一定技术主动向接收者推送信息的模式。一些网页、软件的自动弹窗和视频广告等都属于该模式。

　　此外,还可以根据传播要素的多少,将传播模式分为一对一(one-to-one,O2O)模式、一对多(one-to-all,O2A)模式、多对一(all-to-one,A2O)模式、多对多(all-to-all,A2A)模式等。电子邮件、网络聊天是典型的一对一模式,FTP 服务、博客是一对多模式,维基百科是多对一模式;BBS 是多对多模式。

◇ 5.5　数字媒体技术的研究内容

　　由于数字媒体本身具有集成性、多样性的特点,其对应的技术也是涵盖广泛的综合性技术,包括数字媒体的记录、表示、存储、处理、传输、展示等过程的实现,而在载体角度上又包含音频、视频、图形等不同方向,涉及计算机技术、图形图像技术、数字通信和网络技术等诸多领域。

　　数字媒体技术的研究内容主要覆盖有:数字媒体信息的获取与呈现,数字媒体信息的存储与压缩,数字媒体的数据处理,数字媒体传输技术等。

5.5.1　数字媒体信息的获取与呈现

　　由于载体的多种多样,数字媒体信息的采集必然也涵盖多个方向,例如,音像的录制、相片和视频的拍摄、文字的录入,以及动作捕捉数据的采集,等等。信息的获取是数字媒体的前提和基础,数字媒体对真实感和时效性的要求越来越高,对计算机输入设备和交互技术也提出了更高的要求。相关的设备主要包括适用于不同内容媒体的获取设备,如数码相机及摄像机、扫描仪、数位板、麦克风、用于动作捕捉(见图 5-4)的感应器等。

　　数字媒体的呈现是将数字信息转换为可以直接感受到的信息的过程,既包括将媒体内容还原的技术,也涉及向用户提供更丰富、更人性化的交互界面等。

图 5-4　电影《猩球崛起 3》中利用动作捕捉技术获取演员动作和表情信息

5.5.2　数字媒体信息的存储与压缩

数字媒体的数据量较大，即使采用合理的压缩方法也需要占用相当大的存储空间。同时，由于数字媒体种类繁多、结构复杂、变化很多，因此一些采用预估及使用定长单元组织存储的方法也不适用。此外，数字媒体的处理过程往往具备并发性和实时性，这也使其存储方式难度更大。因此，数字媒体需要较高的计算效率，不仅对储存介质提出了更高要求，还需要先进的存取策略。

存储介质上，数字媒体主要采用磁存储、光存储及半导体存储方式。介质的进步不断满足着数字媒体越来越高的标准，而数字媒体的广泛应用和普及，又推动存储介质向更高的目标发展。可以说，存储介质的变革与数字媒体本身的进步是相互推动、相互依存的。

除了在存储设备上增加容量，我们还可以换一个角度，采取以数据为中心，而非以服务器为中心的存储模式。网络存储技术是基于数据存储的一种网络术语，它充分利用网络技术的优势，如高效性、远程性、安全性等，实现不同数据的集中管理和集中访问，具有存储容量大、数据传输率高、系统利用性高、扩展性强等特点，可以更好地满足数字媒体存储的发展需求。

5.5.3　数字媒体的数据处理

数字媒体处理技术是数字媒体技术的关键，包括将模拟媒体信息数字化、数字信息的压缩与解码及提取信息特征、对媒体信息进行加工等。数字媒体信息的压缩与解压，直接关系到所需存储器的存储容量、通信系统的传输效率以及计算机的处理速度等因素。单纯依靠扩大存储器容量、增加通信线路的传输率等方法，显然不足以解决问题。为了缓解这些方面的压力，必须采用更好的压缩质量和更高的压缩比。

数据压缩又称数据编码，相应的解压缩又称解码。它是按某种方法从给定的数字信号中得到简化的数据描述，在不流失信息量的同时降低数据量的过程。压缩和解码的技术一般要有较高的压缩比、较好的恢复效果，以及较低的成本和较高的效率。在各类数字媒体中，主要对图像和音视频压缩有较高要求。

在数字图像处理方面，主要可以利用图像的冗余实现数据的压缩。由于图像数据中往往存在很多重复的数据，换用一种数学的方法来表示这些数据就可以在很大程度上减少数据量。例如,利用基于统计特征的表示方法,可以在占用极少空间的前提下,记录图像中大片重复区域的数据。此外,人眼视觉特性的原理也可以应用到图像压缩中。人眼对图像细节和颜色的辨识度是有限度的,把超出极限的细节内容删去,也可以达到压缩的目的。这种压缩技术是有损压缩技术,删去的内容是无法复原的,所以该方式不一定适用所有压缩情况。

数字音频文件同样会占用大量的空间。采用 PCM 编码的原始数字音频信号在经过合适的无损处理后,至少能节省 3/4 的存储空间。如果只针对人耳感知,数字音频中的许多内容都是冗余的。它们可能是频率在人耳感知范围外或者由于强度太小而被掩蔽掉。音频的压缩也分为有损压缩和无损压缩。有损压缩一般涉及消除冗余,以及采样和重建波形,压缩的比例和解压后的还原度就和采样的频率和方式密切相关;而无损的压缩方式则是采用更好的编码等方式来实现。

除了压缩和解压,数字媒体处理的另一个较高的技术需求是实时处理。广义上讲,实时处理指处理结果能立即影响或作用于处理过程本身的一种处理方式。在数字媒体中,实时处理可以理解为将数据的获取、处理和输出过程合为一体的处理技术。在数字媒体,特别是多媒体的处理中,时间敏感性是相当重要的,例如对图形的实时渲染、从图像中实时提取关键信息等。在这些过程中,如果处理时间超出一定时限,就有可能丢失信息或者影响后续步骤的进行。要较好地实现实时处理,一方面需要处理设备相对先进;另一方面,合理的算法和处理流程也会提供很大帮助。

5.5.4　数字媒体传输技术

数字媒体的高速传输,离不开相关的高效传输技术。例如,P2P(peer to peer)技术使用户可以通过网络进行对等的连接和数据传输,而流媒体(streaming media)技术则可以满足在网络上实时传输和播放音视频的要求。

在 C/S(client/server)结构中,用户通过客户端访问服务器,而用户处理的数据都存放在服务器上,处理流程也主要在服务器上完成。P2P 指"对等网络",即网络中不存在一个服务器那样的中心节点,每个节点的地位都是对等的,既充当服务器为其他节点服务,同时也享用其他节点提供的服务。这种网络结构的优点在于各节点的能力和资源可以共享,使得数据处理过程从集中式向分布式演化,大大避免了数据的拥塞,降低了系统的建设和使用成本,提高了网络设备的利用率。同时,由于具有若干个地位平等的节点,系统的负载较为均衡,同时也拥有了更强的健壮性和可扩展性。采用 P2P 网络模式,可以更好地适应数字媒体数据量大、实时性强的传输特点,满足数字媒体对数据传输和存储的高要求。

流媒体技术是指一种使音视频等数字媒体可以在互联网上实时播放的技术。如果用接水来作比喻,传统的数据传输方式就是必须要接满一桶水之后才可以使用,而流媒体正如其名,就像自来水一样源源不断地流出,使得用户可以随时用上水。流媒体使用特别的压缩处理,将音频和视频分装成若干个压缩包,通过服务器向用户连续地传送,使得用户可以边下载边观看,而不需要先等待将整个文件全部下载。在播放的过程中,流媒体技术在用户的计算机上建立一段缓冲区,在短暂的延迟之后就可以使用相应的播放器来对缓存下来的数据解压缩,从而实现前台播放、后台继续下载的功能。由于其良好的实时性,流媒体技术很好地满足了观众通过互联网播放音视频的需求,极大推动了数字媒体的应用和普及。

◈ 5.6　数字媒体的应用领域及产业发展

数字媒体具有多样性、趣味性、可交互性等特点,加之迅猛的传播能力和广泛的应用领域,使得其几乎遍布所有人的日常工作和生活中。不论是娱乐还是办公,人们都充分享受着数字媒体丰富多彩的内容和方便快捷的功能。数字媒体在为其他行业提供便利的同时,也不断适应环境、自我发展。计算机和互联网技术日新月异的更新和发展,数字媒体也随之开辟新领域,开发新技术,创造着更广阔的前景。

5.6.1　动漫影视产业

动漫和电视剧、电影产业,相比数字媒体而言起步更早。数字媒体技术的出现和进步,也引导了这些行业的变革和发展。

动漫产业是包含较广的综合性产业,覆盖的领域包括动画片、动漫书刊、动画电影、相关音像制品和舞台剧等;产业上包括动漫制作、外包项目开发、推广和销售等。目前,美国和日本仍是主要的动漫产业大国,在技术和市场上都遥遥领先,动漫的普及度和流行程度都很高,不断涌现出优秀的作品,如图 5-5 和图 5-6 所示。相对而言,我国的动画产业还处于发展时期,存在的主要问题在于缺乏行业规范等。然而,我国的动漫产业拥有巨大的潜力和市场,近年来也有一些优秀作品出现。

图 5-5　日本动画大师宫崎骏的代表作品《天空之城》

图 5-6　电影《阿凡达》中的特效技术时隔多年仍广受推崇

相比于动漫,我国的电视剧和电影产业的发展传承更悠久,拥有较为规范的行业体制和广阔的市场。自从 20 世纪初诞生萌芽以来,我国的影视创作几经变革,在不同的时期都有佳作面市。近年,随着人们的生活品质提高和文化消费需求增长,我国的影视行业呈现出较为繁荣的景象,不论从制作技术、创作题材、艺术人才,还是从消费市场来看,都处于良好的发展状态。然而也必须意识到,我国的影视行业还不能称作国际领先,还存在一些不足,有较大的可提升空间,需要更多的改革和整合。

不难看出,动画从制作到推广,都与数字媒体技术紧密相连,诸如数字绘画、视频帧处理以及流媒体播放等手段,都是动漫产业必不可少的技术。电视剧和电影在制作上与数字媒体技术也息息相关。随着新的影视题材内容和拍摄手法的出现和流行,数字特效在相关创作生产中的作用愈发突出,华丽而真实的建模和渲染,往往更能博取观众的眼球。一定程度上,数字媒体技术是动漫影视产业发展的技术保障,引导着影视娱乐发展的新方向。

5.6.2　数字游戏产业

随着主机和互联网的普及,数字游戏已经深入到人们的日常生活中,成为现代生活主要的娱乐方式之一。广义上最早有记录的电子游戏是出现于 1948 年,运行于示波器上的一款模拟网球游戏;在 1952 年,又出现了运行于真空电子管计算机上的《井字游戏》。但是,直到 20 世纪 70 年代,电子游戏才真正成为一项产业,作为一种新的商业娱乐媒体形式进入人们的生活。短短 40 年后,它已经发展成为规模最大的、获利最多、受众最广的娱乐产业之一。

第一款成功商业化的电子游戏是由美国雅达利(Atari)公司开发的 *PONG*。现在看来,这只是一款极其简陋的模拟乒乓球对抗的游戏,但是在当时一经面世就反响巨大。之后的 20 世纪 80 年代,任天堂(Nintendo)和世嘉(SEGA)先后推出了 8 位和 16 位游戏主机。如图 5-7 所示,任天堂公司 1983 年推出的 8 位家用游戏机 Famicom,又称红白机。激烈的竞争导致游戏公司不断推出新的机型和游戏产品,电子游戏产业得以飞速发展,迅速风靡全球。到了 20 世纪 90 年代,游戏主机开始从老式的卡带机向 CD-ROM 形式发展。1994 年,索尼(SONY)公司推出 *PlayStation*,也就是现在已经家喻户晓的 PS。凭借其强大的 3D 处理技术,PS 很快成为这一时期主机游戏的主要领头者。与此同时,主导电子游戏行业竞争的不再局限于设备开发商,游戏软件开发商占据了越发重要的地位。进入 21 世纪后,微软公司也进军主机游戏领域,新时代的主机机型相继面世,游戏产业继续在激烈的竞争中持续发展。

图 5-7　任天堂公司发行的第一代
游戏机 Famicom

相比主机游戏,PC 游戏的起步较晚。如上文所述,主机游戏在发展初期,基于主机硬件质量的竞争十分激烈,而 PC 游戏则不存在这一层面的竞争。当时,PC 的价格远高于游戏主机,而其图像处理性能却又不如主机。因此,直到 20 世纪 90 年代初期,PC 游戏不论从风格上还是质量上,都难与主机游戏相比。这一现状的改变,始于 1995 年 3dfx 公司 Voodoo 显卡的面世。自此,个人计算机开始有能力展现堪比主机的图形性能。同一时期,微软公司开发出 DirectX 组件,使得个人计算机具有更强大的图形和音频功能。在此之后,一系列经典 PC 游戏作品相继问世,而 PC 的显卡和处理器也长时间保持飞速的更新发展。到 2002 年 DX9 出现,PC 的画面效果和处理性能已经开始有所领先。PC 游戏的另一个优势在于更加丰富的游戏类型。凭借其更全面的系统和强大的互联网功能,PC 不仅可以移植大部分的主机游戏,还可以运行难以在主机上操作的游戏类型。当然,主机目前依然拥有巨大的市场,主机平台和 PC 平台并存的状态仍将持续。

除了传统的主机和 PC 两大平台,新兴的游戏产业也在不断发展。例如,随着智能手机的出现和普及,手机游戏凭借其便捷的特点迅速发展出新的游戏市场。又如,利用虚拟现实(virtual reality,VR)技术提高游戏的真实度和浸入感,也是较为火热的新领域。相比日美等游戏大国,我国的游戏产业还处于发展阶段,不论是技术方面还是行业规范,都存在很多有待进步之处。但是,由于有巨大的潜力和市场支撑,我国的游戏产业发展具有良好的前景。

与其他娱乐形式相比,数字游戏的优势是明显的,其特有的代入感,丰富的形式和内容以及便捷的多人合作、交流模式,使得数字游戏具有其独特的魅力。相对于 20 世纪日新月异的变迁,近年来数字游戏的模式相对固定,主要的发展方向在于自由度的扩展,优化的提升,图形渲染的升级,等等。这使得数字媒体技术在数字游戏的研制开发中占据了更重要的地位。

5.6.3 军事信息调度和模拟训练

随着各国科技水平和军事实力的增长,现代战争的模式也在不断演变。总体而言,现代战争具有信息化程度高,对抗强度大,局势变化快等特点。在这样的环境下,丰富的作战经验必不可少。然而,通过实战训练积累经验的方式消耗巨大,限制较多,危险性较高。为了弥补这一缺陷,通过仿真模拟训练作战的方法应运而生。目前,仿真模拟训练已经得到各国的认可,通过大量模拟训练搭配一定的实战演练,可以更高效地达到训练目的。

在这类模拟训练中,数字媒体技术的作用是居功至伟的。一方面,数字媒体形象化的特点,可以保证参与成员的训练体验;另一方面,其强大的交互性也可以较好地保证参与人员完成训练任务。同时,利用数字媒体的直观性、动态性,可以实现更复杂的军队调度,为作战指挥系统传递指令和获取情报提供极大的便利。

随着增强现实技术的兴起,新一代基于增强现实(augmented reality,AR)和虚拟现实的训练模式也开始流行于军事管理中。AR 和 VR 都与数字媒体有着密切联系。两者的区别在于:AR 是将虚拟的信息,如图像、文字、视频等融入现实的环境中,使得现实世界得以"增强";VR 则是构建一个完全虚拟的世界,使得使用者拥有浸入式的观感体验。从这两类技术常用的设备上,可以直观地看出两者的区别。但是,这两者都有虚实结合的特性以及强大的交互功能,因此都能广泛地应用于军事训练中。

20 世纪 80 年代,美国军方开始着眼于将 AR 技术应用于部队训练。例如,增强传感器和通信系统被应用于步兵作战单元,结合 GPS 定位的头戴式显示装置、附着于武器上的热成像系统、配合 AR 技术的可穿戴计算机等,都属于相关应用。这些技术不仅可以应用在训练过程中,还可以投入真实战场。不过,要实现在战场上的应用还需要克服很多难题,例如,设备过重不便携带、成本过高、显示技术尚未成熟等。

对 VR 技术而言,军事训练是其最早的应用之一,相关研究起始于 20 世纪 80 年代,并且在 20 世纪 90 年代已经正式投入使用。近几年随着科学技术的发展,VR 在军事训练中的应用也不断扩展。目前,基于 VR 的训练项目已经相对成熟,在各国都有应用,涉及的项目包含了机械操作、武器使用、实战演练等。例如,使用 VR 器材的载具类驾驶训练,可以有效地节约人力和时间成本;利用 VR 技术练习跳伞、投弹等具有一定危险系数的项目(见图 5-8),可以降低训练风险,保证参与人员的安全;VR 还可以应用在战斗人员的心理保障,克服参战者的不良心理反应,等等。虚拟现实训练系统不仅能模拟真实环境、制造身临其境的直接观感,还能记录训练信息,回放和评估参与人员在训练过程中的表现。这些优势都是传统训练项目所不具备的。

图 5-8　利用 VR 技术进行跳伞训练

在我国,结合虚拟现实的训练模式也投入使用已久。但是与美国等发达国家相比,我国的相关技术和应用还相对粗糙,存在一定差距。为应对这方面的挑战,需要解决的问题包括产品开发困难、数据资源不足、技术和政策不成熟等。因此,相关的研究人才正是迫切需要的。

5.6.4　医学图像分析和处理

数字媒体技术,特别是图像处理技术,在医学方面已经有了广泛且深入的应用。相比由纯文字和数字构成的医疗资料,图像具有特征众多、信息量丰富的优势。传统的图像应用中,医生主要通过肉眼浏览图像的方式进行诊断。这样的方法虽然便捷,然而过于依赖医生的主观判断,容易忽略很多图像隐含的信息。随着医疗水平的发展和设备的更新,可以拍摄到更加清晰、准确的医学图像,而利用数字媒体手段分析医学图像的方法也应运而生。

常见的医学影像有光学摄影、X-ray 影像、超声波影像、伽马射线影像,核磁共振影像(MRI)等。在临床医学中,很多病情如骨科疾病、癌症、心血管疾病等都十分依赖图像的解读,这其中涉及的数字图像学技术是复杂多样的。例如,很多医疗设备在拍摄时会受到干扰,获取的医学图像带有一定的噪声。这种情况下,可以对医学图像进行适当的预处理,例如,利用滤波技术衰减图像中不感兴趣的成分或者对图像中重要的部分进行补偿等。经过预处理的图像中减少了无关信息和干扰量,有助于下一步的分析诊断。

在一幅医学影像中,医生感兴趣的区域往往只是其中一部分,如图 5-9 所示。这一部分可能在形状、颜色等特征上具有某些特点。在另一些情况里,还需要按照特定的规则,对图像中的不同区域进行切割和归类。上述情形都需要用到图像分割技术。事实上,这一技术一直是医学图像研究的重点和难点。一方面,图像分割对医学图像的分析和识别有很大助益,例如,可以将不同来源的图像中感兴趣的成分进行配准,也可以将治疗前后患者的相关影像进行比对,评判治疗成效等。另一方面,图像分割技术得到的结果可以进行很多其他研究,例如,利用提取的成分可以实现医学图像的三维重建。又如,采集足够多的分析结果,可以建立相关的医疗数据库,实现结合语言学的医疗数据研究。

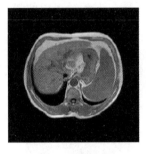
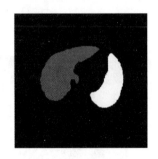

(a) 肝区 MRI 影像 (b) 分割结果

图 5-9　肝脏 MRI 分割示意图

此外,基于医学图像的数字媒体应用还有很多。医学图像的三维重建技术可以将连续切片的图像转换为立体模型,有助于更加直观地观察判断,也可以广泛应用于医学研究和教学;结合机器学习算法的图像分析,可以对某些病情进行识别和标注等。这些技术都对现代医学的临床诊断和深入研究具有重大意义。

5.6.5　数字媒体在其他领域的应用

随着计算机和互联网的普及,数字媒体技术也在更多的行业中开枝散叶。良好的功能性和越发成熟的技术,使得数字媒体能与众多产业领域结合,拥有极大的横向发展潜力。

在教育方面,结合多媒体技术的教学已经是国内外的主流教学方式。利用其直观、生动的特点和强大的交互功能,可以在提高教学质量和效率的同时,调动学生的兴趣和积极性。同时,与通信技术结合的远程教育、网络课堂、教学视频等新的教育资源不断涌现。与集中式课堂教育相比,这种分布式教学降低了学习的门槛,也提供了便捷的反馈和互动的平台,使得更多人可以不受时间、空间限制,更自由地接受指导并相互交流。

在商业领域,商家和企业的宣传销售也与数字媒体紧密关联。广告的模式除了传统的电视和平面印刷外,网页广告、软件应用推送、大型公共显示屏等新的广告类型占据了越来越大的比例。在这些新兴广告模式的策划、制作、播放的环节中,数字媒体是主要的技术支持之一。此外,随着近年来电子商务的流行,数字媒体技术在相关的网页风格、商品展示等方面都显示出重要地位。

在出版方面,结合数字媒体的数字出版模式正冲击着传统出版模式。数字出版物的内容是多样的,流媒体音频视频、电子书、电子报刊杂志等包含在其中。以音视频而言,数字化的流媒体可以让观众自由选择观看的时间和内容,音视频的文件还可以通过服务器下载、用户共享等方式保存下来。以电子文字出版物而言,电子书的形式具有易于检索、方便储存、发行周期短、资源消耗少等,这些都是传统书籍报刊所不具备的优势。目前,电子出版物主要存在的问题是版权问题和市场规范,需要更好的相关政策和技术支持才能解决。

◆ 思 考 题 5

1. 总结传播学起源和发展所经历的主要阶段,并分析这些阶段对于数字媒体的出现有怎样的影响和作用。

2. 与传统形式的媒体相比,数字媒体具有哪些独特优势? 举例说明。

3. 当前数字媒体学科有哪些主要的研究内容? 你的专业方向在数字媒体领域有哪些相关的研究和应用?

4. 简述数字媒体的产业现状,并提出你对数字媒体未来发展的展望。

数字媒体类设备

◆ 6.1 输 入 设 备

数字媒体的输入设备,顾名思义,指向计算机输入媒体数据信息的设备。这些信息的种类十分丰富,包括指令、声音、图像、视频、受力情况和位移矢量等。因此,数字媒体领域的输入设备也包含众多类型,常见的包括键盘、鼠标、触摸屏、录音笔、数码照相机、数码摄像机、数码录音器、扫描仪、运动检测器以及绘画板等。关于键盘、鼠标已经在第 3 章中介绍,这里主要讨论其他数字媒体常用的输入设备。

6.1.1 触摸屏

随着用户需求和硬件技术的发展,越来越多的数码产品开始支持触摸屏(touch screen)实现人机交互。触摸屏通常安装在移动电子显示设备上,用户可以通过简单的多点触控手势触摸屏幕,对设备进行输入或控制操作,如图 6-1 所示。触摸屏的触摸源通常可分为触头和手指两类,当屏幕接收到触碰信号时,反馈系统根据驱动程序做出特定的响应,使得用户可以对屏幕显示的内容进行操作。触摸屏不仅应用在智能手机和平板计算机上,也广泛存在于医疗、工业、自动服务业等领域的设备中。

图 6-1 触摸屏

从硬件原理来看,触摸屏分为电阻式、电容感应式、红外线式、表面声波式、光学成像式、电磁感应式等。

电阻式触摸屏一般指模拟式电阻触摸屏。它的基本原理是利用压力感应进行控制。它的核心部件是两层镀有导电功能的铟锡氧化物(indium-tin Oxide,ITO)塑料膜,它们之间存在微粒支点。屏幕在未被压按时,两层 ITO 间有一定的空隙,处于未导电的状态;当操作者按压屏幕时,压力使 ITO 层接触导电,实现对整个屏幕的触控处理机制。模拟电阻屏结构简单、成本较低,但是由于技术条件的限制,它们功耗大、寿命较短。长期使用时,还会产生检测点漂移的现象,需要按时校准。

电容感应式触摸屏主要分为表面电容式和投射式两大类。

表面电容式触摸屏的面板有一片涂布均匀的 ITO 层,工作时触摸屏的表面产生一个均匀的电场。当接地的物体触碰到屏表面时,电极就能感应到屏表面电荷的变化,确定触碰点的坐标。

投射式电容触摸屏利用触摸屏电极发射出的静电场线进行感应。自 2007 年苹果公司 iPhone、iPad 系列产品取得巨大成功后,投射式电容屏开始了喷井式的发展,迅速取代电阻式触摸屏,成为现在市场的主流触控技术。投射电容传感技术可分为两种:自我电容和交互电容。

自我电容技术把被感应的物体作为电容的另一个极板,该物体在传感电极和被传感电极之间感应出电荷,通过检测该耦合电容的变化来确定位置。但是,自我电容屏只能实现单点触摸感应,多点触摸时会出现虚拟"鬼点",影响判断。

交互电容是通过相邻电极的耦合产生电容,当被感应的物体靠近两个电极之间的电场线时,交互电容的变化会被感应到,当横向的电极依次发出激励信号时,纵向的所有电极便同时接收信号,这样可以得到所有横向和纵向电极交汇点的电容值大小,即整个触摸屏的二维平面的电容大小。因此,交互电容可以计算出屏幕上同时存在的多个触摸点的真实坐标。

红外线式触摸屏利用 X、Y 方向上密布的红外线矩阵来检测并定位用户的触摸。红外线式触摸屏在显示器前设置有一个电路板外框,电路板在屏幕四边排布红外线发射管和红外接收管,形成横竖交叉的红外矩阵。用户在触摸屏幕时,手指就会挡住经过该位置的横竖两条红外线,据此可以判断出触摸点在屏幕的位置。红外线式触摸屏具有透光率高、抗干扰能力强、触控稳定性高等优点,但容易会受环境光线和其他红外源影响,降低准确度。

表面声波式触摸屏通过声波来实现精确的定位触控。在触摸屏的四角,分别粘贴了 X 方向和 Y 方向的发射和接收声波的传感器,四周则刻有反射条纹。当手指触摸屏幕时会吸收一部分声波能量,由此可计算出触摸点的位置。声波式触摸屏还能响应其独有的第三轴 Z 轴坐标,也就是压力轴响应。因此,它不仅能输入接触状态,还能输入感应力的模拟量。

目前市场上除了上述触控技术外,还有光学成像式、电磁感应式、压力感应式、数字声波导向式、振荡指针式等多种触控技术。它们都有各自的优势和局限性,应用于各种不同的场景。

6.1.2　数码照相机和摄像机

数码照相机和摄像机负责实现对视觉信号的捕捉和数字化过程。它们是集合了光、电、机的输入设备,是一类集成度高、综合性强的仪器。虽然种类丰富,型号繁多,但一般的数码相机都具备相近的结构和工作原理。它们包含 3 个基本的部件:镜头、感光器及数字芯片。其中,感光器又称影像/图像传感器(image sensor),是数码相机的核心。

镜头的作用与传统相机一样,将光线聚焦在图像拾取设备上。作为传统光学器件,相机镜头的质量将直接影响拍摄效果的好坏。而感光器件将镜头传来的光信号转化为一系列二进制的数字信号,并传递给相机中的数字芯片处理器。最终处理器中负责图像处理的部件使用特定的算法,将电信号进行计算、编码以及压缩,保存在相机存储器中。通过数码相机拍摄的照片,其最终的图像质量不仅取决于相机镜头的质量,还在很大程度上依赖数码芯片的图像处理能力。

影像传感器的主要功能是根据传入光线的不同转换为不同的电信号。目前的数码相机传感器主要有 CCD 和 CMOS 两种。CCD 传感器使用一个统一的放大器,每个像素都收集在这个放大器上做统一处理,这样可以保持信号的无损性传输;而 CMOS 传感器没有统一的收集处理过程,是每个像素点都有自己的放大器。从成像质量上来看,基于 CCD 的图像像素点密度高,规模大,输出信号更清晰;但在处理效率上,CMOS 传感器能够直接将模拟电压转化为数字信号,而不需要其他外部配件,因此十分高效。随着技术的进步,目前 CMOS 感光元件有逐步取代 CCD 元件的趋势。

从具体的功能区分,目前常见的数码相机有小型相机、运动相机、360°相机、数字单镜头反光照相机(简称"单反相机")等,因相机结构的不同而决定了不同的应用场景,如图 6-2 所示。

(a) 小型相机   (b) 运动相机   (c) 单反相机

图 6-2 3 种数码照相机

数码相机要实现拍照功能,可以使用 3 种主要的图像捕捉方式,分别是单次捕捉、多重曝光及扫描。单次捕捉使用 3 个独立的图像传感器(红色、蓝色和绿色)分束曝光同一张图像。多重曝光则将至少 3 个以上的镜头光圈按顺序依次曝光,常用方法是将一个带有 3 个滤波器的图像传感器依次在传感器前获取颜色信息,然后整合得到最终图像。扫描技术则是让图像传感器在聚焦面上移动以获得图像信息,就像用传感器扫描平面一样。

同数码照相机一样,数码摄像机的工作原理也是将光学信号转变为电路信号再编码为数字信号存储在存储器中。一般来说,数码摄像机还带有录音功能,可以同时捕获图像和声

图 6-3 数码摄像机

音。数码摄像机的基本组成包括摄像系统、录像系统、电子寻像器、传声器等,如图 6-3 所示。数码摄像机内部使用的光学系统,由内光学系统和外光学系统两部分组成。内光学系统指的是摄像机内部滤镜和分光系统;外光学系统指的是摄像机镜头。

相较基于模拟信号的传统摄像机,数码摄像机具有更高的清晰度、更好的音质以及更高的信噪比。由于其存储方式是基于数字信号的,在运用计算机进行处理时也更加方便和快捷,可以设计算法加入各种数字特技效果。数码摄像机的感光元件同样分

为 CCD 和 CMOS 两种,它们的区别与数码照相机类似。此外,数码摄像机的拍摄质量同样不仅取决于光学元件的优劣,还与内部算法有很大的关系。

6.1.3　数码录音器

录音器又称音频采集设备或音频输入设备,包括耳机、录音机、专用麦克风、录音笔等。录音设备的起源可以追溯到 1878 年爱迪生发明的锡箔留声机,后来又发展出了利用电磁特性的钢丝录音、磁带录音等。这些都是基于模拟信号的录音技术,已经随着数字技术的普及和流行被淘汰。

话筒又称麦克风,它既可以指一种独立的录音设备,又可以指其他各类型录音设备中实现声电转换的部件。例如,手机和具有语音功能的耳机等,内部都是使用的小型麦克风。因此,了解了麦克风的结构原理,也就对其他类型的声电器件的原理有了基本的理解。目前使用的麦克风主要有 3 类:电容式、动圈式和铝带式。虽然原理上都是通过声波作用到电声元件上产生电压,从而达到声电转换,但它们具体的实现方式有所区别。

电容式麦克风是十分普遍的一类。一方面,它的原理和结构相对简单,如图 6-4 所示。顾名思义,它的核心部分是由两片金属薄膜构成的电容,当声波引起其振动时,电容的大小随之变化,就产生了对应的电流信号。另一方面,电容式麦克风的录音效果也很好。由于微弱的振动也可以引起电容的变化,因此电容式麦克风对声音细节的还原十分出色,对于声音变化的响应也相当快速;并且,现代工艺可以制作出超薄的振膜,使得电容式麦克风可以响应的声波频域非常宽广,可以满足人声乃至大部分乐器的录制要求。

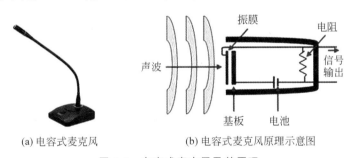

(a) 电容式麦克风　　　　　(b) 电容式麦克风原理示意图

图 6-4　电容式麦克风及其原理

由于极头必须要进行极化才可以使用,因此电容式麦克风要么必须带有幻象电源供电,或是采用特殊的振膜材料并进行高压极化处理,使其永久带有极性,使用后一种技术的麦克风又称为驻极体麦克风。由于体积小、便于携带,同时兼备电容麦克风的音质优点,驻极体麦克风已经成为最常用、流行的麦克风类型之一。此外,微型机电系统(micro-electro-mechanical system,MEMS)麦克风原理上也属于电容式麦克风,但其电极材料和集成技术有所不同。MEMS 麦克风由于其在稳定性、集成度等方面的优势,常被用于智能手机、平板计算机等设备中。

动圈式麦克风也是常用的麦克风类型。如图 6-5 所示,这是一种基于电磁感应现象的麦克风,基本原理也比较简单:声波引起振膜振动,带动相连的线圈在磁场中一起振动,从而产生感应电流,制造电信号。

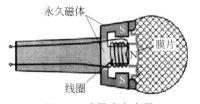

图 6-5　动圈式麦克风

与电容式麦克风相比,动圈式麦克风的优点在于无需极化,故不需要提供直流工作电压,而且结构简单牢固,经久耐用,成本较低。但是,由于动圈式麦克风进行声电转换的部件体积较大(整个线圈),在高频响应、灵敏度和瞬时反应等方面都不如电容式麦克风。

铝带式麦克风原理上与动圈式麦克风一样,都是利用电磁感应原理。区别在于,铝带式麦克风用于切割磁感线的元件是一根铝质金属薄膜而非线圈。显然,铝带的阻抗相对很小,导致灵敏度较低,故一般会匹配相应的变压器。由于材质的特殊性,铝带式麦克风的频率响应效果良好,音质平和,尤其是低频部分的处理相对出色。

另外,铝带式麦克风拥有 8 字指向性,即话筒前端和后端的灵敏度相同,因此可以适用于某些特殊录音场合。它的缺点在于,与动圈式麦克风一样,灵敏度较低,高频表现不佳,而且相对脆弱,容易损坏。铝带式麦克风的出现和发展很早,但受到技术的限制,曾经一度被遗弃;直到现代随着工艺的发展和变压技术、集成技术等越发成熟,它才重新走回到人们的视野,成为麦克风市场的又一竞争者。

6.1.4 扫描仪

传统意义上的扫描仪一般指平面扫描仪,其工作原理是利用光学扫描技术捕获纸张上的图像、文字等信息,再将其转换为数字信号传入计算机进行存储或计算。一般的纸质信息载体如相片、印刷出版物、历史文物等都可以作为扫描对象。扫描仪扫描并传输信息后,计算机获取到的数字信号通常以图像形式存在,可以按常规的图像处理方式对扫描结果进行处理。

需要指出的是,扫描仪与 6.1.2 节中的数码相机都是捕捉图像信息并转化为数字信号,但它们在原理和功能上都有较大的区别。数码相机拍摄时是单次成像,能捕捉远近不同距离的图像;而扫描仪是通过反复扫描来完成成像过程,且只能用于扫描贴近面板的文书、证件等,追求的是高保真度、均匀照度等需求。

扫描仪的核心器件为光电转换器。根据光电转换的手段不同,扫描仪通常分为 CCD (charge coupled device)平板式扫描仪和 CIS(contact image sensor)扫描仪以及滚筒式扫描仪 3 类,如图 6-6 所示。

(a) CCD 平板式扫描仪　　　　(b) CIS 扫描仪　　　　(c) 滚筒式扫描仪

图 6-6　三种平面扫描仪

1. CCD 平板式扫描仪

CCD 平板式扫描仪工作时,光线照射至扫描目标再反射至一组反射镜片,通过镜片反射成像后光线照射至 CCD 线性阵列,CCD 将光信号转换为电信号,再通过内部芯片转换得到数字信号发送给计算机。这种扫描仪主要应用于需要简单、快捷扫描的场景。

2. CIS 扫描仪

CIS 扫描仪不需要镜头反射成像,而是由发光二极管发出的光线照射至扫描目标并直接返回到 CIS 光电转换器件,然后进行光信号与电信号的转换。由于去掉了光学成像系统,其成本大大降低,但也使得 CIS 扫描仪通常只适用于平整的扫描件,不能扫描物体的景深。

3. 滚筒式扫描仪

滚筒式扫描仪的工作原理是利用光电倍增管(PMT)技术,将由扫描物体反射回的光线分成三束,每束光通过一个滤镜进入光电倍增管后转换为电信号,再经芯片处理得到数字信号传送给计算机进行处理。这种扫描仪的造价成本高,所占空间也大,但具有高分辨率、高色深等优点,主要应用于扫描大幅图像的场景等。

由于扫描仪是利用光线的反射效果进行工作,所以扫描物体有透光和不透光之分,也就是分为反射稿和透射稿。反射稿通常指如报纸、杂志等不透明的物体,可以良好地反射光线完成扫描工作;而透射稿则通常指幻灯片、底片等透明或半透明物体,扫描这种物体的扫描仪需要配备光罩功能。

6.1.5　运动检测器

运动检测器即检测运动的物体,尤其是人的动作的一种设备,其主要原理是检测物体相对其周围的位置变化或相对对象的周围环境变化的过程。当运动检测由自然生物完成时,称为运动感知,通常也称为体感技术。运动检测可以通过机械或电子方法实现,目前有多种原理不同的运动检测方式,包括红外、光学、射频雷达、声音、振动、磁力等。

机械式运动检测的原理主要是判断开关或触发器是否被打开,例如,打字机的每一个按键对应于一根手指,当一个或多个按键打开时,可以判断手部的基本形态或者是使用惯性感测,例如,使用重力感应器、陀螺仪、磁力传感器等传感器来检测用户的肢体动作,再由驱动程序进行解析得到用户的动作,如图 6-7 所示。

图 6-7　体感手套

电子运动检测主要包括光学检测和声学检测。光学检测常采用红外光线或激光技术,例如 PIR 运动检测器就是通过检测红外光谱中的干扰。基于红外线的检测可以用于对物体进入某一区域的检测,例如,当物体进入区域时开启照明设备或者当物体进入区域时启动摄像机进行记录。

在光学检测方面,从索尼公司的 EyeToy 系统到微软公司的 Kinect 系统(见图 6-8),运动检测器的检测结果越来越精准,也使得游戏的交互类型越来越丰富。运动检测器也被用作输入设备,通过捕捉人体动作,在游戏中进行识别并生成对应的游戏效果。

任天堂公司推出的 Wii 采用的是一种综合性运动检测方式——惯性感测和光学感测相结合。用户使用一个带有重力传感器和红外线传感器的手柄,其中重力传感器用于检测手部的三轴向加速度,红外线传感器则检测手部在垂直及水平方向的位移,如图6-9所示。在后续的Wii升级手柄中,还加入了陀螺仪等传感器,使运动检测更加精确,为游戏提供了更为丰富的交互体验。

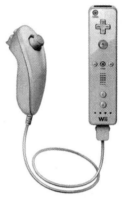

图6-8　体感摄像头　　　　　　　　图6-9　Wii体感设备

还有一些其他的运动检测设备,如数据手套等,都是通过配合传感器的使用来检测用户的肢体动作,并通过相应的软件进行分析并做出反馈。

6.1.6　绘画板

绘画板又称数位板,是支持计算机上的手工绘图的工具。在计算机上进行手工创作时,计算机通常只能提供一些简单的线条(如直线、矩形等),而绘图则需要手工描绘出曲线,虽然使用鼠标可以完成这种操作,但是鼠标的使用不够灵活方便。绘画板是一种模拟用户在纸张上进行绘图的设备,通常由一块板子和一支压感笔组成,如图6-10所示。绘画板提供多种画笔,并能准确感应到用户的使用力度,当力度变化时,呈现出的线条粗细也有相应的变化。

绘画板的另一个应用则是手写识别功能。由于绘画板能记录用户的笔尖轨迹,所以通过相应的驱动程序可以对其进行识别,从而转化为相应的汉字或者字母,这种输入方式比键盘打字更加自然。随着文字识别和模式识别等算法的改进,现代的手写识别功能已经有了非常高的准确率,使用户能连续进行手写输入。手写识别的设备通常与绘画板相同,但根据触控原理的不同可分为电磁感应手写板、触控屏、超声波笔等几类,如图6-11所示。

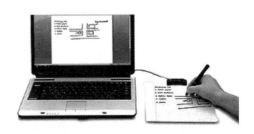

图6-10　绘画板　　　　　　　　图6-11　手写板

◆ 6.2 输 出 设 备

数字媒体计算机除了采用显示器作为基本的图像输出设备,还包括若干处理图形图像、音频的设备,包括打印机、投影仪、声卡、音箱、耳机、数码冲印设备等。其中,关于显示器部分的内容在第 3 章已经有详细的介绍,本节不再赘述。

6.2.1 打印机

打印机是计算机的常用输出设备之一,它将计算信息输出到纸张等介质上,从而长久保存输出信息,故而也被称为硬拷贝设备。

常见的打印机按照基本原理,可以分为针式打印机、喷墨打印机以及激光打印机 3 类,如图 6-12 所示。针式打印机是让触针接触纸张进行打印,而喷墨打印机和激光打印机都是将墨粉喷射在纸张上进行打印。最新的 3D 打印技术,则可以创造出一个真实的三维物体。根据打印机使用的具体技术和关键结构,又可以分为柱形、球形、喷墨式、热敏式、激光式、静电式、磁式、发光二极管式等类型。

(a) 针式打印机 (b) 喷墨打印机 (c) 激光打印机

图 6-12 三种常见的打印机

针式打印机也称为点阵式打印机,是一种利用固定数量的针脚进行冲击式打印的设备。一般来说,针式打印机有 24 根针脚,打印机内部的处理芯片根据收到的打印信号源,对针脚进行控制,用电流驱动针脚尾部的线圈带动针脚向色带撞击。此时色带与打印纸接触后印上油墨,一个针脚在一次撞击中可以在打印纸上留下一个小圆点,经过多次撞击,便能打印出完整的文字图像。由于针式打印机的物理接触特性,通常用于打印复写纸,用户可以根据需要选择复写纸的联数并一次性打印出来。

喷墨打印机在打印图像时,打印机内部的喷头快速扫过纸张,喷出无数个细小墨滴,从而形成打印图案。喷头上一般至少有 48 个喷嘴,喷嘴越多,打印的速度也越快,有些喷头的喷嘴只能喷出一种颜色的墨水,有些则可以一个喷嘴喷出多种颜色,多种颜色的组合就可以形成多种复合色彩。

激光打印机采用静电打印过程,激光束直接扫描打印机的感光元件而产生图像。在打印时,先生成打印页面的位图,根据位图释放相应的激光束,当激光照射到感光器件时就在接收器相应位置产生一个点,再让鼓上的着色剂附着在纸上。最后将纸张用加热辊加热,使上面的着色剂受热熔化固定,从而完成打印的全过程。激光打印机可以快速打印出高质量的图案和文字。

衡量打印机质量的主要技术参数包括打印分辨率、打印速度等。打印分辨率越大,打印质量越好,单位是 DPI(dot per inch),其含义是指每英寸内打印的点数。DPI 值越高,打印输出的效果越精细,越逼真,当然输出时间也就越长,售价越贵。一般针式打印机的分辨率是 180DPI,高的打印分辨率达 360DPI;喷墨打印机为 720DPI,稍高的打印分辨率为 1440DPI,也可高达 2880DPI;激光打印机为 300DPI、600DPI,高的打印分辨率为 1200DPI,也可高达 2400DPI。

打印机的打印速度是用每分钟打印多少页纸(pages per minute,PPM)来衡量的。喷墨打印相对针式打印方式来说更快,激光打印在三种打印方式中是最快的,一般激光打印的彩色和黑白打印速度都在每秒十几页。

3D 打印机基于三维模型数据创造出真实的三维物体,利用计算机的控制,将打印材料(包括塑料、金属、食品、水泥、木材等)连续地铺设在空间中。类似喷墨打印机在纸张上喷射一层墨粉形成二维图像,3D 打印机则是通过铺设多层打印材料,并且层与层之间连续不断,以此累积形成三维物体。

6.2.2 投影仪

投影仪是将图像或视频放大后投射到幕布上的设备,广泛用于学校、办公室等公共场所。随着技术发展,投影仪的应用也越来越广,如家庭影院、商务会议、学校教育、影院放映、测量投影等。投影仪按照工作方式可以划分成 3 类,即 LCD 投影仪、CRT 投影仪和 DLP 投影仪,如图 6-13 所示。

(a) LCD 投影仪　　　　(b) CRT 投影仪　　　　(c) DLP 投影仪

图 6-13　三种常见的投影仪

LCD(liquid crystal display,液晶显示器)使用一个金属卤化物灯发射出光线,并将光线透过一个棱镜或一系列二向色滤光器,使光线分离至 3 个(红色、绿色、蓝色)多晶硅面板,形成视频的信号源。当偏振光穿过面板时,每个像素点可以开关以决定该像素点位置是否允许光线通过。像素点的开关状态的组合就形成了投影图像中的各种颜色和阴影。

CRT(cathode ray tube,阴极射线管)投影仪使用小型高亮度阴极射线管产生图像,大多数 CRT 投影仪拥有 3 个独立的阴极射线管和各自的透镜,输入的视频信号被分为红、绿、蓝 3 种颜色发送至 3 个阴极射线管,经过透镜聚焦以及主镜头放大产生投影画面并投影在幕布上。

DLP(digital light processor,数字光处理器)投影仪是一种基于光学微机电技术的显示设备。DLP 投影仪中的芯片以矩阵形式布置了许多微小的镜片,通过这些镜片可以产生一幅图像,该器件也称为数字微镜设备(digital micromirror device,DMD)。DMD 上的镜片非常小,每个镜片对应投影图像中的一个或多个像素点,镜片的数量对应图像的分辨率,芯片控制这些镜片快速改变位置,以此通过镜片来反射光线形成图像。DLP 投影仪用于从传统静态显示到交互式显示的各种显示应用及医疗、安全和工业用途在内的非传统嵌入式应用。

6.2.3 音频播放器

音频播放器又称音频输出设备,与声音输入时的声电转换对应,播放器是实现电声转换的器件,即电声器件。根据使用方式、适用领域的不同,播放器有扬声器、受话器(receiver)、耳机等。

1. 扬声器

扬声器又称喇叭,是音响系统中的关键部件。按照不同的分类标准,扬声器可以划分出很多种类。按使用情况,可以分为外置和内置;按纸盆形状,可以分为圆形、椭圆形、双纸盆等;按频域范围,可以分为低频、中频、高频等;按照电声转换的原理,扬声器可以分为动圈式、电容式、压簧式、晶体式等。在这里,我们主要针对不同结构原理的扬声器来讨论。

动圈式扬声器又称电动式扬声器,在原理上与动圈式麦克风相对应。当有电信号通过处于磁场中的音圈时,产生电流的磁效应,使得音圈带有变化的磁场并与永久磁场发生作用,从而沿轴向振动。动圈式扬声器是普及程度最高的一类扬声器,其柔和的音色,良好的低音播放能力,宽广的频域及优秀的性价比,使得它被广泛应用在收音机、录音机、手机听筒、车载音响、壁挂式音箱等各个领域。

电容式扬声器又称静电式扬声器,在原理上与电容式麦克风相对应。它利用变换的电流信号使得振膜(极化电极)积累电荷,并受到电场作用产生振动。静电式扬声器的优点是能捕捉音乐信号中的细微变化,声音的还原度高,音质较好。然而,由于需要极化电压且体积较大,使得它在很多场合并不适用。较高的技术要求和制造成本,也是限制电容式扬声器普及的重要因素之一。

压簧式扬声器又称电磁式扬声器。它的原理与动圈式扬声器类似,也是利用电磁感应原理,当声音流过音圈时将舌簧磁化,使其与磁体相互作用产生驱动力,从而带动振膜振动,发出声音。这种扬声器的音质较差,目前已经基本上被淘汰。

晶体式扬声器又称压电式扬声器,它利用压电材料的逆压电效应进行电声转换。逆压电效应是指当在电介质的极化方向施加电场,电介质就在一定方向上发生形变的现象。晶体式扬声器结构简单,价格低廉,且不需要提供偏压,但它的失真度大,音质较差,因此目前已较少使用。

除上述的几类常用扬声器外,还有一些原理上较为特别的扬声器,如气流扬声器、离子扬声器等。**气流扬声器**是通过利用电信号调制压缩气流实现播放功能的,主要用于远距离扩声、远程报警等场合。**离子扬声器**是一种还处于设计和研发阶段的播放器件,它的特别之处在于没有振膜,而是直接驱动离子化的空气发声,这样的好处是良好的瞬态特性和高频特性,对声音的还原度有很大的提升。

2. 受话器

受话器也叫听筒,是指一种能在无声音泄露的条件下实现电声转换的器件,常用在各类通信装置终端以及助听设备中,如图 6-14 所示。与扬声器一样,受话器的结构类型有不同种类。然而,使用最广泛的还是动圈式受话器。动圈式受话器的原理与动圈式扬声器类似,使用音圈通过电信号时的磁效应进行振动,产生声音。因此,也有文献将受话器归类为扬声器的一种。

图 6-14 受话器

受话器与一般扬声器的区别在于,受话器在结构上更加精密,尺寸更小;在应用上,受话器主要针对较低功率的低频声信号,因此所选材料的材质和电路的电气特性也与普通扬声器不同。

3. 耳机

耳机是一对独立的电声转换单元,接收来自播放器的电信号,并在贴近人耳处将其转换为声信号。严格地讲,耳机中的装置也是小型的扬声器。但在结构和实际应用中,耳机扬声器与普通喇叭又有所区别。根据原理不同,耳机可以分为动圈式、动铁式、圈铁式和静电式等几种。

动圈式耳机是目前耳机市场的主流,原理类似于动圈式扬声器,这里不再赘述。动圈式耳机的原理简单,而且由于起源较早,经过不断的发展,技术已经十分成熟。它的优点在于,音质偏自然,低频信号效果尤其好,可以满足大部分用户的需求。另外,动圈式耳机可以通过提升振膜的尺寸来提高音质,既适用于小型耳塞又可用于大单元耳机。它的不足之处在于,受限于物理结构,在应对高频信号和细节处理时可能会失真。

动铁式耳机在原理上与动圈式耳机相似,但是动铁式耳机的音圈缠绕在一个称为平衡衔铁的铁片上,使得通过电流时,衔铁被磁化并在磁力作用下振动发声。这样处理的优势在于它的发声单元稳定性强且体积很小,很适用于制作入耳式耳塞,从而起到较好的隔音和防漏音效果。同时,动铁式耳机拥有较高的灵敏度,在高频动态处理和细节表现等方面比动圈式耳机更加出色,因此受到很多高端用户的青睐。由于技术含量较高,动铁式耳机的成本也相对更高,而且部分使用者认为,动铁式耳机的音质相对"冰冷",特别是在处理低频成分时较缺乏真实感。

圈铁式耳机,顾名思义是结合动圈和动铁两种技术的新式耳机,如图 6-15 所示。常见的组合方式有单动圈加单动铁的二单元,单动圈加双动铁的三单元,乃至更高的四单元、八单元等。在圈铁式耳机中,高频成分由动铁单元承担,实现高灵敏度的良好瞬态表现;低频和中频成分由动圈单元承担,发挥其温和、自然的音质优势。因此,圈铁式耳机在音质上表现更加出色。当然,其价格也相对较高。

图 6-15 圈铁式耳机

静电式耳机的原理与电容式扬声器类似。它的振膜处于变化的电场中,由直流电压极化后将通过的电信号转化为声信号。由于耳机振膜可以做得极轻、极薄,所以静电式耳机的高频特性和瞬态反应远超于一般的动圈式耳机,失真度更小,音质更加细腻。它的缺点在于耳机的体积大、质量大。而且,静电式耳机需要专门的前端驱动,对平时的维护、保养等方面都有较高的要求,再加上十分高昂的价格(数万元乃至数十万元),静电式耳机目前还属于小众范畴。

6.3 存储设备

数字媒体计算机采用的存储设备与其他常用的存储设备相同,包括内存、硬盘、光盘、U盘等。关于硬盘、光盘、U盘的工作原理与技术指标在第 3 章中已经有详细的讨论,因此这里主要介绍近年来新兴的,并且与数字媒体领域关联紧密的内存卡和网盘技术。

内存卡(memory card)也称为闪存卡,常用于便携式电子设备的存储,如数码相机、手机、平板计算机、便携式媒体播放器等,是十分常见的数字媒体存储设备。内存卡利用闪存技术进行存储,通常分为 SD(secure digital)卡、CF(compact flash)卡、记忆棒(memory stick)、MMC(multi media card)卡等几种类型,如图 6-16 所示。

(a) SD卡   (b) CF卡   (c) 记忆棒   (d) MMC卡

图 6-16 几种内存卡

SD 卡是由 SD 卡协会(SD Association,SDA)开发的用于便携式设备的非易失性存储卡,于 1999 年 8 月由 SanDisk、松下电器(Panasonic)和东芝(Toshiba)共同推出,作为 MMC的一项改进,如今已成为行业标准。

CF 卡是早期存储卡格式中最成功的,超过了 SD 卡。但在后期与几种内存卡如 MMC、SD 卡、XD 卡的激烈竞争中被逐渐淘汰。这些卡大部分都比 CF 卡尺寸小,同时提供相当的容量和速度。

记忆棒最初由索尼公司在 1998 年年底推出,是一种允许更大的存储容量和更快的文件传输速度的内存卡。作为一种专有格式,索尼公司最早在 2000 年时就在自家产品上使用了记忆棒,如 Cyber-shot 相机、VAIO 个人计算机和 PlayStation Portable。这种内存卡在早期授权给其他一些公司,但是随着 SD 卡的日益普及,虽然索尼仍在某些设备上支持记忆棒的使用,2010 年索尼也开始支持 SD 卡格式。

MMC 卡是用于固态存储的存储卡,由 SanDisk 和 Siemens AG 于 1997 年公布,尺寸大约是邮票的大小:24mm×32mm×1.4mm。MMC 最初使用 1 位串行接口,但新版本规范允许一次传输 4 或 8 位,可用于许多支持 SD 卡的设备。

网盘,又称网络硬盘、云存储,是一种基于网络的在线存储服务,用户通过因特网管理、编辑网盘里的文件。网盘不同于传统存储设备,是互联网时代新兴的一种数据存储模式。

数据存储在逻辑池中,而实际的物理存储通常跨越多个服务器,由提供云存储的公司管理和拥有。这些提供商负责数据的可用性以及访问,并提供物理环境保护,用户从供应商处购买或租用存储容量,通过网络传输将数据存储在网盘上。

网盘可以通过 Web 服务 API 或调用 API 的应用程序来进行访问,采用的是一种基于高度虚拟化的基础架构。网盘由许多分布式的资源组成,但是仍然作为一个整体并在联合存储云架构中起作用,同时通过冗余以及数据分配等手段实现高度的容错能力。为了保证数据的稳定性,网盘还会创建数据副本,并保持存储数据与副本的一致性。

目前在国内提供云存储服务的主要供应商有百度网盘、阿里云盘、腾讯网盘等,国外的网盘主要是 OneDrive、MediaFire、DivShare 等。

◆ 6.4 传 输 设 备

6.4.1 网络适配器

网络适配器(network adapter)又称网络接口卡(network interface card),简称网卡,是将计算机连接到计算机网络的计算机组件,如图 6-17 所示。早期的网卡通常作为扩展卡连接在计算机总线上,现代网卡则内置于计算机主板上,同时也提供了更高级的功能,例如,主机处理器的中断和 DMA 接口,支持多个接收和发送队列,分区到多个逻辑接口以及在线控制网络流量处理(如 TCP 卸载引擎)等。

网卡根据特定的物理层和数据链路层标准(如以太网或 WiFi)来配置相应的电路,既是物理层又是数据链路层设备。它提供对网络介质的物理访问,对于 IEEE 802 和类似网络,通过使用唯一分配的 MAC 地址提供低级寻址系统接口。

按照传输介质区分,网卡分为有线和无线两种,如今常用的光纤网卡就属于有线网卡。网卡自带处理器和存储器,可以解决网络数据传输速率与计算机总线数据传输速率不匹配的问题。计算机网络中,数据通过电缆或双绞线进行传输数据时,数据是以串行方式进行传输的,而数据到了网卡后进入计算机内部是按照并行的方式通过总线完成的,所以网卡上的处理芯片负责数据的串行与并行之间的转换。

无线网卡(wireless network adapter)是基于无线网络的网络适配器,工作在物理层和数据链路层,在工作时使用天线通过微波辐射进行通信,如图 6-18 所示。早期的无线网卡是插在计算机总线的扩展槽上工作的,但随着 WiFi 的普及,移动设备的主板上基本都集成了无线网卡。

图 6-17　网卡

图 6-18　带有天线的无线网卡

　　无线网卡根据采用的不同无线局域网标准有不同的传输速率限制,例如,802.11a 标准规定使用 5GHz 频段,传输速率为 54Mb/s;而 802.11b 标准规定使用 2.4GHz 频段,传输速率为 11Mb/s。

　　无线网卡的使用需要在无线网络的有效覆盖范围内,在实际使用中,受限于障碍物的信号阻隔,无线网络的最大数据吞吐速度只能在距离信号源 7.6m 左右的范围内达到,若超出了有效范围,数据传输速率会降至 1Mb/s 左右。

　　在计算机有线网络的组网过程中,除了配备有线网卡,还需要网络电缆。网络电缆可以将一个网络设备连接至其他网络设备,从而进行数据传输。关于网络电缆的定义与类型描述见本书 4.6.2 节。

6.4.2　蓝牙

　　蓝牙(bluetooth)是一种无线技术标准,用于在固定和移动设备以及个人局域网(PAN)环境下的短距离内进行数据交换。蓝牙由一个称 SIG 的组织管理,IEEE 将蓝牙标准化为 IEEE 802.15.1,但不维护这一标准。蓝牙的工作频段在 2400～2483.5MHz,在工作时将传输的数据分割成数据包,通过 79 个指定的蓝牙频道进行数据包传输,每个频道的带宽为 1MHz。

　　蓝牙最多可以支持一个主设备同时连接 7 个从设备,通过蓝牙技术,可以在没有网络的情况下进行数据交换,如传输照片、视频等。如今越来越多的设备支持蓝牙播放音乐,如无线音箱、无线耳机等,通过蓝牙与手机等移动设备连接,便能播放音乐。

◇思考题 6

　　1. 在你身边还有哪些数字媒体类输入设备？并说明该输入设备如何将原始信号转换为数字信号。

　　2. 在你日常生活中使用过或接触过的数码产品中哪些使用了触摸屏？这些触摸屏具体使用了哪种技术？

　　3. 主流的音频采集和播放设备有哪几种分类？你常用的麦克风和扬声器使用了其中哪些技术？

　　4. 为什么数字媒体类输入设备看上去比输出设备种类更多？

第 7 章

数 字 音 频

声音是传递信息的重要媒介,是人们最常用、最方便、最熟悉的信息传递形式之一。可以说,声音作为信息媒介,从人类文明诞生开始就一直伴随人类到现在。如今的数字媒体信息中,音频信息依然是最重要的组成部分之一。本章首先介绍音频的相关基本概念,接着描述有关音频的处理和应用技术,最后介绍一些常用音频处理软件的用途和使用方法。

◈ 7.1 音 频 概 述

7.1.1 声音的特性

物理意义上,声音是一种由物体振动产生和传播的机械波。因此,与其他形式的波一样,声音具有频率和振幅两个基本参数。频率是周期的倒数,表示单位时间内声波中出现的周期数目,以赫兹(Hz)为单位。振幅是描述声波波形幅度大小的单位,常用单位是分贝(dB)。

在频率和振幅的基础上,声音具有三要素:音调、音强和音色。

音调取决于频率高低。频率越高,音调越高,声音更尖更细;频率越低,音调越低,声音更低更粗。

音强取决于振幅大小。振幅越大,音强越大;振幅越小,音强越小。

音色是描述自然界中的声音,其实是由"基音"和若干个"谐音"构成的复合音。正如不同的谐波可以组成各式各样的波形,不同的声音分量的组合构成了不同的音色。

虽然物理上频率只决定音调,振幅只决定强度,但由于人耳的听觉特性等原因,它们之间还存在一些较为复杂的关系。例如,对于不同频域段的声音,人耳对于音强的敏感程度有所不同。通常,人耳可以感受的频率范围为 20~20 000 Hz,低于此频域的声音称为次声波,高于此频域的声音则被称为超声波。实验表明,人耳对 2000~5000 Hz 频率范围的声音最为敏感;而在低频区和高频区,需要较高的振幅才可以被听到。又如,特定情况下会出现一个音频信号阻碍听觉系统识别另一种音频信号的现象,称为掩蔽效应。掩蔽效应发生的原因可能是在同一频率范围内,同时存在一强一弱两个音频,则强音频可能会掩盖弱音频;也有可能由于人的大脑需要一定反应时间,从而难以分辨短时间内一前一后出现的两个音频信号。可见,声音作为信息载体的功能性会受多方面因素的影响,需要结合复杂的实际条件来考量。

7.1.2　音频和数字音频

音频是一个专业术语,英文为 audio frequency,一般指正常人耳可以听见的声音的大致频率范围,即 20～20 000Hz;有时也指包含在这一范围内与声音有关的设备及应用。

音频的
数字化

自然界的声音都是由振动产生并传导的机械波。基于此原理,早期的音频信号采用模拟波形的方法来记录、存储和传输声音信息。例如,老式录音机就是用电信号模拟声音波形,再将其记录到磁性材料载体中,从而实现声音的存储和重放功能。20 世纪的模拟通信,也是利用传声器将发送端用户的声音转换成电信号,加以调制后通过导线传递到接收端用户并解调、播放,实现声音的远距离传输。

模拟音频信号的优点在于原理和电路相对简单,而且它在时间和幅度上是"连续"的,即用完整的电信号波形来描述声音波形,因此理论上它有无穷大的分辨率,可以完美地复制和还原信号,但它的缺点也是十分突出的。首先,模拟信号的传输过程保密性差,不论是有线通信还是微波通信,模拟信号都很容易被截取,从而暴露通信内容。其次,模拟信号的抗干扰能力差,模拟信号在沿线路的长距离传输时必定会衰减,这就需要使用放大器对信号进行处理,从而使信号越发畸变;同时,传输的过程中本身也存在通信系统外部和内部的各种噪声。这些干扰都是难以避免,而且无法复原的,严重影响了通信的质量。另外,在现今盛行多媒体的时代,单一的模拟音频难以与其他媒体类型结合,实现更全面、多元的功能。

由于模拟信号在技术上受到诸多限制,现代的音频信号一般都由数字音频形式表示,其优势是明显的。数字信号具有存储方便、传输便捷、传输过程中安全且没有失真等优点。在声频信息的编辑等方面,数字音频也更适用于计算机和多媒体的处理。相比模拟音频,数字音频的技术要求相对更高,系统更复杂。由于数字信号都是由若干个二进制数字表示,因此它必然是离散的。要保证离散的信号能较好地拟合声音本身,需要在采样和量化方面满足一定的要求,这将在接下来的章节中讨论。

◆ 7.2　音频的数字化处理

音频的数字化处理,就是将作为输入的模拟音频信号向数字音频信号转换的过程,又称模数转换;在经过存储或传输后,又要将数字音频信号转化为模拟信号,通过设备播放,称为数模转换。数模转换就是模数转换的逆过程。

一般的音频数字化过程中,包含采样、量化及多声道处理等步骤。

7.2.1　音频采样

通过麦克风等录音设备采集到的模拟音频信号是连续的。将它转换为离散的数字信号,首先需要经过采样处理。采样就是按照特定的时间间隔,读取模拟音频信号波形的幅度值,并将其记录下来的过程,如图 7-1 所示。这个时间间隔称为采样周期。常用的采样方式中采样周期固定的称为均匀采样;而周期不恒定的采样,称为非均匀采样。

采样周期的倒数称为采样频率,单位是 Hz。它表示单位时间内截取的声波幅度样本数

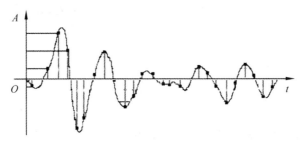

图 7-1 音频采样过程示意图

目。这一参数直接决定了采样的质量以及音频数字化的效果。一般来讲,采样频率越高,采集到的样本越多,将连续波形离散化时所丢失的信息就越少,声音的保真度越高。但是过高的采样频率会占据过大的数据存储空间,而人耳的辨别能力是有限的,不一定需要完美的保真度,因而实际情况中采样频率也不是越高越好。

采样频率的高低需要参考尼奎斯特采样定理,即采样频率大于或等于被采样信号本身最高频率的两倍,则理论上就能利用所采样本信息还原成原始信号,如图 7-2 所示。换言之,理论上原始信号的每个最小周期中至少要采样两个点,才能不失真地还原声音。在实际的使用中,一般采用更高倍数的采样频率以确保还原效果。

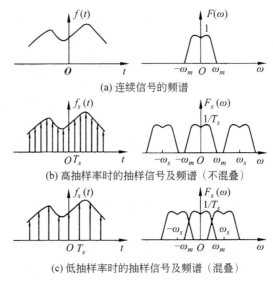

(a) 连续信号的频谱

(b) 高抽样率时的抽样信号及频谱（不混叠）

(c) 低抽样率时的抽样信号及频谱（混叠）

图 7-2 尼奎斯特采样定理

针对不同定位,在数字音频领域选用的采样频率也不同。目前音频常用的采样频率有 11.025kHz、22.050kHz、44.100kHz 等几个级别。人的嗓音频率在 $85\sim1100\text{Hz}$,但由于说话时气体通过口腔各部位时还会引发其他的相关振动,在实际录音中影响效果的频率在 $300\sim3500\text{Hz}$,因此语音通话的采样频率达到 11.025kHz 就可以基本满足要求。22.050kHz 的采样频率能达到音频广播的要求,而 44.100kHz 频率已经是常用 CD 音质的标准采样频率。一般人耳所能分辨的最高频率为 20kHz,根据尼奎斯特定理,44.100kHz 的采样频率已经可以较好地保证还原度。更高采样频率的音频应用也是存在的,如一些蓝光格式媒体支持的音频采样频率达到了 96kHz 乃至 192kHz,专业录音行业的也常常要求 192kHz 的采样频率。这是因为,虽然人耳对 20kHz 以上的声波频率很不敏感,但仍有一定的感知能力,如果直接删去高频成分也可能让听者产生不真实感。另外,采用更高的采样频率,在音频的后期处理时也更为有利。

7.2.2　音频量化

采样将连续的音频波形变为一系列离散的幅度值,但这些值仍是以模拟形式表示。也就是说,虽然它们在时间上是离散的,但在数值上是连续的,即在某一个较小的电平范围内也有可能存在无穷多个数值,这显然是不适用于数字化处理的。音频的量化,是指把采样所得的样本幅度值,进行离散化的处理。

量化过程也分为两阶段。先将采集到的信号幅度值分为若干个区间,然后将各样本值分类到各个区间中。如果采用等阶距量化的方法,称为均匀量化或线性量化。但由于人耳的敏感度与音强并不是线性关系,在实际的量化操作中常根据听觉特性,设置不同阶距的非均匀量化。非均匀量化的一般步骤是先采用一个非线性变换关系,将原始幅度值进行压缩处理,再对其进行均匀量化。常用的变换函数有 μ 律压缩和 A 律压缩两种。

量化操作中有一个重要参数:量化精度(量化位数)。由于量化其实是采样的后续操作,所以这一数值又称为采样精度(采样位数),它是指音频量化后样本值的位数,单位为二进制位每秒,(b/s)。这个位数反映了对音频幅度描述的准确程度,实际上也是声卡在采集、处理、播放音频信号时所采用的位数。因此,它与数字音频的质量有直接关系。采样位数越高,对声音的解析度越高,音频的动态范围越广,音质更佳,不论是刻画细腻的声音还是震撼的音效,都更加真实。老式声卡系统采用 8 位量化,将音频分为 256 个精度单位处理,信号损失较大;目前的声卡一般采用 16 位精度,可以用 64 000 个精度单位刻画声音,能满足绝大部分用户需求。高端的声卡则可以达到 24 位乃至 32 位精度,一般用于更专业的技术处理中。

7.2.3　音频声道数

除了采样和量化,多声道处理也是如今音频数字化的重要步骤。声道数,也就是声音中相互独立的波形个数,已经成为影响音质的重要因素。

早期的音响设备受技术限制,只能支持单声道播放。有专业术语将单声道的特性称为“钥匙孔效应”。这是一种形象的比喻。一个好的播放系统应该能真实地反映音乐厅内各种复杂的声音信息,包括直达声、混响声、近次反射声等。这些声音来自不同方向,听者利用双耳效应可以感知、分辨。但单声道的播放源只有一个点,所有的声音信息都来自这个点的方向,这就像听众不是坐在音乐厅内部听音,而是在音乐厅外,透过一个钥匙孔来听声音。

随着技术的发展和听众要求的提高,双声道立体声系统走入人们视野。双声道播放的原理对应双耳效应,能有效消除钥匙孔效应,大大增强了还原度和临场感。此外,双声道技术的普及还强化了多媒体的功能性。例如,利用双声道技术将歌曲中的伴奏和原唱分离,用在 KTV 娱乐中;将不同语种的配音存放在视频文件的不同声道中,由用户自主选择,可以满足不同语言用户的需求。

虽然双声道相比单声道已经有了很大进步,但它也并不完美,由两个声源来模拟各种场景中复杂的声音是远远不够的。20世纪70年代,杜比实验室开发了新的立体声技术,利用4条声道分别模拟左前、右前、左后、右后的声音信息。这就像是用不同的声源将听众包围起来,所以称为环绕立体声技术。在当时,声音的处理仍是基于模拟信号,但是杜比立体声的面世已经为如今的数字音频多声道技术奠定了基础。

目前常用的音响系统有4.1声道、5.1声道和7.1声道。其中,前面的数字是指普通喇叭的数量,而".1"指专门用来播放低频信号(3~120Hz)的低音扬声器,也就是常说的低音炮。4.1声道就是使用左前、右前、左后、右后4个音箱(又称为卫星音箱)配合低音音箱形成立体声,而5.1声道系统则是增加了一个中置音箱以增强整体的音质效果,这是目前影院中流行的主要配置,声源的方向分为左前、中间、右前、左后、右后。更加高级的7.1声道系统,则又加入了左中和右中两个环绕声。

◆ 7.3 音频编码与压缩

随着音频设备的发展和用户需求的提高,音频的采样频率和量化精度有向更高端发展的趋势,再加上多声道立体声等技术的兴起,数字音频所要求的数据处理时间和传输存储容量越来越大。因此,对音频的编码压缩处理十分重要。

7.3.1 比特率

在详细介绍编码技术之前,应该首先了解比特率的概念。在计算机和通信学中,比特率(bit rate)是指每秒传送的比特数,单位为b/s。音频处理中,比特率特指将模拟信号转换为数字信号后,单位时间内的二进制数据量。例如,一个采样频率为44.1kHz,量化精度为16位的双声道音频文件,未经过压缩的比特率为$44.1k/b \times 16 \times 2/b = 1411.2k(b/s)$。

由于比特率表示单位时间内音频包含的数据量,因此它是最直观反映音质的参数。显然,比特率越大,保真度越高,音质越好。目前所说的CD音质、无损音质,就是指44.1kHz、16位精度的音频格式。

然而对于很多用户来说,这是没有必要的,大多数情况下人的听觉没有敏感到必须使用无损音频的程度。反而,这样的音频文件占用了很大的存储空间。经过简单的换算可以得到,无损音频每分钟使用约10.34MB的存储容量,一首5min的音乐就要占用50MB以上。所以,常用的声频文件很多都是经过了压缩的格式。一般来讲,比特率达到128kb/s和192kb/s已经可以满足一般听众的使用,而320kb/s的音频对人耳而言已经十分接近于无损音质。由于常用的音频都经过了压缩,因此音频文件的比特率也常常用来描述声音的压缩程度。

7.3.2 音频编码的类型

音频编码是指将声音信息经过采样、量化后,转换成二进制码组形式的技术。编码的过程,实际上也是将音频信息进行适当压缩的过程。常用的编码可以分为波形编码、**参数编码**、混合编码等几类。其中,波形编码的质量较高,但编码效率低;参数编码的编码效率较高,但质量较差;混合编码是结合这两种方式的折中处理,质量和效率介于两者之间。此外,还有一种结合了人耳听觉特性和心理声学等因素,将人耳无法感知的成分直接消除的编码技术,称为感知编码。

1. 波形编码

波形编码是基于统计方法的编码过程,通过对音频信号的数字化处理,使重建后的声波波形达到与原信号波形基本一致的效果。总体来说,波形编码是基于变换的。因此,波形编码往往损失小,保真度高,但压缩度较低。常见的波形编码算法有脉冲编码调制(pulsecode modulation,PCM)、差分脉冲编码调制(differential pulse code modulation,DPCM)、自适应脉冲编码调制(adaptive pulse code modulation,APCM)、自适应差分脉冲编码调制(adaptive differential pulse code modulation,ADPCM)、子带编码(subband coding,SBC)等几种。下面将分别对其简单介绍。

脉冲编码调制是最简单、最基础的波形编码。实际上它就是在将模拟信号采样、量化后,直接用一组二进制码组与每一个离散幅度的值一一对应。换言之,编码其实是在量化的过程中同时完成的。这是一种无压缩、无损失的编码方式,缺点是数据量大,占用存储空间多。

差分脉冲编码调制是一种结合了预测算法和样本间的信息冗余度来进行编码的方式。在编码时,通过分析过去的样本值来预测下一个样本值,然后把实际值与预测值比对,将其差值进行编码。由于声波信号往往具有规律性,所采集到的幅度样本之间自然也存在较高的关联度。所以,只要选择合适的预测算法,预测结果和实际值都是较为接近的,其差值的变化范围也较小。因此,只需要使用较少的编码位数就可以完成编码任务,从而达到减少冗余度、进行压缩的目的。

自适应脉冲编码调制是一种根据音频信号幅度的大小,改变量化阶距大小的一种编码技术。在输入信号幅度较大时,阶差增大;输入信号幅度较小时,阶差减小。自适应变化的周期也是可调的,可以在短时间内快速变化,也可以在较长的周期内缓慢变化。这种动态变化的编码方式可以使编码精度更高,同时一定程度上避免了码字的浪费,起到压缩的效果。

自适应差分脉冲编码调制是结合 DPCM 和 APCM 的编码技术,兼备自适应特性和差分特性。一方面,使用自适应的预测算法和量化方式,设置不同的量化阶距来对预测差值进行编码。这种方式既能有效减少编码位数,又可以较好地解决 DPCM 应对幅度值急剧变化时噪声较大的问题。

子带编码是另一种编码思路。它将模拟声音信号分解为不同频带的分量(即子带)来去除信号之间的相关性,再将各分量分别进行采样、量化、编码处理。这样操作的好处是,可以针对不同频段选择不同的编码规则,例如,将人耳敏感的部分进行细化编码,而将人耳不太敏感的部分则可以较为粗糙地处理,从而节省编码字数。子带编码也常与 DPCM 等技术结合使用,达到更好的效果。

2. 参数编码

参数编码是一种适用于低比特率的编码形式。它的核心思想是,将音频信号用某一个模型表示,仅对模型中的参数进行编码;在解码和播放时,利用这些参数重建声音信号。常用的模型有激励模型、弦波模型、随机噪声模型等。

参数编码的优势在于不需要严格的声音信号结构,可以灵活地描述音频特征,同时,只需要传递参数的编码形式使得它拥有极高的压缩率。相应地,参数编码的缺点是算法相对复杂,而且音质往往较低。得益于其多变性,参数编码拥有良好的保密能力,从而使它经常用于军事信息传递。另外,由于模型和参数实际上也可以由使用者自己确定,所以参数编码也能用于语音和音乐的分析、合成。

3. 混合编码

混合编码结合了波形编码和参数编码的优点,既能达到较好的音频质量,又使得编码效率和压缩率较高。线性预测算法(linear predictive coding,LPC)在混合编码中十分常用,常见的算法有码激励 LPC、矢量和激励 LPC、低延时码激励 LPC 等。混合编码常用的领域有移动通信和语音邮箱等。

4. 感知编码

感知编码不是一种独立的编码格式,而是一种消除冗余的编码思路。它利用人耳的听觉特性对音频成分进行区分,凡是人耳感知不到的部分就不编码,而能感知到成分中,也允许在一定范围内失真,从而达到减少数据量而基本不影响音质的效果。

感知编码所应用的听觉效应和心理声学是广泛、复杂的。例如,利用人耳频域听觉门限,将低于 20Hz 且高于 20kHz 的频域过滤掉,并且使用自适应算法使得编码精度随频率变化,只在人耳最为敏感的 2000～5000Hz 进行精密编码;结合声音的掩蔽效应,直接将被掩蔽的声音成分滤除等。

◆ 7.4 常用音频格式及标准

与其他文件类型一样,音频数据的存储也有特定的文件格式,如 WAV、MPEG、流媒体等。在本节中,将对几类常用的音频格式做介绍。

7.4.1 CD 文件格式

CD(compact disc)格式的文件扩展名为 cda,它是 CD 唱片通用的格式,遵从精密光盘数字音频(compact disc-digital audio,CD-DA)标准。该标准又称为"红皮书标准",由 Philips 与 SONY 公司在 1980 年制定。标准中规定,CD 音频采样频率为 44.1kHz,量化精度为 16 位,支持左右双声道立体声。音频中每 6 次采样,即 24 字节构成 1 帧(frame),98 帧构成 1 节(section),作为音频处理的基本单位。"红皮书标准"还规定了 CD 音频信号的编码方式以及刻录在光盘上的规则。由于较高的采样频率和量化精度,CD 音频已经接近无损音质,能够满足较高端的视听需求。另一方面,CD 音质的音频需要占用较大的存储空间。因此,对于对音质要求不是很苛刻的用户而言,它并不是最佳的选择。

需注意,以 cda 为扩展名的文件都是 44 字节长的索引文件,本身并不包含音频信息。所以,一般使用专门的播放器播放 CD 光盘中的文件,而不是直接复制到硬盘中播放。要在计算机上播放 CD 音频,需要使用专门的抓音轨软件或者将音频转换为其他格式。

7.4.2 WAV 及其同类文件格式

WAV 格式又称波形格式,采用该格式的音频文件称作 WAVE 文件,扩展名为 wav。

这是由微软公司在 1991 年开发的一种基于波形的声音文件格式,用于保存 Windows 平台的音频信息。标准 WAV 格式的音频文件采用 PCM 编码,支持的采样频率为 44.1kHz,量化精度为 16 位,与 CD 音质一致;再加上微软公司和 Windows 系统强大的影响力,使得 WAV 格式被广泛认可和采用。

WAVE 音频文件有较高的音质,但与 CD 音频一样占用大量的存储空间。不过,得益于其简单的编解码原理和广泛的通用性,WAVE 文件可以支持很多种压缩算法和音频软件处理。因此,常常作为一种压缩变换的中间格式。

这里与 WAV 文件格式一起介绍的,还有 AIFF(audio interchange file format)格式和 AU 格式。它们与 WAV 格式的相似之处在于都支持无损音质。其中,AIFF 格式又称音频交换格式,是 Apple 公司开发,应用于 MAC 平台及其应用程序的音频文件格式。实际上,AIFF 的开发和应用在时间上领先于 WAV。AU 则是 UNIX 系统下的音频格式。在目前 Windows 平台仍是市场主流的环境下,这两类格式的普及程度自然不及 WAV 格式。但是,一般的音频软件都能支持它们的编辑和播放。此外,在 WAVE 文件出现之前,硬件公司 Creative 也推出过一种基于波形的文件格式,即 VOC 格式。这种格式是专供声霸卡(sound blaster)使用的音频格式,带有强烈的硬件背景色彩,随着 WAV 格式的流行已经逐渐被淘汰。

7.4.3　其他无损压缩格式

数字音频的无损压缩是指可以完全恢复音频数据,不引起任何失真的压缩技术。无损压缩音频的压缩效率一般较低,但在节省数据量的同时能保持极高的音质。常见的无损压缩格式有 APE 格式、FLAC 格式等。

APE 是最流行的无损音频压缩格式之一,扩展名为 ape。它由专门的压缩软件 Monkey's Audio 压缩得到,采用类似 WinZip 等专业数据压缩软件的压缩算法,只是压缩后的文件可以直接被播放。APE 格式的压缩率可达到接近 50%,相比原始 CD 音质的数据量还是相当可观的。APE 格式最初是由个人自主发明的作品,目前已经开放其源代码,这也是该格式目前广为流行的原因。但是,它的编解码速度较低,代码开源但不属于开源协议,而且其应用局限于 Windows 平台。这些因素使得其发展、改进受到限制。

FLAC(free lossless audio codec)格式是另一类著名的无损压缩编码方式。与 APE 格式相比,它在压缩率方面表现稍逊;但是,它的编解码效率更高。同时,它的编码技术更加成熟,容错率更高。FLAC 格式的另一个优势支持几乎各种操作平台,并且获得了大量的第三方软硬件支持。这使得它拥有更高的普及度。

除了 APE 和 FLAC 之外,还有其他一些无损压缩格式,如 TAK、TTA、WavPack、LPAC 等。但是,它们的普及率较低,没有进入普通大众的视野。

7.4.4　MPEG 文件格式

动态图像专家组(Moving Picture Experts Group,MPEG)是国际标准化组织(International Standardization Organization,ISO)和国际电工委员会(International Electrotechnical Commission,IEC)联合成立,针对视频和音频的压缩制定国际标准的组织。其制定的标准称为 MPEG 标准。目前,已通过和正在研究的 MPEG 标准主要有

MPEG-1(运动图像和语音压缩标准)、MPEG-2(运动图像和语音压缩标准)、MPEG-4(多媒体应用标准)、MPEG-7(多媒体内容描述接口标准)、MPEG-21(多媒体框架协议)和 MPEG-H(异构环境下的高效编码率和媒体传输)。这里主要讨论与音频压缩关联最直接、最紧密MPEG-1 标准。

MPEG-1 标准在 1992 年正式通过并发布,最早是为 CD 光盘存储介质制定的视频和音频压缩格式,采用运动补偿、离散余弦变换等技术对视频进行压缩。早年流行的 VCD(video CD)就是采取的这一标准。由于经过压缩后视频的图像质量较差,VCD 很快被采用MPEG-2 标准的 DVD 取代。但是,MPEG-1 标准在音频压缩方面却卓有成效。

MPEG-1 的音频压缩编码分为独立的三个层次(layer)。其中,第一层(layer 1)的编码器最简单,常用于盒式录音磁带和 VCD 音频压缩;第二层(layer 2)的编码器复杂度居中,用于数字广播、数字电视和 VCD 等;第三层(layer 3)的编码器最复杂,能达到 12∶1 到 10∶1的压缩率,同时声音信号的流失又不是特别严重。目前十分流行的 MP3 音频格式,指的就是"MPEG-1 layer 3"格式。虽然与前两层相比,该格式的编码复杂度相对较高,但随着计算机技术的不断发展,如今 MP3 格式的压缩编码早已不存在技术困难。由于其高压缩率和良好的音质以及技术的普及,MP3 成为了目前使用最广泛的有损压缩格式之一。

需要注意的是,人们常说的 MP4,指的是 MPEG-4 标准下的媒体格式,与 MPEG-1layer 3 并无直接的承接关系。

7.4.5 MIDI 文件格式

MIDI(musical instrument digital interface)格式,又称乐器数字接口格式,扩展名为midi。顾名思义,这一格式主要针对电子乐器相关的音频设计,主要目的在于解决不同电子乐器之间及数字乐器和计算机之间的兼容问题。这一协议在 1983 年正式通过,并且经过了一系列改良,衍生出了 GM、XG 等格式。

严格地讲,MIDI 更像是一种通信标准,它确定了电子音乐设备之间交换信息和控制信号的方法。MIDI 文件形式采用了参数编码的思想。它不是以声波的形式记录音频,而是用一种描述性的脚本语言记录音频中相关的事件和指令。因此,MIDI 文件占用的存储空间极小,每 1min 的音频只有 5~10kB 的数据量。

MIDI 的用途主要在乐曲作品创作、改写、编排等专业领域,相关音频的编辑和播放也需要专业的软件设备,还要有专门的创作技术和乐曲相关知识,因此适用范围比较小。

7.4.6 流媒体文件格式

流媒体音频结合了网络技术与音频技术,采用分块缓存的形式,实现在线播放音频文件的功能。为了方便传输,流媒体也有专门的音频格式,如 RA、WMA、MOV 和 VQF 等。

Real Media 是由 RealNetworks 公司所制定的视频音频压缩规范,是一种针对网络传输实时播放而开发的多媒体容器格式。它对应的音频文件格式称为 Real Audio,扩展名为ra;视频文件格式则称为 Real Video,扩展名为 rm。在早期的流媒体领域,Real Media 及其相关的技术和产品有重要的影响力。

Windows Media 是微软公司推出的网络流媒体技术,在本质上与 Real Media 接近。其中的音频文件称为 Windows Media Audio,也就是常说的 WMA 文件,扩展名为 wma。

WMA 自从面世之后,经过了一系列更新,在压缩率和音质方面的表现都较为出色。而且,音频压缩率也可调整,既可以达到 18∶1 的高压缩率,又可以选择无损压缩,称为 WMA-Lossless 格式。这种格式不仅可以支持 44.1kHz 采样频率和 16 位精度,还可以满足更高音质的标准,如 96kHz 采样频率和 24 位精度等。此外,WMA 文件在音频版权方面进行了优化,能更好地满足出版方的需求。WMA 格式良好和全面的压缩方案,配合微软公司的大力扶持,使得它不仅在流媒体领域已经领先了 RA 格式,而且在普通音频市场也已成为 MP3 格式的强力竞争者。

QuickTime 是由 Apple 公司面向专业视频编辑、网站创建等领域开发的多媒体技术平台。它可以支持前面介绍的 AIFF 无损音频,也支持压缩音视频文件,扩展名为 mov。这一格式拥有优秀的集成压缩技术,音视频的质量也较好,是流媒体传输播放的良好选择之一。

7.4.7　VQF 文件格式

VQF 即 TwinVQ(transform-domain weighted interleave vector quantization),扩展名为 vqf。这是日本 NTT(Nippon Telegraph and Telephone)集团和 YAMAHA 公司联合开发的一种音频压缩格式。在技术上,这一格式采用独特的编码技术,使它具有较高的压缩率,可以达到 18∶1;而在减少数据量的同时,其音质损耗也较少。

虽然优势众多,但由于宣传不足和未公开技术标准等因素,VQF 格式并未广泛使用。

◆ 7.5　常用音频处理软件

数字音频的处理,需要依赖各种专门的处理软件。如今的音频处理软件已经较为成熟,针对不同的功能和定位提供了很多种选择。这里介绍目前比较常用的音频处理软件。

7.5.1　Adobe Audition(Cool Edit Pro)

Adobe Audition 简称 AU,是 Adobe 公司旗下一款专业音频编辑和混合器。它的前身就是曾经盛极一时的 Cool Edit Pro 软件。Cool Edit Pro 软件最早是在 1997 年,由美国 Syntrilium 公司发布,并经过了多个版本的更新,从起初主要针对多音轨制作,发展出了声效处理、编解码、视频播放、MIDI 制作、CD 刻录等丰富的功能,可以生成多种声音,提供不同的处理特效,支持绝大部分常见音频格式。2003 年,Adobe 公司收购了 Syntrilium 公司的全部产品,将 Cool Edit Pro 改名为 Adobe Audition,并整合了其他一些插件,融入了更强大的技术。

由于其友善的界面和交互设计,以及全方位的功能性,这款软件在音频处理领域有着巨大影响力。如今,AU 仍在被广泛使用,并且在不断的更新中增强编辑效率和处理能力以适应新的需求。

7.5.2　GoldWave

GoldWave 是加拿大开发商 GoldWave Inc.制作的一款免费数字音频编辑器。它集声音的录制、编辑、转换、播放为一体,是一款功能全面的音频处理软件。它最大的特点在于保持较为强大的功能的同时,拥有极小的体型和直观的界面,较新的 GoldWave 版本只占用不到20MB存储空间。GoldWave支持WAV、MP3、OGG、AIFF、AU、AVI、APE等多种格式,可实现均衡、混响、回声、降噪等声音特效和删除、复制、衔接等音频剪辑手段及抓音轨、批量格式转换等实用功能。

7.5.3　Cubase和Nuendo

Cubase是YAMAHA旗下的德国Steinberg公司开发的数字音频工作软件。它最早的版本在1989年面世,只能在Atari平台运行,而且仅有MIDI录音编曲功能。经过近30年的发展,Cubase已经成为支持Windows和Mac双平台,功能全面、性能稳定的专业音频处理器。丰富的插件资源,使得Cubase能满足各种音乐工作的技术需求。在录音、混音、音轨编辑等方面,Cubase的性能在同类软件中比较出色,这使得它在录制和编曲领域广受好评。

Nuendo是Steinberg公司在1998年推出的另一款产品。它在音频处理方面的定位和功能上与Cubase相近,可以说是Cubase的升级版。在2002年的一次更新中,这两款软件的接口趋向一致,可以共享文件资源。与Cubase相比,Nuendo除了音频工作之外,还可以完成一些视频处理。它在一些音频后期处理的能力上比Cubase更全面。此外,更强大的环绕声处理功能也是它的一大优势。

7.5.4　Sonar(Cakewalk)

Sonar是美国Cakewalk公司针对音乐制作开发的音频软件,它的前身就是著名的Cakewalk。Cakewalk可谓是普及度最高的MIDI作曲软件,具有强大的MIDI制作和编辑功能。2000年后,Cakewalk改名为Sonar。经过历次更新后,Sonar在其他的音频处理方面也有较出色的能力,发展成为综合性音乐工作站软件。

7.5.5　FL Studio

FL Studio(Fruity Loops Studio)又被国人称为水果,也是一款常用的音乐创作软件。它的特点是具备比较全面的音符编辑系统、音效编辑系统以及多样的插件。另外,方便快捷、容易上手的编辑模式也使它被广泛接受。

7.5.6　Pro Tools

Pro Tools是音频技术商AVID旗下的音频工作站软件系统,由其分公司Digidesign开发完成。它主要的优势在于功能全面和良好的处理效果。基于其独特的算法,Pro Tools的音频处理能力相当专业化,各种插件的使用也在同类软件中相对先进。在其处理过程中,基本没有音频信息损失,输出的音质十分出色。

针对不同的定位,Pro Tools系列的产品也有所区别。比较简单的版本是Pro Tools EL和ProTools M-Powered,两者均针对普通用户。它们可以在PC上运行,使用CPU进行运算。Pro Tools EL要求计算机使用Digidesign声卡,而M-Powered版本则专用于M-Audio声卡。高端的Pro Tools系统名为Pro Tools HD,具体又分为HD1、HD2和HD3,统称HDX。HDX采用专门的配套硬件进行运算,因此在具备更强大的音频处理能力的同时,又不消耗占用CPU资源。鉴于这些特点,Pro Tools HD被大多数专业录音棚采用,成为公认的行业标准。

7.5.7　Logic Pro

Logic Pro 是由 Apple 公司开发,专用于 Mac 平台的音频工作站。除了全面的功能和良好的特性外,它的一个特点是可以利用网络平台,实现线上的资源共享和实时同步编辑,为行业的发展提供新思路。

7.5.8　Ableton Life

Ableton Life 是 Ableton 公司于 2013 年发布的专业音频编辑器。在某些方面它的功能十分突出,如对音序的处理,全新的编辑模式和思路,对音乐现场表演的支持等。因此,在国外 Ableton Life 的普及程度较高,尤其受到许多个人用户和电子音乐爱好者的好评。然而,由于起步较晚,正版价格较高等因素,这款软件在国内的使用者并不多。

7.5.9　Vocaloid

Vocaloid 是一种歌声合成技术及其应用程序。这项技术开发之初并没有商业目的,但在 YAHAMA 集团的推动下实现了商业化,并推出了相关产品。Vocaloid 通过建立音源库记录人类的声音片段,并利用声波的拼接技术,实现通过输入歌词和音符的方式制作电子歌曲。Vocaloid 冲破传统音频软件的桎梏,将音乐的编辑从纯音乐扩展到带有歌词的乐曲,丰富了电子音乐的创作内容。

◇ 思 考 题 7

1. 分析模拟音频信号和数字音频信号各自的优势和局限性,并分别举例说明两种信号的适用场景。

2. 主流的音频格式有哪些?列举并说明它们各自的优缺点。

3. 尝试使用音频处理工具对数字音频信号进行简单的编辑,体会"音效师""调音师"的工作内容。

数字图像与视频

图像是人类社会活动中最常用、信息量最丰富的载体之一。从人类文明起源时的象形文字,到如今的高分辨率图像和高帧视频,基于视觉的信息媒介一直在人类社会发展中扮演着十分重要的角色。本章将从人眼的视觉原理出发,介绍图像和视频的基本概念,并介绍相关的处理技术和应用场景及专业的图像视频处理工具。

◆ 8.1 图 像 概 述

8.1.1 人眼视觉原理

人类视觉包括对光的感知和对颜色的感知。从图像反射出的光信号到人类视觉接收的过程,本质上是光信号到神经信号的转换过程,而视网膜就是完成这一转换的核心结构。如图 8-1 所示,视网膜上的感光细胞分为视锥细胞和视杆细胞两种,其中视锥细胞对光的颜色信息敏感,而视杆细胞则对光的亮度信息敏感。

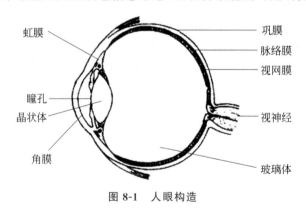

图 8-1　人眼构造

人眼的视锥细胞分为 3 种,这 3 种细胞分别感应到自然光中的短、中、长 3 种长度的光波。短、中、长 3 种长度的光波分别对应自然光中的蓝色、绿色、红色,它们的混合作用可以产生多种颜色视觉效果。例如,当 3 种视锥细胞捕获到相同强度的红色、绿色、蓝色光照分量时,人眼感觉到的光为白色,而当 3 种视锥细胞都没有感应到光时,人眼感觉到的光为黑色。

视杆细胞则是以光线的明暗区别色彩的深浅,通过光线的明暗以及红、绿、蓝 3 种光波的组合,人眼视觉在正常情况下能感受到 750 万种色彩。但是人眼对色彩的感知还受到外部环境的影响,例如,同样的一种颜色以不同的颜色作为背景,在人眼中感受到的颜色是不一样的,因此在使用颜色时要结合经验与科学,使其颜色表达效果达到最好。

人眼视觉系统有多方面的特性,如视觉暂留、视觉空间、马赫带效应等。利用这些特性,可以使播放媒体有不同的感官效果。

人眼视觉对时间频率的感知也称视觉暂留(persistence of vision)。视觉暂留的原理是,光线进入人眼再到大脑做出反应感受到物体成像需要一定的时间,大脑内部感觉到物体影像后往往会保留一小段时间,保留时间也随着光线的明暗变化而有所不同,在白天光线较好的情况下,暂留时间约为 0.02s,而在夜晚等光线较差的情况下暂留时间为 0.2s。一般情况下,画面在 1s 内变化 75 次(即 75Hz)以上时,人眼是觉察不到闪烁感的,而当频率在 15～20Hz 时的闪烁感最为明显。人眼视觉对于时间频率的感知也受到外部光照明暗的影响,例如,在电影院的黑暗环境下,电影画面的刷新频率只有 24Hz,但人眼也不会觉察到有画面闪烁。

人眼的另一种感知特性是对运动物体的感知。当观察低速运动的物体时,人眼会聚焦于该物体,跟随其移动。这时,人们能较为清晰地辨认运动中的物体,但对于运动物体周围的环境背景则感觉模糊。当运动物体速度快到一定程度以上时,人眼会无法观察到该物体。

马赫带效应指的是人眼在图像中亮度反差较大的界线处有更为强烈的感受,如图 8-2 所示。在观察黑白交界处时,人眼总会觉得黑色特别黑而白色特别白,这是由图像的两种极端亮度的突变引起的。

图 8-2　马赫带效应图

8.1.2　图像的定义及特性

8.1.1 节从生理学的角度解释了人眼是如何感知图像的。图像具体该如何定义呢?广义上来讲,图像就是所有具有视觉效果的画面,例如画纸上的、相片上的、电视、投影仪或计算机屏幕上的画面都是图像。从数学的角度,图像可定义为一个二维函数 $f(x,y)$,任意坐标位置(x,y),函数 $f(x,y)$ 的值称为该点的强度(intensity)或灰度(gray level)。根据图像记录方式的不同有两大类图像:模拟图像和数字图像。模拟图像通过某种物理量(如光、电等)的强弱变化来记录图像亮度信息,如模拟电视图像;而数字图像则是 x,y 与 $f(x,y)$ 的值都是有限的离散量定义的图像,如计算机屏幕上显示的图像。

图像概述

计算机处理的数字图像有两种来源，适用于不同的场景。一种是由摄像机、扫描仪等数字媒体输入设备捕获而成，以位图（bitmap）方式组织图像信息，其适用于大多数应用场景，尤其是在含有复杂图案和丰富色彩的情形下有明显的优势。另一种是由计算机图形软件生成的，以矢量图（vector graphics）方式表示画面，显示时根据画面的数学表达式（如线段的直线公式）合成数字图像，其优势在于图像与分辨率无关，只由数学表达式确定，可以将图片任意放大和缩小，而根据表达式合成出来的图像都是清晰的。

位图一词来源于计算机编程术语，意思是比特到图的映射，即像素的空间映射矩阵。像素（pixel，picture element）是图像的基本元素，位图图像可以看作是由若干像素点组成的。位图图像一般以二维矩阵（由两个坐标索引）的方式呈现。位图不仅能存储二进制图像，即每个像素点使用 1 位代表黑色或白色（或任何两种颜色）。更多情况中，每像素点需要表达更多种类的颜色，因此一般的位图图像都使用 2 位以上的数据代表一个像素点。

位图同时也是用于存储数字图像的一种内存组织或图像文件格式。一般来说，无论是合成图像还是设备捕获的图像，形成的光栅图在文件系统或存储器中都可以称为位图或像素图。常见的位图格式有 BMP、PBM、XBM、ILBM 等，而日常工作中常见的如 JPEG、PNG、GIF 等格式在严格意义上不称为位图，因为这些格式内部使用了独特的压缩算法，破坏了比特位和像素位置之间的映射关系。

矢量图使用基于二维点的多边形来表示计算机的图像。每个点在平面 x 轴和 y 轴上都有一个确定的位置，并确定路径的方向，同时每条路径可以指定各种属性，如颜色、形状、曲线、厚度和填充值等。例如，在计算机排版中，现代轮廓字体通过二次或三次数学曲线描述可打印的字符。矢量图是提取了图像的几何特性，用一系列数学表达式定义点和线等几何图像，因此也只能由专业图形软件生成。由于数学表达式与图像的分辨率无关，因此图像的放大、缩小都不会使图像失真。相比之下，位图在某些情况，例如显示的可见字符尺寸较小时，没有足够的分辨率来避免锯齿效应。矢量图主要有 CDR、DWG、DXF、EPS 等格式，这些格式都是由专用的绘图软件绘制而成。

矢量图的文件所占存储空间通常较小；而位图需要记录每个像素的信息，因此占据的存储空间较大。矢量图和位图之间可以相互转换。一般说来，矢量图转换成位图采用光栅化技术，这种转换由特定算法实现，比较容易；而位图转换成矢量图需要使用轮廓跟踪技术，相对而言难度较大，且图像内容越复杂，其转换难度越高。

8.1.3　图像的基本属性

在计算机中，图像的基本属性由分辨率、颜色属性、图像深度、色彩表示、图像大小等组成。

1. 分辨率

分辨率用于衡量图像细节的多少，分辨率越高表示图像拥有更多的细节。根据应用场景的不同，可以分为图像分辨率、显示器分辨率以及扫描分辨率等。图像分辨率指每英寸内所含的像素个数，单位为 ppi（pixel per inch）；显示器分辨率和扫描分辨率与设备有关，指每英寸可以显示或可以处理的点数，单位是 dpi（dots per inch）。

一般说来，图像的分辨率越高，图像中单位尺寸内的像素点数量越多，显示出的画面也更加清晰细腻。然而,一幅图像清晰与否不能完全取决于分辨率。例如,实际获取图像时使用的分辨率很低,那么即使通过软件修改调高图像分辨率,在视觉上看起来仍然是不清晰的。

显示器分辨率则是作为一种显示设备参数,指明显示器上的屏幕图像点的个数,如分辨率为 1024×768 像素的显示器表示屏幕上有 1024 列、768 行图像点,若所显示图像的分辨率比显示器分辨率大,则无法以 1∶1 比例显示图像,必须对其进行压缩、合并或舍去一部分像素,因此无法展示出原始图像的全部细节。

扫描分辨率则决定了扫描得到图像的质量,在图像尺寸不变的情况下,使用的扫描分辨率越大,得到的图像也越大。例如,使用 150dpi 的分辨率拍摄一幅 5×4in[①] 的图像,得到的图像拥有 750×600 像素。数码相机、摄像机等设备参数中的分辨率也类似于扫描仪中使用的分辨率,但数码相机等设备可以使用专门的优化算法增大分辨率。

2. 颜色属性

人眼感觉到图像的颜色一般由色相、饱和度、亮度(明暗度)共同决定,当几种属性的组合中有一项发生了改变,人眼觉察到的颜色从感官上就可能全然不同。

色相是指颜色的性质,通常意义上的颜色,例如,红、橙、黄、绿、青、蓝、紫就是不同的色相。色相是色彩的首要特征,是区别各种不同色彩的最准确的标准。

饱和度指的是颜色的纯度。一种颜色,可以看成是某种光谱色与白色混合的结果。通常饱和度取值范围为 0%～100%,值越大,光谱色所占的比例愈大,颜色则深而艳。饱和度达到 100% 时,白色成分为 0。饱和度越低,颜色就显得越陈旧。当饱和度为 0 时,图像就变为灰度图。

亮度(明暗度)表示颜色明亮的程度。对于光源色,亮度值与发光体的光亮度有关;对于物体色,亮度值和物体的透射比或反射比有关。亮度取值范围为 0%(黑)～100%(白)。图像亮度增加时,就会显得耀眼或刺眼;亮度越小时,图像就会显得灰暗。

3. 图像深度

图像深度指的是表示计算机图像中一个像素点所需要的比特位,也称作色彩深度(color depth)。计算机中不同的位数可以表示出不同的信息。例如,在黑白二值图中,每个像素点只用 1 位表示,若该位为 0,则该像素点显示为白,若为 1 则显示为黑。显然,一幅图像的图像深度值越大,则图像像素所占用的位数越多,能表示的信息也越多,图像内容也越丰富,如图 8-3 所示。

在常规的三色(RGB)图像中,一个像素点的颜色由红、绿、蓝三种原色共同决定。如果红、绿、蓝三种颜色各自占用 8 位,一个像素点颜色就需要用三字节表示,则图像深度就为 24。在这种情况下,每一个像素点有 $2^8 \times 2^8 \times 2^8 = 16\ 777\ 216$ 种颜色选择,这么多的颜色已经超过了人眼所能观察到的颜色总量,因此 24 位颜色又常被称为真彩色。

而在某些情况下,不是所有位都用于表示颜色,往往存在一位或多位表示属性,这时就将表示颜色的位数称为像素深度,而这时图像深度是像素深度加上属性位数之和。

---

① 1in=2.54cm

(a) 灰度图　　　　　　　　　　(b) 二值图

图 8-3　灰度图和二值图

4. 色彩表示

计算机图像有 3 种色彩表示，即真彩色、伪彩色和直接色。这里的色彩表示指的是计算机将存储的数字信息解码的方式，真彩色和伪彩色在显示屏上都是以 RGB 形式显示，差别在于真彩色表示方式对应于显示设备的基色；而伪彩色则可能显示出来并不是图像本身的色彩。

真彩色是指图像中的每个像素值都分成红色（R）、绿色（G）、蓝色（B）3 个基色分量，每个基色分量直接决定显示设备的基色强度。在前面提到的图像深度中，常用 8 位表示一种基色的取值，一般还需要另外加上 8 位属性位，这样像素深度为 24，图像深度为 32，一个像素点就需要 4 字节存储其颜色等信息。

在伪彩色表示中，像素的数值不直接对应显示设备上原色的强度范围，而是取自一张色彩查找表的索引值，用于在表中查找对应的表项，查找得到的表项值才是最终的 RGB 的颜色值。使用伪彩色表示的优点在于一定范围内的色彩可以用较少的位数来表示，然而缺点在于色彩表的统一性，如果显示设备在显示图像时使用的色彩表不一样，则会显示出与原图不一致的色彩效果。

直接色表示与伪彩色表示相似，也使用色彩表，不同的是伪彩色表示中 3 种原色使用同一张色彩表，而直接色中 RGB 3 种原色的强度值是通过分别查找各自的色彩表得到的，而后再将这三原色的强度值组合形成最终颜色值。相比伪彩色表示，直接色表示显示出的色彩更加自然和真实。

5. 图像大小

这里的图像大小不是指图像的尺寸，而是一幅数字图像在计算机中所占用的存储空间。图像大小与分辨率以及深度有关，其计算方法为分辨率×图像深度，通常以字节（byte）为单位。例如，一幅图像的分辨率为 1024×768 像素，采用 RGB 色彩模型并使用一字节的属性，其图像深度为 32，则该图像的大小为(1024×768×32)/8B＝3 145 728 B＝3 MB。

图像的分辨率越高，图像单位尺度范围内包含的像素点越多，进而包含的图像信息也越多；而图像深度越大，能够表示的颜色细节越丰富。因此，一般来说，图像越大，能携带的信息量越大，图像质量越高。然而图像大小也直接影响占用的存储空间大小以及计算机的处理时间,往往需要根据应用场景在图像质量和处理效率之间找到一个平衡点。

8.1.4　颜色模型

颜色模型用于描述人们所能见到的光线色彩,如屏幕显示的色彩和物体反射光的色彩等,常见的颜色模型有 RGB、CMYK、HSB、YUV、Lab 等。

1. RGB 颜色模型

RGB 颜色模型是最常见的颜色模型,也是日常生活和工作中使用最多的一种颜色模型。RGB 分别代表红(red)、绿(green)、蓝(blue)3 种原色或基色,每种原色可以独立取得各自的色彩强度,3 种颜色按各自的色彩强度取值后叠加在一起就可以得到新的颜色,也称为相加色。

RGB 颜色模型可以使用三维直角坐标系来表示,3 个原色分量分别对应 3 个坐标轴,所有的颜色集中在以坐标轴为基底的单位立方体上,如图 8-4 所示。立方体内每一个坐标点代表一种颜色,由 3 种基色按照不同的比例叠加而成。从原点到距离原点最远的顶点所构成的对角线上,每一种基色的强度值相同,随着色彩强度的变化,对角线上的颜色从黑到白,坐标从(0,0,0)变化至(1,1,1),对应的图像就是我们常用的灰度图。

RGB 颜色模型常用于计算机显示屏和家用彩色电视屏幕上,这类显示屏中每个像素都是通过产生 3 种原色的光波来显示颜色的,每种光波的强度不同,最终组合得到的颜色也不同。而其他的颜色模型所表示的图像,要显示在计算机显示屏上也需要转换成 RGB 颜色模型。虽然 RGB 颜色模型的原理简单,与物理坐标系相关,但对于特定领域用户来说,在很多情况下可能不够直观和方便,因此在专业的图像视频领域也经常使用其他的颜色模型。

2. CMYK 颜色模型

CMYK 颜色模型使用青(cyan)、品红(magenta)、黄(yellow)和黑(black,避免和 blue 混淆简写为 K)4 种原色构成颜色模型。其中,青、品、黄(CMY)分量的强度可以由 RGB 颜色模型计算。在 RGB 颜色模型中红色和蓝色等量混合得到品红,红色和绿色等量混合得到黄色,绿色和蓝色等量混合得到青色,如图 8-5 所示。

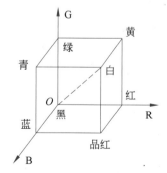

图 8-4　RGB 颜色模型空间表示

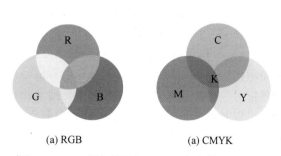

(a) RGB　　　　　　(a) CMYK

图 8-5　RGB 颜色模型与 CMYK 颜色模型的关系

CMY 颜色模型与 RGB 颜色模型相反,使用相减混色;而在 RGB 颜色模型中,红、绿、蓝 3 种光波等量混合相加得到白光。将白光照射在青色颜料上时,光波中的红色光波被颜料吸收掉,剩下的蓝色光波和绿色光波混合成青色光波反射出来,使视觉上看到的颜料显示为青色;黄色颜料和品红色颜料也是利用相同的原理,分别吸收掉白光中的蓝色光波和绿色光波,才显示黄色和品红色。若将黄色颜料和青色颜料混合在一起时,白光中的红色光波和蓝色光波都被吸收掉,最后只剩下绿色光波反射出来。因此,混合后的颜料显示出绿色。由于相加色与相减色互补,所以 CMYK 颜色模型与 RGB 颜色模型可以相互转换。

CMYK 颜色模型常应用于打印、印刷等领域。由于黑色颜料的特殊性,所以单独作为一种颜色与 CMY 组成 CMYK 颜色模型。当青、品、黄 3 种颜料等量混合在一起时,白光中所有的光波被吸收掉,理论上应该显示出黑色,但由于工业用颜料中都含有一定量的杂质,所以最后得到的是灰色,要使用黑色颜料还需要使用黑色油墨混合才能得到。

3. HSB 颜色模型

HSB 颜色模型是为方便用户而设计出的一种在硬件设备上使用的颜色模型。它常被

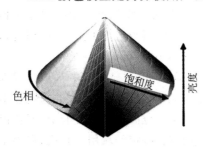

图 8-6　HSB 颜色模型空间表示

应用在计算机图形图像程序中表示各种颜色,由两个上下对称且底面相连的圆锥体表示,如图 8-6 所示。HSB 颜色模型由色相(hue)、饱和度(saturation)以及亮度(brightness)三要素构成,色相即选择的颜色种类;饱和度体现出所选颜色的纯度;亮度表明颜色的明暗程度。

HSB 颜色模型是为用户设计的,类似于人类在绘画中的调色过程,先选取一种纯色颜料,此时亮度和饱和度都为 1,然后加入一定量的白色颜料改变该颜色的浓度,即减小饱和度的值;加入一定量的黑色改变该颜料的色深,即减小亮度值,最后得到所需要色调的颜色。

4. YUV 颜色模型

YUV 颜色模型也称色差模型,用于数字视频的传输解码。其中,Y 表示亮度信号,U和 V 表示色彩信号。亮度信号和色彩信号是相互独立、互不干扰的,进而可以只对其中的亮度信号进行解码得到黑白图像。这一特性也被用于解决彩色电视机和黑白电视机的信号兼容性问题,即当黑白电视机收到 YUV 颜色模型的信号时,受限于功能只对其中的亮度信号进行解码,所以显示出黑白画面;当彩色电视机只收到黑白画面信号时,没有色彩信号,也只能显示黑白画面;只有当亮度信号和色彩信号同时被解码时,彩色电视机才能显示出相应的彩色信号。一般说来,人眼视觉对于亮度变化敏感性远高于对色彩变化的敏感性,利用这个特性可以对色彩信号进行压缩以节省存储空间。例如,使用 8 位传输亮度信号,而色彩信号则各用 2 位进行传输,在显示时用一个像素点的色彩代表周围多个像素点的颜色,这样在保证视觉上没有明显画质降低的情况下,比起 RGB 等 24 位的颜色模型,节省了 12 位的存储空间。因为计算机屏幕(部分电视屏幕)使用 RGB 颜色模型进行显示,所以 YUV 颜色模型在显示到屏幕之前还需要进行一次转换。

5. Lab 颜色模型

Lab 颜色模型是国际照明委员会制定的,是一种不依赖于设备的颜色模型,该颜色模型可以表达出自然界中人眼可见的任意一种颜色,如图 8-7 所示。其中 L 为亮度分量,ab 分别为两个颜色分量,a 分量的正方向为红色,负方向为绿色;b 分量的正方向为黄色,负方向为蓝色。a 分量和 b 分量作为两条轴处在一个圆盘中,圆盘上任一点即为一种颜色,而在圆心有一个垂直轴表示亮度分量,正方向为白色(最大值为 100),负方向为黑色(最小值为 0)。Lab 颜色模型是色彩空间最大的颜色模型,因而一些图像处理软件进行不同颜色模型转换时,都使用 Lab 颜色模型作为中间模型,先将源颜色模型转换为 Lab 颜色模型,再转换为目标颜色模型。

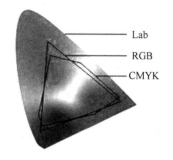

图 8-7　Lab 颜色模型与 RGB、CMYK 颜色模型的包含关系

◆ 8.2　图像信息存储与压缩

8.2.1　图像文件格式

图像文件格式是用于存储图像数据的数据结构,不同的应用环境下有不同的存储格式,常见的图像格式有 BMP、TIFF、GIF、JPEG、PNG 等。

BMP 格式即位图文件(bitmap-file)格式,是一种光栅图像文件格式,独立于显示设备(Windows 3.0 以后的 BMP 位图文件格式与显示设备无关)。BMP 文件格式能够以不同的色彩深度存储单色和彩色的数字图像,还能选择是否使用 Alpha 通道储存图像的深度信息。此外,BMP 文件可以通过图像颜色配置实现数据压缩,BMP 格式采用无损压缩方式,文件量比较大,不利于网络传输。BMP 位图文件可看成由 4 个部分组成:位图文件头(bitmap-file header)、位图信息头(bitmap-information header)、彩色表(color table)和定义位图的图像数据字节阵列(array of byte)。4 部分的具体定义如下。

位图文件头:用 BITMAPFILEHEADER 数据结构定义,它包含有关于文件类型、文件大小(用字节为单位)和存放位置(说明从 BITMAPFILEHEADER 结构开始到实际的图像数据阵列字节之间的字节偏移量)等信息,在 Windows 3.0 以上版本的位图文件中用 BITMAPFILEHEADER 结构进行定义。

位图信息头:用 BITMAPINFOHEADER 数据结构定义,它包含位图文件的大小、压缩类型和颜色格式。BMP 位图可以是没有任何压缩的位图或者采用行程长度编码(RLE)进行压缩的位图。颜色格式说明位图所用的颜色数目,可以有 2/16/256/16 777 216 种颜色。

彩色表:像素的颜色用 RGBQUAD 结构来定义。彩色表中的元素与位图所具有的颜色数相同。对于 24 位真彩色图像不使用彩色表,因为位图中的 RGB 值就代表了每个像素的颜色。彩色表中的颜色按颜色的重要性排序,这可以辅助显示驱动程序为不能显示足够多颜色数的显示设备显示彩色图像。

图像数据字节阵列：紧跟在彩色表之后的是图像数据字节阵列,用 BYTE 数据结构定义。图像的每一扫描行由表示图像的连续的像素字节组成,每一行的字节数取决于图像的颜色数目和用像素表示的图像宽度。扫描行是由底向上存储的,即阵列中第一字节表示位图左下角的像素,最后一字节表示位图右上角的像素。

TIFF 即标记图像文件格式(tagged image file format),是一种用于存储光栅图像的计算机文件格式。该格式由 Aldus 公司创建,通常应用于出版和摄影等领域,如扫描、传真、文字处理、光学字符识别、图像处理、桌面出版及页面布局应用等。TIFF 具有灵活性和适应性强的特点,可以便捷地处理单个图像文件中的数据,包括定义图像的几何属性(大小、定义、数据排列、数据压缩)。TIFF 是以无损格式存储图像数据的,通过对 TIFF 文件进行无损编辑以及无损压缩,使其图像质量不会受到影响。

GIF(graphics interchange formant)是 CompuServe 公司开发的图像文件存储格式。1987 年开发的 GIF 文件格式版本号是 GIF87a,1989 年进行了扩充,扩充后的版本号为 GIF89a。GIF 是互联网上常用的图像格式(输出图像到网页最常采用的格式),拥有广泛的技术支持以及出色的可移植性。GIF 格式的图像只支持 256 色以内的图像,即每像素占用 8 位存储空间,并且允许单个图像引用自己的调色板,可以从 24 位 RGB 颜色空间中选择 256 种不同的颜色。由于色彩上的限制,使得 GIF 格式文件不太适用于表现渐变色彩和精细的图像细节,但常用于显示简单图像,如具有纯色区域的标志等。同时 GIF 文件还支持动画文件和多图像文件,可以显示简短的视频片段。GIF 文件格式采用了无损压缩算法 LZW(lempel-ziv welch)来存储图像数据,文件量小。定义了允许用户为图像设置背景的透明(transparency)属性,支持透明色,可以使图像浮现在背景之上。GIF 图像文件以数据块(block)为单位来存储图像的相关信息。一个 GIF 文件由表示图形/图像的数据块、数据子块以及显示图形/图像的控制信息块组成,称为 GIF 数据流(data stream)。数据流中的所有控制信息块和数据块都必须在文件头(header)和文件结束块(trailer)之间。

JPEG 文件交换格式(JPEG file interchange format,JFIF)是一种图像文件格式标准,而 JPEG 文件格式则是使用这种标准的图像格式。JPEG(joint photographic experts group)即联合图形专家组。JPEG 格式是现今压缩率最高的一种图像文件格式,广泛应用于许多对图像质量要求不高的场景,采用有损压缩算法,被绝大多数图形处理软件所支持。JPEG 格式的图像广泛用于网页的制作。JPEG 也是按像素存储图像数据的格式,但与 BMP 格式不同,可以自定义压缩比率。因此,可以在图像质量和图像大小之间寻找一个相对令人满意的平衡点。.jpeg/.jpg 是最常用的图像文件扩展名。

JPEG 压缩技术十分先进,它用有损压缩方式去除冗余的图像数据,在获得极高的压缩率的同时能展现十分丰富生动的图像。换句话说,就是可以用最少的磁盘空间得到较好的图像品质。JPEG 是一种很灵活的格式,具有调节图像质量的功能,允许用不同的压缩比率对文件进行压缩,即支持多种压缩级别,压缩比率通常在 10∶1～40∶1,压缩比率越大,品质就越低;相反,品质就越高。高压缩比率能够将图像压缩在很小的储存空间,例如,可以把 1.37MB 的 BMP 位图文件压缩至 20.3KB。有损压缩使得图像中重复或不重要的资料丢失,容易造成图像数据的损伤。尤其是使用过高的压缩比率,将使最终解压缩后恢复的图像质量明显降低,如果追求高品质图像,不宜采用过高压缩比率。当然,JPEG 格式压缩的主要是高频信息,对色彩的信息保留较好,适合应用于互联网,可减少图像的传输时间,可以支持 24 位真彩色。

PNG(portable network graphics)文件格式是一种支持无损压缩的光栅图像文件格式,也是互联网上使用最广泛的无损图像文件格式,其设计的目的是为了替代 GIF 文件格式和 TIFF 文件格式。PNG 有一个非官方解释"PNG's not GIF"。PNG 文件格式使用 24 位 RGB 颜色模型或 32 位的 RGBA 颜色模型,不支持 CMYK 等非 RGB 色彩空间的颜色模型。PNG 用来存储灰度图像时,灰度图像的深度可多到 16 位;存储彩色图像时,彩色图像的深度可多达 48 位,并且还可存储多达 16 位的 α 通道数据。PNG 支持 Alpha 通道和伽马校正,但不支持多图像文件和动画图像文件。PNG 采用的压缩算法是从 LZ77 派生的无损数据压缩算法,一般应用于 Java 程序、网页或 S60 程序中,它的压缩比高,生成文件体积小。PNG 保留 GIF 的一些特性,例如,使用彩色查找表支持 256 种颜色的彩色图像;支持流式读/写性能,即图像文件格式允许连续读出和写入图像数据,这个特性很适合于在通信过程中生成和显示图像;逐次逼近显示(progressive display),即可使在通信链路上传输图像文件的同时就在终端上显示图像,把整个轮廓显示出来之后逐步显示图像的细节,也就是先用低分辨率显示图像,然后逐步提高它的分辨率。目前越来越多的软件开始支持这一格式,而且在网络上也开始流行。

PNG 图像格式文件(数据流)由一个 8 字节的 PNG 文件署名(PNG file signature)域和按照特定结构组织的 3 个以上的数据块(chunk)组成。8 字节的 PNG 文件署名域用来识别该文件是不是 PNG 文件,该域的值是 0x89 0x50 0x4e 0x47 0x0d 0x0a 0x1a 0x0a。PNG 定义了两种类型的数据块:一种称为关键数据块(critical chunk),这是标准的数据块;另一种叫作辅助数据块(ancillary chunks),这是可选的数据块。关键数据块定义了 4 个标准数据块,每个 PNG 文件都必须包含它们,PNG 读写软件也都必须要支持这些数据块。虽然 PNG 文件规范没有要求 PNG 编译码器对可选数据块进行编码和译码,但规范提倡支持可选数据块。

8.2.2　图像压缩类型

通常说来,数字图像文件所占的存储空间都很大,这在存储和传输上引起了不必要的麻烦。因此,对图像文件进行压缩是非常必要的。同时,对图像的压缩也要求在不改变图像质量或尽可能小地降低图像质量的情况下最大限度地缩小图像文件的存储大小。

图像压缩技术主要是利用图像信息中的大量冗余数据,这些冗余数据往往存在大量的重复内容,而且信息含量相对较低,对信息的表达没有太大的帮助。因此,可以用更简短的编码来代替原本很长的重复编码。不同的压缩方式导致了不同的压缩效果。一般来说,根据压缩算法对图像质量的改变与否,压缩算法可以分为无损压缩和有损压缩两类。

无损压缩在压缩过程中不会损失图像的任何细节,解压时可以精准还原,故而这种压缩过程也是可逆的;有损压缩则是不可逆的,在压缩过程中会损失掉一部分图像细节信息,但优秀的有损压缩算法往往能够让损失掉的细节信息对于人眼来说是难以察觉的。

8.2.3　图像压缩方法

用于图像压缩的编码主要分为统计编码和变换编码,这里将分别对它们进行介绍。

1. 统计编码

在介绍统计编码前需要先了解两个概念,即信息量和熵。

信息量可以理解为在 N 个事件中确定其中一个事件时需要的定量度量。例如,在整数 $1\sim8$ 中用二分法查找一个数字,每次剔除一半的数字,最多只需要 3 次就能确定找到这个数,所以信息量为 3,用公式可表达为 $I(x)=\log_2[1/p(x)]$,其中 $p(x)$ 为事件的概率。

信息量只能作为单个事件的定量度量,当有多个事件组成一个大的事件时,就需要用熵来作为其携带的信息度量标准。熵是多个事件的信息量平均值,公式表达为 $H(X)=\sum_{i=1}^{n}p(x_i)I(x_i)$,其中 X 为多个事件 $x_1,x_2,\cdots,x_n$ 的集合。计算出熵之后,根据香农定理就可以得到编码后的存储大小。例如,在一幅图像中只含有 10 像素,每像素只能选择 1、2、3、4 共 4 个值,统计该图像得到每种像素值的频数分别为 4、3、2、1,则可以计算出该图像熵的大小约为 1.5434,此时若像素值按照普通编码,每个像素值需要 2 位表示,整幅图像的存储空间大小为 20 位,而以熵代表平均码长,则编码后整幅图像大小约 15.434 位。

利用信息熵进行统计编码的优点是:编码后图像信息没有丢失,信息熵也没有改变,而且能够保证解码后得到和原来一样的图像数据。在统计编码中具有代表性的编码方式有行程编码、哈夫曼编码及算术编码。

行程编码(run length coding),其主要原理是将图像数据中一段连续重复的符号简化为一个该符号和它的重复次数,例如,AAAAAABBCCCC 编码后为 A6B2C4,如图 8-8 所示。这种编码应用于图像数据时,可以将一幅图像中多个相同像素值的图块简化为一个像素值以及该像素值在这一行或这一列中重复出现的次数。

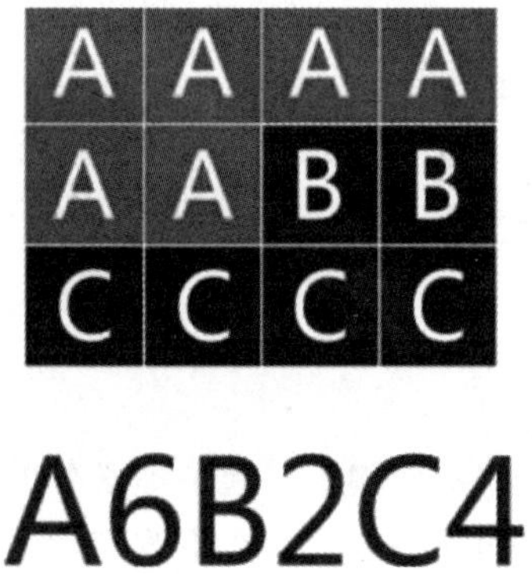

图 8-8 行程编码示意图

哈夫曼(huffman)编码需要先对图像数据中的各个符号的出现次数进行统计,为频数大的符号分配短码,为频数小的符号分配长码。具体步骤可以分为 4 步:①将 n 个符号出现的次数统计出来,并按照从大到小的顺序排列,每个符号看作一个叶节点;②取出频数最小的两个符号组成一棵二叉树,其根节点的值为两个叶节点的频数相加,再按照频数大小进行排列,此时得到了 $n-1$ 个符号节点;③重复步骤②,直到所有的叶节点都被添加到二叉树中;④为二叉树中每个叶节点按照二进制码元(0、1)进行赋值,最后得到每个符号的哈夫曼码,如图 8-9 所示。在哈夫曼编码中,由于二叉树的左右子节点可以交换,所以得到哈夫曼编码的方式不唯一,同时在解码的时候需要参照编码时的哈夫曼码表,才能正确得到原始数据。

算术编码的原理是对一串字符甚至整个文件进行编码以获得更大的压缩率。在进行编码前需要统计每个字符的频数,并按照出现的概率将数据串映射至[0,1]区间内的某一个子区间,然后用该区间内的某一个浮点数(如取区间下界)作为编码。这种编码对浮点数的运算精度要求很高,在实际实现时往往比较困难。

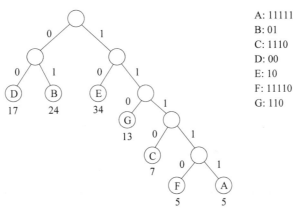

图 8-9　哈夫曼编码示意图

2. 变换编码

　　这里的变换指时间域或空间域到频域的变换。某些情况下,图像数据相互间在空间域内没有太大的关系,但转换到频域后则有一定的规律,利用这些规律可以进行压缩编码。变换编码的过程主要分为变换、采样、量化 3 个步骤,典型的编码算法有离散余弦变换及离散小波变换等。

　　离散余弦变换(discrete cosine transform,DCT)是通过以不同频率振荡的余弦函数的和来表示有限数据序列的一种变换,也是与傅里叶变换类似的一种变换。不同的是,傅里叶变换中有复数的运算,而 DCT 只在实数域进行变换。DCT 变换本身是一种无损变换,但用于图像压缩时通常会出现信息损失。这是因为在空间域变换到频域的过程中,可以摒弃掉一些无关的频率信息,尤其是图像中的高频分量。高频分量在一幅图像中表现为一小块区域内的强烈色彩波动,人眼视觉对于这种波动是难以察觉的。并且,在删除了高频分量后进行压缩编码,效果反而更加明显。在输入一幅数字图像的原始数据后,将图像分成多个 8×8 的数据块,对每个数据块进行 DCT 变换后得到 8×8 的频域数据块。对这些频域数据块进行量化,然后对这些量化后的数值进行压缩编码(如哈夫曼编码),最后得到压缩的图像数据。这种压缩方法正是 JPEG 标准所采用的压缩方法,其压缩比率可以达到 20∶1∼25∶1。

　　离散小波变换(discrete wavelet transform)的原理是将信号分解成一系列经过移位和缩放的小波。小波是一种在有限区间内平均值为 0 的函数。在 DCT 变换中,压缩的效果与丢弃的频率信息相关,为了追求更高的压缩率,必须丢弃更多的频率信息,所以当压缩到一定比率时图像的细节也会出现明显的丢失;而离散小波是现代频谱分析中提出的一种变换方法,相比于 DCT 变换,离散小波变换能更好地保留图像的细节。一幅图像经过变换后,小波变换将频率分成不同的部分,例如,图像背景等较平滑的内容对应于频域内的低频部分,图像中的边界等细节部分则对应于频域中的高频部分。根据人眼视觉对不同频率的敏感程度选择不同的编码方法,就可以达到图像压缩的效果。

◆ 8.3　图像处理软件

8.3.1　画图程序

　　画图程序是 Windows 桌面系统中附带的绘图软件，如图 8-10 所示。画图程序用于处理各种格式的位图图像，用户不仅可以实现对图像的修改编辑，也可以自己创作一幅图像。该程序输出的图像文件格式有 BMP、JPEG、GIF 等。画图程序提供了铅笔、笔刷、油漆桶、钢笔、橡皮等多种绘图模拟工具，属于一种轻量级简便应用。

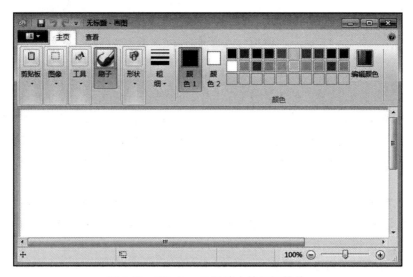

图 8-10　Windows 7 系统中的画图软件

8.3.2　Photoshop

　　Photoshop 是 Adobe 公司开发的一款图像处理软件，如图 8-11 所示。Photoshop 功能强大、应用范围广，在平面设计、数字绘画、后期处理等工作中被广泛使用。Photoshop 在图像处理和图像创作工作中都具有较强的专业性，其内置的多种工具可以对图像进行多个层次的复杂编辑。在平面设计方面，Photoshop 用于杂志、海报等印刷品的图像处理工作；在摄影方面，每张照片经过照相机拍摄后往往需要用 Photoshop 进行后处理，以获得更好的视觉效果或进行创意创作使其表现出特殊的艺术效果。

　　图像编辑的功能是 Photoshop 软件的基础，Photoshop 提供的图像编辑功能可以对图像进行各种变换，如缩放、旋转、镜像以及透视等。此外，其对图像进行复制、斑点去除、修补、粉饰残缺等功能也有囊括。

　　除了常用的图像编辑功能，该软件还具备图像合成、调色校色及特效制作等专用功能。该软件不是免费工具，在购买前具有 30 天的试用期，到期后若继续使用则需要购买。

8.3.3　Fireworks

　　Fireworks 最初由 Macromedia 公司推出，如图 8-12 所示，不过该公司现已被 Adobe 公

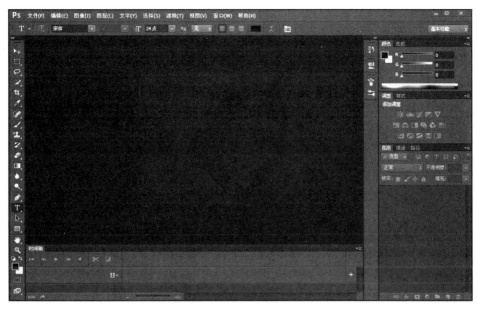

图 8-11　Photoshop 图像处理软件

司收购。这款软件设计的目的是用于制作并优化互联网图像，它既可以处理位图图像，也可以处理矢量图像。由于简化了互联网图形设计的难度，Fireworks 在图像创作上具有极大的灵活性，并且能通过内置的优化工具在图像大小和图像品质之间找到平衡点。但 Fireworks 在专业图像处理流程中往往不是单独使用，而是和 Adobe 公司的 Dreamweaver、Flash 集成在一起形成工作流，三个软件之间的图像资源是共通的，这极大地节省了网页开发的时间。

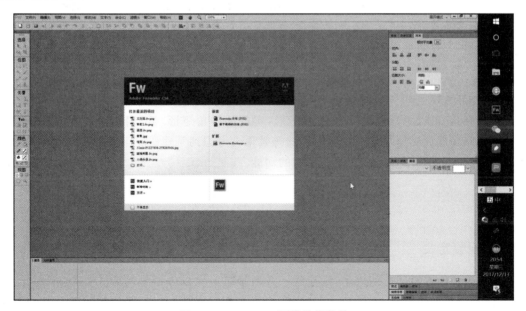

图 8-12　Fireworks 图像编辑软件

在 Fireworks 软件中,提供的模板可以用于快速创建线框,还可以借助矢量和位图工具在图像中添加文本、符号和影像。此外,Fireworks 还可以创建具有透明效果的图形,用于浏览器显示。这款软件由于其优秀的性能,快速的原型构建,智能化的集成赢得了网页制作等方面用户的广泛认可。

8.3.4 CorelDRAW

CorelDRAW 是加拿大 Corel 公司开发的一款矢量图形平面设计软件,如图 8-13 所示。CorelDRAW 在提供矢量图像制作的同时,还提供了位图编辑、页面设计、网站制作、网页动画等功能。该软件包含两个程序分别应用于矢量图制作和图像编辑,精简的操作使用户在简单的操作后就能得到满意效果。在图形设计方面,该软件常用于名片、彩页、手册、产品包装等设计,直观的操作和强大的功能使其受到许多业内人士的好评。

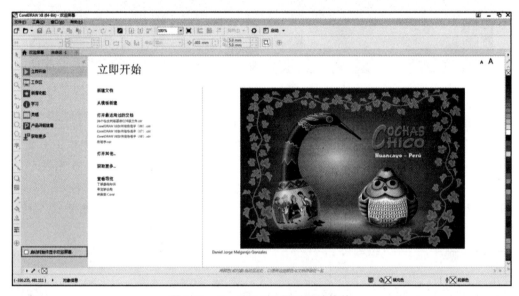

图 8-13　CorelDRAW 图形设计软件

CorelDRAW 提供的绘图功能是十分强大的,不仅包括了各种图形如圆、矩形、方格、螺旋线的绘制,还可以对绘制的图像进行塑形,实现如圆角矩形、弧、扇形、星形等特殊图形。此外还可以实现如压力笔、书写笔、喷洒器等效果。考虑到某些情况可能需要精准的尺寸设计,该软件还提供了图形定位和变形控制的功能。

◆ 8.4　视　频　基　础

8.4.1　视频定义

视频是图像在时间上的表示,泛指将一系列静态影像以电信号的方式加以捕捉、记录、处理、储存、传送与重现的各种技术,分为模拟视频和数字视频。传统的模拟视频使用模拟信号记录视频内容信息,如电影胶片等是使用一系列快速连续照片投影而成;而数字视频是以数字化二进制编码记录的视频,定义为以数字编码为载体的移动视觉图像。换言之,数字视频本质上就是一系列数字图像的集合,通过快速播放显示连续的画面。

数字视频相对模拟视频的优势是明显的。首先,数字视频可以无损复制,模拟视频被复制时往往会损失一定的信息,而数字视频可以无损地传输并存储在任何数字存储设备上,如磁盘、U 盘、蓝光盘等。其次,在播放数字视频时不一定要有源数据,还可以通过互联网流式传输观看数字视频,这使得数字视频可播放内容的范围扩大至整个互联网。另外,在视频的后期编辑制作中,数字化也提供了极大的便利,人们可以使用各类视频编辑软件对视频进行编辑、修改。在早期的电视机上很容易看见由信号干扰引起的“雪花”,这时需要调整电视机的天线角度才能得到清晰的画面,而数字视频的信号由二进制的数字化编码组成,不容易被外界干扰,因而播放画面更稳定。

数字视频原理上依赖于一种人眼视觉现象——视觉暂留(persistence of vision),即画面在人眼视觉系统中成像后,会在短暂时间内停留在视觉印象中。利用这一特性,在停留间隔内连续显示两幅图像时不会有画面闪烁的感觉。同时,人类还具有闪烁融合(flicker fusion)的生理现象,可以将快速播放的连续渐变的画面自动融合成流畅的运动画面。因此,当多幅图像连续出现且画面内容是逐渐变化时,人眼就会观看到流畅的连续画面。

除了普通的平面视频,还有 3D 立体视频,这种视频利用了双眼的立体视觉原理,制作时用两部摄像机模拟双眼视差,然后按照一定的规则同时放映出来,使左眼看到左眼画面,右眼看到右眼画面,经大脑处理后就形成了立体视觉。早期的红绿滤色透镜式影像,利用红色滤镜和绿色滤镜使两只眼睛分别看到不同的画面;后来出现了分像偏光式立体式影像,左右两只眼睛带上两个不同的偏振光镜片,在放映机中也将同一时刻画面处理成具有不同偏振光的两幅画面,使每只眼睛只能单独看到自己的画面,而两眼各自看到的画面都独立遵循普通视频的视觉原理,与二维平面视频拥有相同的属性特征。

8.4.2　视频属性

因为视频是由一系列静态图像构成的,所以视频拥有大多数图像所拥有的属性,如图像深度、饱和度、色相等;但视频还具有一些图像不具备的特征,如帧、分辨率、宽高比等。一般来说,数字视频往往遵循一些固定的标准,所有的视频媒体都按照标准进行拍摄制作以及放映。

1. 帧

帧即一幅图像,帧率即单位时间内视频放映的图像张数(frames per second,f/s),如图 8-14 所示,帧率 10f/s 表示在视频播放时 1s 内显示 10 幅图像。当帧率在 24～30f/s 时,可以观察到流畅不闪烁的画面,但在一些交互性强的游戏中,如第一人称射击(first person shooting,FPS)类游戏,往往要求帧率达到 60f/s 才能有较强的流畅度。如今电影的帧率一般为 24f/s。电视的帧率有两种标准:一种是我国等国家使用的 25f/s 的 PAL 标准;另一种为美国等国家使用的 30f/s 的 NTSC 标准。

这里要特别注意的是,在早期使用阴极射线管(CRT)技术的标清电视机显示画面时,并不是将每一帧的画面都完整显示出来,而是采用隔行扫描的方式,即每帧图像分为若干行,电子束分两次扫描,第一次扫描其中的奇数行或偶数行,第二次扫描剩余的行,一般将奇数行称作奇数场或顶场,偶数行称作偶数场或底场。隔行扫描的优点在于可以降低处理的计算量，每次只需要处理图像信息的一半内容即可，这样电视画面的刷新率便提高了一倍。

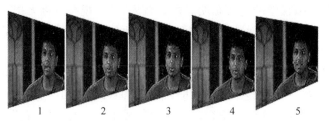

图 8-14　视频中的帧概念

2. 分辨率

同数字图像一样，数字视频也有分辨率这一属性。数字视频分辨率指的是离散的像素分辨率，代表了一帧图像中的信息含量。显然，分辨率越大，图像质量越高。严格意义上的分辨率指的是每英寸内的像素个数，而不是指画面的垂直像素与水平像素的乘积。之所以当视频画面放大时，画面细节部分会显得不清晰，是因为播放设备会在每个像素周围用相同像素值填充，虽然垂直像素和水平像素都变大，但实际的信息含量没有改变，除去自动填充的像素值，每英寸内的有效像素反而变小。因此，严格意义上的分辨率应该是单位长度内的有效像素值。

虽然习惯上用视频画面的水平像素值和垂直像素值的乘积指代视频分辨率，但这要求视频播放时按照原始画面大小播放。常用的高清分辨率有隔行扫描的 1920×1080 像素、逐行扫描的 1920×1080 像素和逐行扫描的 1280×720 像素，可以分别简写为 1080i、1080p 和 720p，而一般的模拟电视分辨率只有 720×480 像素。随着显示技术的不断更迭，更高的分辨率也已经被应用到日常生活中，如 2560×1440 像素，这是由多个电影联盟定义的分辨率，简称为 2K。也有其他形式的 2K 分辨率，如 2048×1536 像素和 2560×1600 像素。更高的还有 4096×2160 像素的超高清分辨率，简称为 4K 分辨率。当然，高分辨率的视频也需要相应的显示设备支持，然而受限于播放设备成本高，视频片源不足，存储介质要求高等因素，4K 分辨率的普及率不是很高。

3. 宽高比

因为视频媒体大多是在电视机、电影放映机、计算机屏幕等设备上播放，所以为视频规定符合屏幕特性的宽高比就显得十分重要。宽高比即视频的水平像素与垂直像素的比值，当视频宽高比与屏幕不相符时，会出现画面失真，观感降低。最早的视频宽高比普遍为 4∶3，这一比例被应用于早期几乎所有的屏幕显示设备。后来，电影界为了获得更符合影院场景的观感体验，定义了更宽的画面，如 1.85∶1 和 2.35∶1。这种宽高比在拍摄和播放视频时都能获取或展现出更宽的画面，使视频内容更加丰富。现代的高清电视以及大多数计算机显示屏都采用 16∶9 的宽高比，主要原因是该比例能与其他多种宽高比兼容。它的原理是将多种主流的宽高比进行缩放后按中心点重叠在一起，找出一个能包含所有宽高比的矩形。结果表明，这个矩形的长宽之比正好就是 16∶9。

8.4.3　视频标准

在数字电视领域，国际无线电咨询委员会（International Radio Consultative Committee,

IRCC)制定了一套关于数字彩色电视的图像标准,即 ITU-R BT.601 标准,该标准规定了视频的色彩空间转换关系以及视频图像采样频率等要素。

1. 色彩空间转换

数字视频领域内多用 RGB 颜色模型。而模拟信号使用 YCbCr 颜色模型,该模型来源于 YUV 颜色模型,其中 Y 代表亮度分量,Cb 代表蓝色色度分量,Cr 代表红色色度分量。两种颜色模型之间转换遵循一定的关系,具体表达式为

$$R = 1.164 \times (Y-16) + 1.596 \times (Cr-128)$$
$$G = 1.164 \times (Y-16) - 0.392 \times (Cb-128) - 0.813 \times (Cr-128)$$
$$B = 1.164 \times (Y-16) + 2.017 \times (Cb-128)$$

其中,Cb 说明了 RGB 颜色模型中蓝色分量与 RGB 信号亮度值之间的关系;Cr 则反映了红色分量与亮度值之间的关系。经过这种变换,可以将数字域的信号转换为模拟域信号进行传输播放,且 YCbCr 占用频宽少,适用于多种电视的播放。

2. 采样频率

采样频率也称采样率,即每秒内对连续信号进行采集的样本个数,单位为赫兹(Hz),对于视频来说,其计算公式为

$$采样频率 = 水平分辨率 \times 垂直分辨率 \times 帧/秒$$

例如,在 PAL 制式下,视频分辨率为 864×625 像素,帧率为 25f/s,计算其采样频率为 13 500 000 样本/秒,简写为 13.5MHz。事实上,13.5MHz 也是 BT.601f/s 标准规定的电视亮度信号的标准采样频率。

◈ 8.5 视频信息存储与压缩

8.5.1 视频文件格式

根据播放来源,数字视频可以分为本地视频和网络视频两类。本地视频追求质量和稳定,而网络视频则侧重于流畅度和延迟等问题,因而针对视频不同的用户需求以及播放环境,定义了不同的视频格式。

1. AVI

AVI(audio video interleaved)格式是微软公司于 1992 年推出的一种数字视频格式,全称为音频视频交错格式。该格式允许视频和音频同时播放,且能保持不错的视频画面质量,但视频文件往往占用较大存储空间。虽然 AVI 格式可以跨多个平台播放,但是其本身存在新旧版本不兼容问题,不同版本的媒体播放器和 AVI 格式视频之间经常出现无法兼容的现象。这一问题需要用户下载相应的解码器来解决。AVI 格式的文件常出现在一些游戏、教育软件的片头和多媒体光盘中。

2. WMV

WMV(windows media video)格式也是微软公司推出的一种流媒体格式。与 AVI 视

频格式不同的是,AVI 格式用于本地视频的编码存储,WMV 格式则是为了在线观看网络视频而推出的。它采用了音视频独立的编码方式,即视频部分使用 WWW 编码而音频部分使用 windows media audio 编码。该格式的特点在于当视频画面质量相同时,WMV 格式的视频文件体积非常小,在以前互联网不够发达的时代,这一特性非常适合视频在网络上进行播放。

3. MPEG

MPEG(moving picture expert group)格式是日常生活中 DVD、VCD、SVCD 所采用的格式,全称为运动图像专家组格式。运动图像专家组建于 1988 年,专门负责为 CD 建立视频和音频标准,成员都是视频、音频及系统领域的技术专家。该专家组成功将声音和图像的记录脱离了传统的模拟方式,建立了 ISO/IEC11172 压缩编码标准,并制定出 MPEG-X 格式,令视听传播进入了数字化时代。MPEG 格式定义了运动图像压缩算法的国际标准,通过删除运动图像中的冗余信息达到较高的压缩率,最大压缩比可达到 200∶1,是一种有损压缩格式。根据其定义的国际标准,目前有 3 种常见的 MPEG 格式压缩标准,即 MPEG-1、MPEG-2 以及 MPEG-4。

MPEG-1 标准是 1992 制定的国际标准,主要用于传输速率在 1.5Mb/s 以下的运动图像编码及其伴随的音频编码,常见的 VCD 光盘制作就是使用这种标准,扩展名通常有 mpg、mmlv、mpe、dat 等。

MPEG-2 标准是 1994 年制定的,主要是在 MPEG-1 的基础上支持更高的图像质量以及更高的数据传输速率,这也是后来出现的 SVCD 和 DVD 光盘制作时采用的压缩标准。同时,该标准也应用于高清电视等对视频质量要求较高的应用,文件扩展名包括 mpg、mpe、m2v、vob 等。

MPEG-4 则是为了在网络视频播放时提供更高的质量而推出的压缩标准,该标准制定于 1998 年。MPEG-4 标准中使用了帧重建技术,从而使视频文件可以被压缩至很小的存储体积,压缩比最高可达上千级,在网络视频播放时可以以较小的带宽获得较高的图像质量,文件扩展名有 asf、mov 等。

4. DivX

DivX 格式又称 DVDrip 格式,是由 MPEG-4 压缩标准发展而来的一种视频编码压缩标准,该格式对视频的图像部分和音频部分采用各自独立的压缩技术,再合成视频,使得其画质与 DVD 画质相近但文件体积小很多。通常对视频的图像部分采用 DivX 技术进行压缩,这种压缩技术几乎对画面质量没有影响,用 MP3 或 AC3 对视频的音频部分进行压缩,这种压缩也能大幅降低文件的大小,将图像部分与音频部分结合后组成新的视频,最后得到体积较小的视频。

5. MOV

该格式是苹果公司于 1991 年开发的 QuickTime 电影格式,默认的播放器是苹果公司的 QuickTimePlayer。该格式最大的特点是它的跨平台性,可在 macOS、Windows、Linux 等多种操作系统上进行播放,兼容多款音视频编解码器,同时具有较高的文件压缩比和较好的视频画面质量。采用了有损压缩方式的 MOV 文件,画面效果较 AVI 格式要稍微好一些。到目前为止,它共有 4 个版本,其中以 4.0 版本的压缩比最好。这种编码支持 16 位图像深度的帧内压缩和帧间压缩,帧率 10f/s 以上。有些非视频编辑软件也可以对这种格式实行处理,其中包括 Adobe 公司的专业级多媒体视频处理软件 After Effects 和 Premiere。

6. RM/RMVB

Real Networks 公司根据在线播放的网络需求制定了一种音视频压缩规范,即 Real Media(RM),对符合该规范的视频,用户可以使用 RealPlayer 等工具进行实时转播。RM 能根据观看用户的实际网络情况选择相应的压缩比率,保证在网络传输速率较低时也能流畅地观看视频。该格式一度风靡网络,几乎成了网络流媒体的代名词,成为主流的网络视频格式之一。若使用专门的 Real Server 服务器,可以将其他格式的视频转换成 RM 格式的视频,再作为网络视频供用户在线播放。

在 RM 格式的基础上,RMVB 格式被开发出来,VB 代表动态码率(variable bit)的意思。该格式的特点是利用动态的压缩比处理一部视频,当画面中运动场景少时采用较低的编码速率,而在运动场景较多时采用较高的编码速率。低编码速率可以节省带宽,而这部分带宽又在高编码速率时被占用,所以平均压缩比总体上是基本不变的,运动场景的画面质量被显著提高,静止场景的画面质量也不会有明显降低,从而使得整个视频的观感效果更好。

RealMedia 编码格式包括 RealVideo 和 RealAudio。RA/RMA 这两个文件类型就是 RealMedia 中音频方面的格式,特点是可以在非常低的带宽下(28.8kb/s)提供足够好的音质让用户能在线聆听,这一特点在互联网的早期简直是广大歌迷的福音。也正是因为出现了 RealMedia 之后,相关的应用(如网络广播、网上教学、网上点播等)才渐渐兴起,形成了一个新的行业。

7. ASF

ASF(advanced streaming format)是一个开放标准,是微软公司针对 RealPlayer 的 RM 格式推出的一种网络视频格式,是 Windows Media 的核心。它包含音频、视频、图像以及控制命令脚本的数据格式,使用 MPEG-4 压缩标准。该格式数据组合形式灵活,图形、声音和动画数据可以组合成一个 ASF 格式文件,且其他格式的视频和音频也可以转换成 ASF 格式。此外,在 ASF 视频中可以使用命令代码,在音视频到达设定的时间点后可以执行某个时间或操作。该视频可以使用 Windows Media Player 进行播放。ASF 是流文件格式,可以一边下载一边实时播放,不需要下载完毕再播放。

8. FLV

FLV 格式即 Flash 视频格式,是网络上最流行的视频文件格式之一,该格式视频由 Flash 播放器播放。Flash 播放器是 Adobe 公司开发的一款网络浏览器插件,通过 Flash 播放器可以完成基于服务器的音视频数据交换。如今,很多计算机上都安装有 Flash 播放器,这也使得 FLV 格式的视频成为了互联网主流视频之一。此外,该格式支持 MPEG-4 压缩标准,有较好的画面表现能力。然而,随着 HTML5 的兴起,Flash 的地位从牢不可破迅速走向衰落,不可避免地导致 FLV 格式逐渐将被新一代流媒体技术所取代。

8.5.2　视频文件压缩

视频压缩主要有两种思路：一种是根据视频帧的特性，将每一帧按照图像压缩的方式进行压缩，最后得到的视频即多个压缩帧的合集，这种压缩思路称为帧内压缩；另一种压缩思路则需要考虑视频中帧与帧之间的关系，将多个帧之间运动的物体按某种表达式量化，使其符合一定的规律，而其余部分不变，这样只需要使用一帧的背景信息，将重点放在表达运动物体上，这种压缩思路称为帧间压缩。这里具体介绍 3 种常用的压缩方式。

1. 动态 JPEG 压缩

将视频中每一帧按照 JPEG 压缩标准进行压缩，就称为动态 JPEG（motion joint photographic experts group，MJPEG）压缩。这种方法能精确到每一帧，也就是说可以对视频中单独一帧提出来进行编辑。但是该方法只对帧进行压缩，因而只能减少单个帧内的冗余数据，而对帧间的冗余无法去除，所以压缩率不高。

例如，当一部视频由 100 帧相同画面组成时，MJPEG 将每一帧压缩至原画面的 1/5，所以总体压缩后的视频大小也是原文件的 1/5。但如果配合帧间压缩技术，检测到这 100 帧的画面都是一样的，那么只需要其中一帧即可代表整个视频，所以压缩后的文件大小为原来的 1/500。可见，将帧间压缩技术与帧内压缩技术相结合的确能达到更高的压缩比，节省更多带宽。

2. DV 压缩

DV 压缩也是一种帧内压缩，这种压缩主要用于电视信号的播放，对于 NTSC 和 PAL 两种电视制式，DV 压缩后的视频分辨率分别是 720×480 像素和 720×576 像素。针对电视的颜色模型，该压缩算法首先需要将 RGB 颜色模型转换为 YCbCr 颜色模型，然后根据人眼视觉对亮度变化敏感于对色彩变化的特点，将 CbCr 两个色度按特定比例提取其中的一部分，以此来减少采样。在 NTSC 制式中使用 4∶1∶1 的采样比例，即每 4 个亮度值对应 1 个色度值，在 PAL 制式中使用 4∶2∶0 比例，即第 1 个色度有两种取值，每个取值对应于 4 个亮度值，而第 2 种色度则不对其进行采样。需要注意的是，这种采样方法必须使用隔行扫描，否则无法产生完整的色彩图像。最后，对降采样后的数据进行离散余弦变换，再使用可变长度编码达到压缩的目的。DV 压缩也允许用户对视频的某一帧进行编辑，并且可以根据用户对文件大小的控制选择不同的压缩比。

3. MPEG 压缩

为了追求更大比率的压缩效果，可以结合帧内压缩和帧间压缩两种技术。这一压缩方法也是由运动图像专家组所主导的，可以细分为 MPEG-1、MPEG-2 和 MPEG-4 三个版本。MPEG-1 版本的压缩算法采用 4∶2∶0 的二次采样，受限于 1.5Mb/s 的数据传输速率，该算法主要用于早期网络或 CD 光盘中的视频压缩。MPEG-2 版本的压缩算法定义了压缩的 4 个压缩等级，每种等级对应于不同的分辨率和图像质量，最低的分辨率为 352×288 像素，数据传输速率为 4Mb/s；最高的分辨率为 1920×1152 像素，数据传输速率为 $80 \sim 100$Mb/s，该压缩算法主要是用于压缩 DVD 光盘以及数字电视上的视频。MPEG-4 广泛应用于多种视频形式如 CD、DVD、网络流视频等，具有更高效的压缩效率和更好的播放效果。

MPEG-4 的压缩过程可以简略地分为 5 步：①将视频的帧画面按某个固定数量分成若干组，每 N 张连续图像为一组，在每组中从第一帧开始按一定的间隔选取若干帧标识为 P，其余帧则标识为 B。为了方便管理图像组，将第一个 P（也就是组内第一帧）赋予特殊的记号 I；②将每个帧分成宏块，通常大小定义为 16×16 的像素块；③将每个 P 帧和 B 帧都与最近的 P 帧（包括 I 帧）进行比较，得到帧与帧之间运动物体的移动向量；④以宏块为单位，记录下③中计算的差值，即运动物体所在宏块的移动向量；⑤对 I 帧进行 JPEG 压缩，而对 P 帧和 B 帧则只对其记录的差值进行编码。经过这⑤步处理，视频文件被分为许多个图像组，每一组中只有第一帧进行了帧内压缩，其余的帧都以很少的字节记录了运动变化信息，因此 MPEG-4 压缩能达到较大的压缩比率。

◇ 8.6　视频处理软件

8.6.1　Adobe Premiere

Adobe Premiere 是一款 Adobe 公司推出的视频编辑软件，如图 8-15 所示。该软件可与 Adobe 公司旗下的其他软件如 After Effects 和 Photoshop 高效集成，许多视频编辑专业人士都会使用该软件进行桌面视频编辑。该软件主要优点在对视频剪辑的精准控制上，同时还具备了一定的色彩调整功能及专业的音频混合功能。用户通过 Automate to Timeline 可以很方便地将多个视频片段在时间线上进行前后拼接，而且具备实时效果，可以立即对调整的结果进行预览。该软件通常与 After Effects 一同使用，以满足多种视频编辑需要。

图 8-15　Adobe Premiere 视频编辑软件

最新版的 Adobe Premiere 相比先前的版本，在性能上有了很大提升，在编辑速度上变得更快，且稳定性也变高。在专业版中提供了蒙版跟踪功能及更快的硬件解码速度。此外，自动重构功能可以方便地用于转换视频的宽高比,只需要重新格式化视频便可以在多个不同的宽高比之间进行切换,同时也将自动跟踪的兴趣点保留下来。在最新版中还可以自由地切换视图,来查看剪辑、选择镜头和创建故事板。在老版本中,音频处理一直是一个很大问题,新版本加快了音频处理流程,使用自动衰减来调整背景音频的音量,使得对话和旁白变得更加清晰。

8.6.2 After Effects

After Effects 简称 AE,也是由 Adobe 公司开发并推出的视频处理软件,如图 8-16 所示。该软件主要用于后期合成以及非线性编辑等处理,在如动画制作、后期处理、视觉效果设计等领域都有较大的发挥空间。AE 提供的功能有很多,首先,该软件提供了对不同图像分辨率的支持,最低可到 4×4 像素,最高可达 30 000×30 000 像素;AE 支持无限层的画面合成技术,使电影画面与静态画面进行融合,能够制作出具有特殊视觉效果的视频画面;其次,AE 拥有强大的特效控制功能,软件一共提供了超过 80 种以上的软插件对画面进行修饰增强以及动画控制,可以产生多种图像效果以及动画控制。AE 的路径功能也是一大特点,软件用户可以使用 Motion Sketch 随意地绘制动画路径,还可以加入动画模糊的效果。在制作好视频后,还可以同时渲染多个帧,能大幅减少渲染等待时间。

图 8-16　After Effects 视频编辑软件

8.6.3 Vegas

Vegas 由 Sonic Foundry 公司开发,该公司的桌面软件部门于 2003 年被 Sony Picture Digital 公司收购,在 2016 年,该产品所属部门又被 MAGIX 公司收购。该软件不仅包含了众多专业的视频编辑功能,还包括音频制作、视频合成、字幕编辑等其他功能,其强大程度与 Adobe 旗下的 Premiere、AE 不相上下,如图 8-17 所示。Vegas 还提供了简单、直观的操作方式,为多种复杂步骤(如流媒体、音频录制、DV 视频混合等)需求建立了集成的解决方案,用户只需要简单地执行几个步骤即可达到目标。同样,Vegas 也支持时间线实时预览,不用渲染即可看到制作后的特效效果。因其高效的操作界面和强大的编辑功能,使得 Vegas 不管是面向入门级用户还是专业人员,都是一款相对完善的视频编辑软件。

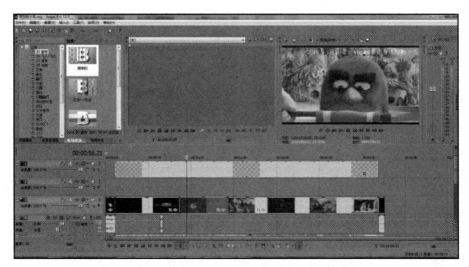

图 8-17 Vegas 视频编辑软件

当然,Vegas 的其他特点也是很突出的。这款软件提供了 HDR 颜色支持,用户可以使用最新相机的视频片段在 HDR 参考监视器上进行预览。Vegas 也支持 4K 分辨率的 UHD 高清画面。此外,Vegas 还提供了视频稳定引擎,该功能易于使用,可以从头开始重建视频并处理抖动的镜头画面,从而生成更流畅和更高画质的视频。Vegas 提供的遮罩和运动跟踪工具可以精确地跟踪移动物体,例如,当视频中某个对象在场景中移动时,可以将文本固定到这些对象上,也可以对其进行颜色分离、添加特效以及施加其他视频滤镜。最后,Vegas 提供了独特的 360°相机,可以将双鱼眼文件进行无缝拼接,进而提供给观众身临其境的视频体验。

8.6.4 Corel Video Studio

Corel Video Studio 中文名即熟知的会声会影,如图 8-18 所示,由加拿大 Corel 公司开发,是一款面向家庭和个人的视频编辑软件,拥有完整的视频编辑流程,对没有专业视频编辑知识的用户也非常友好,很适合初学者和入门级用户使用。该软件操作简单,上手快,在视频制作方面设计了向导模式,一些常用的视频编辑术语都能在官网上找到很好的解释。此外,它还为用户提供了使用手册和会声会影教程,即使是新手也能按照向导提示快速制作出剪辑视频,因此在国内市场很受普通用户欢迎。会声会影的界面很清晰,用户还可以根据自己的习惯对工作表进行调整,如移除、拖动和放置等。会声会影包含多种功能,如捕获、拼接、特效、字母、刻录等,此外还有一些高级效果如 360°视频、定格动画、轨道透明度、分屏视频等。虽然其操作简单明了,但是其专业程度不如 Vegas、AE、Premiere 等软件,只适用于制作一些不太复杂的视频效果及对视频质量要求不高的编辑需求。

8.6.5 EDIUS

EDIUS 是由美国 Grass Valley 公司开发的一款非线性视频编辑软件,如图 8-19 所示,其多用于广播、新闻等后期场景制作。非线性编辑提供对视频素材任意部分的随机存取、修

图 8-18　Corel Video Studio 视频编辑软件

改和处理,因而无须按照顺序从头寻找编辑位置,可以在瞬间完成视频的任意编辑。广播和新闻等视频经常需要展示其他来源的视频,如手机拍摄、数码摄像机拍摄、DV 拍摄等,因而 EDIUS 几乎支持所有的视频来源,并能迅速编辑,且对于不同格式的视频混合剪辑时无须转码。因此,EDIUS 成为了电视、新闻等视频制作人员的首选软件,也是所有进行多种格式视频编辑的制作人员的最佳选择。

图 8-19　EDIUS 视频编辑软件

　　EDIUS 软件作为一款非常流行的非线性编辑软件,其制作出的视频在生活中随处可见。通过 EDIUS 可以对视频进行切分,将多余的部分去除,保留自己需要的部分。另外在剪辑的过程中,一些特效(如蒙太奇效果)也可以添加到视频中,以便对视频进行艺术加工,让一个普通的视频不再平凡,让片段化的影片变得有头绪。此外,EDIUS 的各种滤镜,如老电影效果、调色效果等也是很有特色的。

8.6.6　Movie Maker Live/iMovie

Movie Maker Live(见图 8-20)和 iMovie(见图 8-21)都是计算机操作系统自带的视频剪辑软件,前者是微软公司的 Windows 系统所附带的轻量级剪辑软件,后者则是苹果公司的 macOS 系统中属于 iLife 的一部分。Movie Maker Live 只能提供一些较为简单的视频编辑功能,如组合镜头、裁剪视频、配乐等,能够应付一般的家庭生活录像编辑。iMovie 的功能也很简单,只有剪辑、配乐、幻灯片效果等功能。然而由于苹果公司的一贯风格,这款软件的操作非常人性化,大多数工作只需要用鼠标进行拖曳即可完成。这两款软件作为免费视频编辑软件附带于操作系统中,功能不多,能制作的效果也不多,但能够满足基本的生活视频编辑,也便于用户将视频发布在社交网络以便与他人分享。

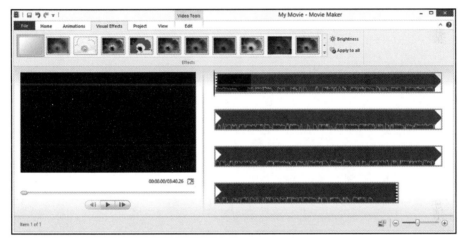

图 8-20　Movie Maker Live 视频编辑软件

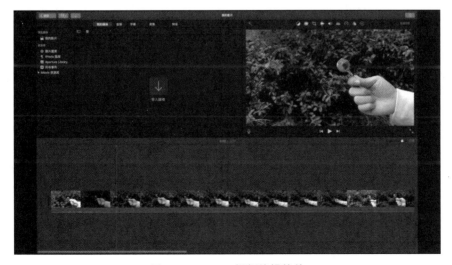

图 8-21　iMovie 视频编辑软件

◇思 考 题 8

1. 图像占用的存储空间与哪些因素有关？其中最主要的因素是什么？

2. 为什么会存在多种颜色模型？说明常见颜色模型的典型应用领域。

3. 视频和图像的压缩有什么不同？

4. 图像处理软件和视频处理软件在功能上有什么不同？

第 9 章

计算机图形学与动画

◇ 9.1 计算机图形学概述

计算机图形学（computer graphics，CG），是研究利用计算机来处理图形的原理、方法和技术的学科，该学科主要研究如何在计算机中建立、存储、操纵对象的几何模型及生成对象的图像。

CG 的概念于 1963 年由 MIT 的 Ivan E. Sutherland 在他的博士论文 *Sketchpad：first interactive graphics system* 中首次提出，Ivan E. Sutherland 博士实现的交互图形系统可使用阴极射线管显示器和光笔交互地生成简单图形，如图 9-1 所示。后来人们也尊称 Ivan E. Sutherland 博士为"计算机图形学之父"。

计算机图形学的研究对象是从客观世界物体中抽象出来的，可用一组数据集合描述图形的几何特征和非几何特征。几何特征是图形对象的点、线、面、体等信息，用于描述其轮廓、形状，非几何特征是图形对象的色彩、灰度、材质、宽度等信息，也称属性信息。如图 9-2 所示，花朵的曲线是其几何特征，确定花朵的形状，花朵的绿色（扫描右侧的二维码查看）是其非几何特征，即颜色属性。

计算机图形学概念

花朵的绿色

图 9-1　Ivan E. Sutherland 博士与
第一个交互图形系统

图 9-2　花朵的几何与非几何特征

从上述的定义可知，图形和图像是两个不同的概念，图形采用矢量方式描述对象，而图像是由一组像素点描述和呈现对象，即位图。图形和图像描述对象的方式不同，但两者之间是相互关联的。由于计算机是数字化设备，在计算机系统上显示图形时，会有一个数字化（渲染）的过程，最终呈现在显示器上仍然是基于图形描述生成的数字图像。

计算机系统中的图像有两种来源：一种是由扫描仪、摄像机等输入设备捕捉的客观世界画面产生的数字图像；另一种是基于图形描述生成的数字图像。数字图像的处理目标不同，涉及不同的学科。目前，与图像处理紧密相关的学科包括计算机图形学、数字图像处理、计算机视觉与模式识别等，学科之间的关系如图 9-3 所示。计算机图形学侧重于从客观场景描述(几何描述)到图像生成的过程；图像处理侧重于获得满足用户需求的、高质量的图像，其过程是采用某些图像处理算法分析和增强已有的数字图像的过程；计算机视觉与模式识别的过程与计算机图形学相反，基于图像的分析获得图像特征或模式信息。通俗地理解，计算机图形学是研究人工合成图像的学科；图像处理是处理和增强已经存在的数字图像；而计算机视觉与模式识别研究如何理解图像。3 个学科分别发展起来，基于不同的数学理论采用不同的处理方法，应用于不同的领域。当前，3 个学科的交叉应用越来越多，处理方法也在相互融合、相互渗透，相信在不久的将来 3 个学科的融合会越来越多。

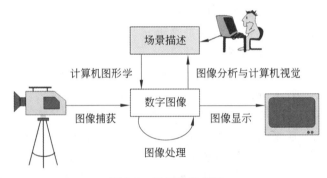

图 9-3　三学科关系图

随着计算机图形学的广泛应用，大量的图形硬件和软件系统得到应用和推广。图形系统一般使用视频显示器作为输出设备，如 20 世纪流行的 CRT 显示器、液晶显示器、等离子显示器等。此外，一些流行的虚拟现实设备也是图形系统的输出设备。可用于图形数据的输入设备有很多，常规的键盘、鼠标以及其他交互式输入设备：跟踪球、操纵杆、数据手套、触摸板等。而图形软件主要分为两大类：通用编程软件包和专用应用软件包。通用图形编辑软件包提供一个可用于高级程序设计语言的图形函数库，主要有 GL(graphics library)、OpenGL、VRML(virtual-reality modeling language)等，这些图形函数称为计算机图形应用编程接口(CG API)。专用应用图形软件包则不需要用户关心图形函数，用户可通过一组菜单进行图形设计和管理。

计算机图形学中涉及大量的理论与算法实现。例如，画线算法中的数字微分分析器(digital differential analyzer，DDA)算法、Bresenham 算法、并行画线算法等。几何变换中基于矩阵的平移、旋转、缩放、反射、错切等变换。二维观察中涉及的世界坐标与视口坐标的转换，裁剪算法用于消除指定区域外的图形，主要有点裁剪算法与线段裁剪算法。三维观察中涉及的世界坐标与视口坐标的转换、投影变换、深度提示、可见线与可见面的判断和面绘制等内容。由此可见，计算机图形学并不像表面上那样"酷"，想要理解和掌握这些内容都需要非常扎实的理论基础。

◆ 9.2　计算机图形学的主要研究内容

　　狭义的计算机图形学的范畴包括如何在计算机中表示几何模型,如何利用计算机进行图形的建立、存储和处理的相关原理与算法,生成、显示具有真实感的二维图像。随着学科的不断发展,广义的计算机图形学范畴已经非常广泛,例如,图形交互技术、曲线曲面造型、科学可视化、计算机动画、虚拟现实等。计算机图形学的主要研究内容分为三方面:①建模(modeling);②渲染(rendering);③动画(animation)。

1. 建模

　　计算机图形学的基础工作,考虑如何为三维世界中的对象在计算机中建立几何模型,主要是形状表述与定义。针对不同的三维自然对象,三维建模的方法众多。经典方法之一是基于几何的建模方法。三维模型的表达可采用一些数学函数,如曲面曲线方程、样条函数等,也可以采用一种通过逼近真实物体的简化表达来进行建模,如多边形网格方法。在计算机辅助设计中,主流方法是采用 NURBS(non-uniform rational B-splines)非均匀有理 B 样条方法进行三维建模,该方法是利用曲面和曲线定义物体造型,能够得到更为逼真的三维模型。图 9-4 显示了采用多边形网格方法表示的球体、锥体、圆环体和电影人物。基于物理建模方法常用于描述绳、布料等非刚性对象。粒子系统则用于描述随时间变化的流体性质对象,例如烟、云、火苗、瀑布等。此外还有基于点云的建模方法,利用 3D 激光扫描仪,动作捕获仪等设备采集三维立体的数据集,重建三维模型,如图 9-5 所示。通过三维扫描仪获取三维模型,得到的三维模型还原度好,精度高,需要花费的时间也比较少,操作简单。因为用于建模的三维仪器费用较贵,所以常用于工业设计中,如汽车制造的逆向工程。基于图像或视频序列进行三维重建也是近年来研究的三维建模方法之一,常用于建筑物原貌恢复,工业设计等。该方法把围绕一个物体拍摄的多角度图像还原成原始的三维物体,这个过程实际上是一个摄像机的逆向过程(二维到三维),具体的步骤分为:相机标定,获取点云数据,表面重建,纹理映射。该方法涉及的理论知识较多,重建出的模型精度有限。

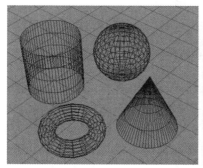

图 9-4　多边形网格逼近表示 3D 对象

　　目前市场上的三维建模软件主要有 3ds Max、Maya 以及 AutoCAD 等,但是这类软件的操作较复杂,需要经验丰富的技术人员才能完成一件良好的三维作品,获取三维模型的花销是较大的。

图 9-5　基于点云的三维建模方法

2. 渲染

渲染指生成三维模型的二维表示(图像),将建模形成的三维模型转换成具有真实感的二维图像的技术,主要包括光照、透视变换等矩阵变换。简单来说,渲染就是将几何模型在计算机中转变为能够被我们所观察到的二维图像。

早期的固定渲染管线包括顶点变换、像素操作、光栅化以及片元操作 4 个步骤,固定渲染管线由于功能固定,无法在程序上对物体细节的表现给予更多更自由的控制。现代图形处理器(GPU)渲染管线可分为 6 个阶段:顶点着色器(vertex shader);形状装配(shape assembly),又称图元装配;几何着色器(geometry shader);光栅化(rasterization);片段着色器(fragment shader);测试与混合(tests and blending),如图 9-6 所示。

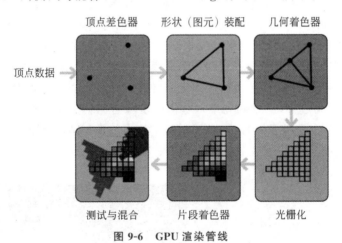

图 9-6　GPU 渲染管线

顶点着色器:该阶段将图形的顶点数据输入到 GPU 中,数据中通常包含位置信息,顶点的法向量以及纹理坐标等。经过一系列坐标变换转为另一种三维坐标,同时顶点着色器对顶点属性进行一些基本处理。**形状装配**:该阶段将上一步中所有顶点作为输入,并按指定图元的形状,如点、线、三角形,装配所有的顶点。**几何着色器**:该阶段将所有图元包含的顶点集合作为输入,通过产生新顶点构造网络结构。**光栅化**:该阶段将图元映射为屏幕上的像素点,生成片段,片段是包含位置、颜色、深度、纹理坐标等属性的数据结构。**片段着色器**:该阶段对输入的片段进行剪裁,如果某些像素超出屏幕外,需要剪裁来提升执行效率。

测试与混合：该阶段会检测片段对应的深度值,进行深度测试消除被遮挡的面,除此之外,该阶段还会检查 alpha 值(用于描述物体的透明度),根据目前已经画好的颜色,与正在计算的颜色的 alpha 值混合,形成新的颜色。

目前可编程渲染管线已开发出来,图形开发人员可以对渲染管线中的顶点运算和像素运算分别进行编程处理。

渲染技术广泛应用于计算机辅助设计、游戏、影视动画等可视化设计领域。各领域的实际应用对渲染技术的要求越来越高,如何高效地获得高真实感的视觉效果是渲染的研究重点。著名动画公司皮克斯的渲染器 RenderMan 向我们展示出了其出色的渲染能力,如图 9-7 所示的《怪兽大学》角色 Art,采用全新的光线追踪技术以及基于物理的方法,使得皮肤、毛发、布料等较难渲染的部分达到十分完美的呈现。

图 9-7　《怪兽大学》角色 Art

3. 动画

主要研究对象的运动建模以及运动描述。利用计算机实现对象的运动,可通过对对象进行平移、旋转操作来改变其位置或者是随时间的行进改变对象的大小、形状、颜色、透明度等属性产生运动效果。此外,还可以通过改变光照、摄像机等参数实现对象运动。计算机生成动画的挑战主要是如何为对象运动建立模型及如何表示。

众所周知,动画是通过一系列图像产生运动效果而生成的。计算机创建动画序列图像的方法分为两种:实时动画(real-time animation)和逐帧动画(frame-by-frame animation)。实时动画要求生成动画的速率必须符合刷新速率,在每个片段生成后立即播放动画。而逐帧动画中的每一帧都是单独生成和存储的,在播放时将帧快速连续地显示。通常来说,复杂场景动画采用逐帧方式创建,简单的运动序列则采用实时显示。计算机动画根据实现技术可分为人体动画、关节动画、运动动画、脚本动画等,还有对水、雾、云、燃烧、爆炸等物理现象进行模拟,类型较多,详见 9.5.3 节。

计算机动画广泛应用于影视设计、计算机游戏、广告、培训和教学等方面,在某些场合,要求计算机动画具有真实感的显示,例如,飞行员教学中的模拟器必须具备精确的环境模拟,而在游戏娱乐和广告中常常会采用计算机动画夸张和非现实地表现主题。

◈ 9.3 计算机图形学的应用

计算机图形学发展到今天,在科学、工业、工程、医学、娱乐、广告、商务、教学等各领域都可以看到计算机图形学的重要作用。同时,各领域的实际需求推动了计算机图形学的研究和发展。

计算机辅助设计(computer-aided design,CAD)是计算机图形学最早的应用,也是计算机图形学在工业界最广泛、最活跃的应用领域。如今,在工程、建筑和各类产品设计中,计算机已经完全替代了手工作图的设计过程,通常使用 CAD 软件进行图形的设计、计算和存储。涉及的产品设计包括:飞机、汽车、船舶的外形设计;发电厂、化工厂等的布局设计;土木工程、建筑物的设计,电子线路、电子器件的设计,等等。

CAD 系统以具有图形功能的计算机系统为基础,通过一些图形输入输出设备进行交互,利用领域专用的软件进行图形的编辑、放大、缩小、平移和旋转等图形数据的加工工作。CAD 系统主要涉及的图形技术有交互技术、图形变换技术、曲面造型和实体造型技术等。在产品设计初期,对象首先以线框图的形式显示。线框图可以清晰地展示出设计调整的结果,由于线框图显示不需要表面绘制,图形计算效率非常高。在对象设计的后期,再利用光照模型和曲面绘制技术形成最终具有真实感的产品外形。例如,建筑 CAD 软件包提供了室内布局和光照等功能,使得设计细节更具真实感。图 9-8 展示了 CAD 在建筑领域的应用。

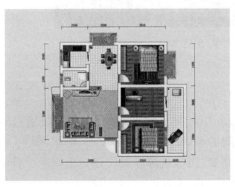

(a) 室内平面图　　　　　　　　　　　　　　(b) 室内布景图

图 9-8　CAD 在建筑领域的应用

数字娱乐是计算机图形学最为贴近生活领域的应用,主要在影视、动漫和游戏行业的应用。在影视方面,基于三维图形学的 CGI(computer-generated imagery)技术广泛应用于生成电影电视的场景和特技效果。例如,《加勒比海盗》系列电影中的幽灵船长戴维·琼斯的"章鱼头",利用了计算机图形学产生的特技效果与真实的人物和场景的混合;《变形金刚》系列电影中的汽车人以及酷炫的变形效果;《星际穿越》中最符合物理原理的黑洞景象,如图 9-9 所示。近年来,各类出色的动画作品也层出不穷,在荣获第 86 届奥斯卡最佳动画卡片的《冰雪奇缘》中,CGI 生成的美轮美奂冰雪场景足以让观众目眩神迷,主人公艾莎的冰雪魔法让观众仿佛身临其境。同样获得奥斯卡最佳动画卡片的《超能陆战队》及《疯狂动物城》

两部作品也展现出了 CGI 生成的更为精彩细腻的画面。在游戏方面,计算机图形学大量应用在游戏引擎中,实现人物建模、场景绘制、画面渲染等工作,尽可能高效地展现出精美的游戏画面,这些任务的完成都离不开计算机图形学的支持。

(a)《变形金刚》中的大黄蜂　　(b)《加勒比海盗》中的戴维·琼斯　(c)《星际穿越》中模拟的黑洞效果

图 9-9　数字娱乐应用

　　虚拟现实环境(virtual-reality environment)也是目前计算机图形学非常热门的应用。虚拟现实环境是由软件创建的虚拟三维场景环境,用户可与虚拟环境中的对象产生交互作用,使得用户认为它是真实的环境。虚拟现实的目标就是在虚拟的环境中营造出真实感。例如,谷歌公司的虚拟现实绘画软件 Tilt Brush,用户戴上 VR 眼镜,就可以随意在虚拟空间中作画,调整笔刷的颜色和大小,还有各种辅助绘图工具以及特效,用户可以通过虚拟笔刷设计服装,甚至在模特身上直接进行创作,可以为"擎天柱"画上一只发光斧头,可以创造一个五彩斑斓的彩绘虚拟空间,如图 9-10 所示。这为创作者提供了一种更为直观的展现方式以及更多的创意灵感。

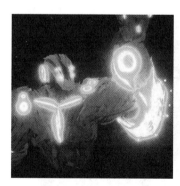 

图 9-10　用 Tilt Brush 绘制的作品

　　在虚拟现实系统中,用户可以通过各种方式操作对象,例如,在 VR 游戏中进行躲避、击倒或者射击对象;可以在虚拟场景中进行漫游,对建筑设计进行全方位的赏析;可以通过数据手套进行对象物品的抓取和移动操作来完成一项指定任务,等等。用户与虚拟现实系统的交互是一种有别于传统模式的全新体验,用户以另一个角度来看待一个事件,会得到不同于以往的全新感受。

　　科学计算可视化(scientific computing visualization)。为科学计算、工程、医药等应用的数据集和过程生成图形的表示称为科学计算可视化。这个概念于 1986 年由美国科学基金会(National Science Foundation,NSF)提出,主要为了分析挖掘海量数据的趋势和特征。随着科学技术的迅猛发展,数据量的与日俱增使得人们对数据的分析和处理变得越来越难,仅仅使用传统方法的统计和计算,人们无法从数据海洋中得到期望的数据,例如,找到数据的变化规律,提取最本质的特征。如果能将这些数据用图形的形式表示出来,情况就不一样了,事物的发展趋势和本质特征也许会很清楚地呈现在人们面前。美国计算机科学家布鲁斯·麦考梅克将科学可视化目标和范围的阐述为:"利用计算机图形学来创建视觉图像,帮助人们理解科学技术的概念或结果的那些错综复杂而又往往规模庞大的数字表现形式"。

可视化工具作为一种大量工作记忆的外界辅助,使用感知代替认知的方式协助我们思考,从而增强我们的认知能力。科学计算的数据类型多样,可能分布在二维、三维或者更高维度的空间,可视化操作可以对这些数据进行编码,如颜色、图案、形状等,确定两者之间的映射关系。另外,还有等值线、等值面、体绘制等展示不同数据类型的表达方式。

如今,科学计算可视化广泛应用于医学、流体力学、有限元分析、气象分析当中。尤其在医学领域,可视化技术得到广泛的应用。例如,作为机械手术和远程手术的基础,可视化技术将医用 CT、MRI 扫描的数据转化为三维图像,并通过合适的图形技术生成人体内部漫游图像,使医生能够看到并准确地判别病人体内的患处,实现诊断功能,进一步可以通过碰撞检测一类的技术实现手术效果的反馈,帮助医生成功完成手术。图 9-11 展示了 MIT 的基于图像的手术项目。当然医学可视化技术还远未成熟,离实用还有一定的距离。主要是由于三维图形学,作为可视化的支撑技术,其算法水平还无法满足实际应用的需求,例如,三维体绘制技术还无法达到实时程度,体内组织分割(segmentation)技术还不能自动实时实现,还需依靠人机交互来完成。

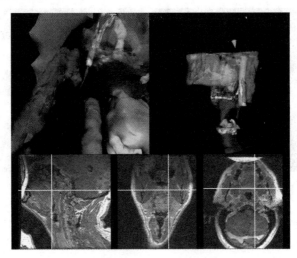

图 9-11　麻省理工学院:图像引导手术项目

其他领域:图 9-12 展示了计算机图形学在航班路线的可视化应用;图 9-13 展示了喷气机周围的气流模型;图 9-14 展示雷达的覆盖范围,帮助用户分析雷达电磁场。

辅助教育。计算机图形学在教育领域的应用主要是通过计算机生成物理模型、财务模型,帮助学生理解系统操作,从而辅助教学。一些专用系统的培训需要设计模拟器辅助培训,例如,飞行模拟器,模拟器通常为飞行操作提供模拟环境的图形屏幕,如图 9-15 所示。

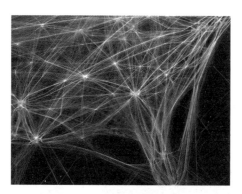

图 9-12　航班路线可视化

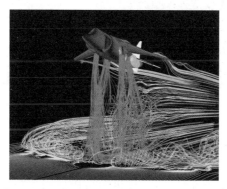

图 9-13　喷气机周围的气流（美国国家航空航天局艾姆斯研究中心）

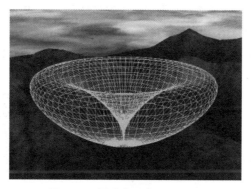

图 9-14　雷达范围的可视化图

(a) 飞行模拟器的操作

(b) 图形屏幕

图 9-15　飞行模拟器的操作与图形屏幕

　　计算机艺术。计算机图形学还广泛应用于美术和商业艺术领域。艺术家不拘束于传统的艺术作品创作方式，采用各类计算机软件和硬件系统完成艺术设计和作品。可用于美术创作的软件很多，如二维平面的画笔程序（如 CorelDRAW、PaintShop）、三维建模和渲染软件包（如 3ds Max、Maya）以及一些专门生成动画的软件（如 Alias、Softimage）等，可以说数不胜数。这些软件不但提供多种风格的画笔、画刷，而且提供多种多样的纹理贴图，甚至能对图像进行雾化、变形等操作，好多功能是一个传统的艺术家无法实现也不可想象的。图 9-16 展示了计算机艺术作品。

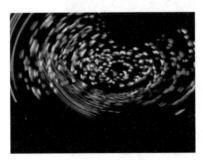

图 9-16　计算机艺术作品

　　图形用户界面（graphical user interface，GUI），是计算机图形学在计算机领域的直接应用。所谓用户界面是指人与计算机进行交互的操作方式，是人们使用计算机的第一观感，也称为人机界面。在磁盘操作系统时代，计算机的易用性很差，传统的软件中有 60% 的程序是用来处理与用户接口有关的问题和功能的。20 世纪 80 年代后，随着 X Window 标准的提出，以及苹果公司图形化操作系统的推出，特别是微软公司 Windows 操作系统的普及，标志着图形用户界面已经融入计算机的方方面面。如今，在任何一台普通计算机上都可以看到图形学在用户接口方面的应用。操作系统和应用软件中的图形、动画比比皆是，程序直观易用。很多软件几乎可以不看任何说明书，而根据它的图形或动画界面的指示进行操作。

　　计算机用户界面的发展阶段包括：①由指示灯和机械开关组成的操纵界面；②由终端和键盘组成的字符界面；③由多种输入设备和光栅图形显示设备构成的图形用户界面，用于 PC 和工作站，称作 WIMP（windows、icons、menu、pointing devices）界面；④VR 交互界面。下一代用户界面将是面向主流应用的自然、高效多通道的用户界面，计算机图形学在其中起着主导作用。

◈ 9.4　动画的原理与发展历史

9.4.1　动画的原理

　　动画有各种不同的定义。著名动画艺术家约翰·哈拉斯（John Halas）说过运动是动画的本质，即运动性是动画的主要特点，一个完整的动画其实是由许多单个画面组成的，而这些单个画面有序的播放就形成了动画。因此，我们可以认为动画就是"运动着并且变化着的图形"。运动和变化是动画的灵魂。举个例子，在图 9-17 中，有 6 张静止的图片，每张图片都是动画角色行走的一个动作，将这 6 张图片按照顺序快速播放，就会给人一种角色在行走的连续动作。为了更细致地研究动画的定义,我们首先理解视觉暂留和帧的概念。

图 9-17　运动分解图

正如 8.1.1 节定义所述,视觉暂留体现的是当图像已经消失,眼睛保持图像的能力。这种能力是动画、电影等视觉媒体形成和传播的生理基础。该现象于 1824 年由英国伦敦大学教授皮特·马克·罗葛特在他的研究报告《移动物体的视觉暂留现象》中最先提出。一般来说,人的眼睛在看到一幅画或者一个物体后,其画面在 1/24 秒之内不会消失。帧(**frame**)是组成动画的每个单幅静止画面,也就是说动画是由一序列帧组成的。

综上所述,动画的制作原理是首先创建一系列的静止的画面,然后在一定的时间(这个时间段一般是 1/24s)内连续快速地观看这一系列相关联的静止画面,由视觉暂留效应而形成连续动作的画面,也就是动画。电影的原理和动画类似。

如果在播放动画时,每秒内的帧数少于 24FPS 则会使得画面出现停顿现象,也就是画面卡顿。根据动画的原理不难理解为何会出现画面卡顿现象,如果播放动画每秒的帧数少于 24FPS,则一定有相邻的两个帧之间的播放时间间隔大于 1/24s,就会使该相邻帧中的前者消失时刻与后者出现时刻中间存在时间间隔,而这个时间间隔就是我们感觉到画面卡顿的那一段时间。

9.4.2　动画的发展历史

人们对如何让静止的画面动起来这个问题进行了广泛的研究,并最终发明了现在广泛使用的电影摄像机。在 19 世纪初,电影摄像机被发明之前,人们还发明了一系列的设备来让画面动起来。幻盘,又称留影盘,是早期动画设备中的一个代表,如图 9-18 所示。幻盘的制作过程是,在一张圆盘的两侧都绘制好图片,需要两张图片具有一定的联系,最好是能组成一副完整的画面。图 9-18 中圆盘正反两面分别是鸟笼和鸟,用绳子穿过圆盘的两面,当圆盘翻转时,就可以看到鸟在笼子里的运动画面。

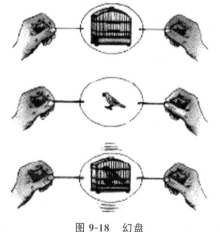

图 9-18　幻盘

西洋镜是另一种动画设备,William George Horner 于 1834 年发明,如图 9-19 所示,将一系列相互有联系的静态画面按照顺序绘制在一个圆筒的内壁上,再将圆筒置于一个能转动的轴上,当圆筒随着轴转动时,每幅画面会依次快速地掠过我们的眼睛,在眼中形成运动的画面。原理和西洋镜大同小异的早期动画装置还有诡盘(phenakistoscope)和活动视镜(praxinoscope)等,都采用了旋转的原理展示一组静止的画面。

我国古代也有关于动画设备的发明,皮影戏就是其中之一,如图 9-20 所示。皮影戏又称"影子戏"或"灯影戏",是一种利用兽皮或者纸板做成的人物剪影来表演故事的民间戏剧。表演时表演者站在烛光照射的白色幕布后面操纵人物剪影并讲述故事,皮影戏一般会配有弦乐来烘托气氛。人物剪影在幕布上被表演者操纵,这种人为的操纵使得皮影戏具有了动画的效果。皮影戏具有浓厚的乡土气息,在我国民间很受人民群众欢迎。

图 9-19　西洋镜

图 9-20　皮影戏

在 19 世纪末 20 世纪初,活动图像(moving image)登上了历史的舞台,并且在 1891 年,托马斯·爱迪生发明了活动电影放映机(kinetograph),从而促进了一个新兴产业的诞生,使电影产业有了迅速的发展。在这一时期,由于有许多人所做的工作都可以归类为动画作品的创作,很难找出一个单独的人作为电影动画的创造或是发明者,他们都被看作是动画制作技术的先驱。

乔治·梅里爱(Georges Méliès)作为电影特殊效果的创造者,在他的电影作品中混用了定格动画技术。这项技术是在他拍摄电影中因为一次意外偶然发现的,对后来动画的推进起到了很大的作用,同时也被大量地用于早期电影中表现一些特殊效果。现存最早的定格动画广告电影是亚瑟·墨尔本·库伯(Arthur Melbourne Cooper)拍摄的短片 *An Appeal*(1899 年),里面混用了定格动画技术。

布莱克顿(J. Stuart Blackton)可能是美国电影制作者中最早使用定格动画技术以及手绘动画的人。他的作品《奇幻的图画》(*The Enchanted Drawing*,1900 年)结合了图画和影片;另一部作品《滑稽脸的幽默相》(*Humorous Phases of Funny Faces*,1906 年),如图 9-21 所示,被认定为世界上第一个真正的动画作品,而布莱克顿也被认为是第一个真正的动画师。

法国艺术家埃米尔·科尔(Emile_Cohl)于 1908 年制作了一部影片 *Fantasmagorie*,影片的视觉风格类似粉笔画,但实际是用铅笔绘制在纸上的。影片中的部分片段合成了现实的场景,还使用了后来被称为传统动画的制作技术,即首先将影片情节按帧绘制在纸上,然后再将每一帧摄制到电影负片上,所以这部影片的背景看起来像是黑板,如图 9-22 所示。

在随后的时间里,更多的艺术家开始涉足动画领域,其中包括温瑟·麦凯(Winsor McCay),他是细节动画(detailed animation)的发明者。这种类型的动画因为工作量巨大需要多个动画师合作来完成,同时还要花相当多的时间来注重动画的细节,每一帧的背景和角

(a)《滑稽脸的幽默相》 (b) 布莱克顿

图 9-21 布莱克顿和他的作品

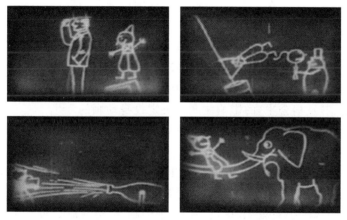

图 9-22 埃米尔·科尔的粉笔画

色都需要精准地绘画,同时动画中角色的动作都设计成了动画。他最著名的作品有《小尼莫》(*Little Nemo*,1911 年)、《恐龙葛蒂》(*Gertie the Dinosaur*,1914 年)、《鲁西塔尼亚的沉没》(*The Sinking of the Lusitania*,1918 年)等,如图 9-23 所示。

图 9-23 《恐龙葛蒂》

毫无疑问,华特·迪士尼(Walt Disney)是动画史上最重要的人物之一,他的工作室不仅完成了一些动画技术的变革,而且还比其他任何人都更为有力地推动了动画作为一种艺术表现形式的发展。迪士尼的技术创新包括:①故事板(story board)和铅笔绘图的使用;②声音动画和彩色动画的先驱者,电影 *Steamboat Willie* 中,迪士尼第一个使用了声音技术;③研究了如何在电影里使用现场录制的动作来创建更加真实的运动,迪士尼工作室发展了多平面摄像机技术。多平面摄像机包括一个安装在多个平面之上的摄像机,每个平面都可以在 6 个方向上移动,因此可以有拉近和拉远的动作。多平面摄像机动画可以用来产生更高效的变焦效果,更有效地模拟深度的效果并产生一种三维的体验。

迪士尼不仅为动画技术的发展做出了很大的贡献,在动画艺术方面,也创作了许多有名的动画角色,例如,米老鼠(Mickey Mouse)、唐老鸭(Donald Fauntleroy Duck)、高飞(Goofy)、三只小猪(Three Little Pigs)等。另外,他还推动了"角色的思想是其行为的驱动力"及"逼真的动画设计关键在于对生活的分析"这两种理念的发展。

我国动画(又称美术片)在亚洲起步较早,1922 年,万氏兄弟制作出我国第一部广告动画《舒振东华文打字机》,且陆续推出《大闹画室》(1926 年)、我国第一部有声动画《骆驼献舞》(1935 年)。1941 年上映的我国第一部长篇动画《铁扇公主》,是我国在世界范围内产生影响的第一部作品。当时《铁扇公主》的上映在亚洲引起了极大的轰动,传说日本动画巨匠手冢治虫,都是受到《铁扇公主》的影响才开始决定投身动画的。

20 世纪五六十年代,我国动画迎来了第一个高潮,一大批技术和艺术方面的人才在这个时候涌现出来,创作出大量优秀作品:我国第一部彩色木偶片《小小英雄》(1953 年);木偶片《小梅的梦》(1954 年),真人和木偶第一次同时出现在了一部片子里;第一部彩色动画《乌鸦为什么是黑的》(1955 年);1956 年的木偶片《神笔》,在国际上获得了儿童娱乐片一等奖,这也是我国美术片在国际上第一次获奖;我国第一部剪纸动画片《猪八戒吃西瓜》(1958 年);1960 年,令全世界惊叹的水墨动画横空出世,代表作品是《小蝌蚪找妈妈》、《牧笛》。这时期还有一些著名的动画作品如《大闹天宫》《小鲤鱼跳龙门》《骄傲的将军》《渔童》《孔雀公主》等。

20 世纪七八十年代,我国动画制作不但数量上增长很快,而且形式和题材也不断地创新。给一代人留下深刻印象的一些动画系列作品有:改编自古典神话小说《封神演义》的《哪吒闹海》(1979 年),是我国第一部宽银幕长篇动画;《葫芦兄弟》,不论情节、色彩,带有明显的中国风格;《邋遢大王奇遇记》《舒克和贝塔》《不射之射》等多集动画片;《山水情》在国内外获得了多项大奖,被称为中国水墨动画的绝唱。在这个阶段,产业化模式制作的外国动画片已经开始冲击国产动画市场,例如,《变形金刚》《花仙子》《铁臂阿童木》这些动画大多题材新颖,想象奇特,色彩鲜明,受到了我国观众的欢迎。

◇ 9.5 动 画 分 类

动画的分类有不同的划分标准,典型的划分标准包括动画的维度、制作方式和实现技术角度。

9.5.1 基于动画维度的划分

从动画的维度来看,动画分为二维动画和三维动画。

二维动画又称平面动画,显示在纸张、照片或计算机屏幕上。无论画面的立体感多强,终究是二维空间上模拟真实三维空间效果。

三维动画又称计算机三维动画,主要依赖于计算机图形生成技术。三维动画中的景物有正面、侧面和背面。调整观察者在三维空间中的视点(观察点),能够看到不同的内容(画面)。

9.5.2 基于制作方式的划分

源于 17 世纪的动画,在漫长的发展过程中,人们采用各种方式进行动画创作与制作。下面介绍 4 种主要的动画制作类型。

1. 以手工绘制为主的传统二维动画

该方式下,画家用绘画方法来表现角色的每个动作,是一项十分艰巨的工作。一般情况下,一部 90min 的动画片,以每张动画拍摄 2 格计算,大约要绘制六万多张图画,需几十个画家进行一两年工作。传统二维动画的代表作品包括迪士尼的《米老鼠和唐老鸭》《狮子王》《白雪公主》等,我国的传统动画《小蝌蚪找妈妈》《天书奇谭》《大闹天宫》等。

传统动画的制作过程分为 4 个阶段,包括总体规划、设计制作、具体创作和拍摄制作。

总体规划阶段的工作主要包括策划和剧本创作。动画制作公司、发行商以及相关产品的开发商,共同策划应该开发怎样的动画片,预测此种动画片有没有市场,研究动画片的开发周期、资金的筹措等。制订开发计划以后,就要创作合适的文字剧本,一般这个任务由编剧完成。可以自己创作剧本,也可借鉴、改编他人的作品。

设计制作阶段的工作主要包括:①角色造型设定,动画家创作出片中的人物造型;②场景设计,设计人物所处的环境,要一次性将动画片文稿中提到的场景设计出来;③画面分镜头,即生产作业图,作业图中的内容比较详细,既要体现出镜头之间的衔接关系,还要指明人物的位置、动作、表情等信息,还要标明各个阶段需要运用的镜头号码、背景号码、时间长度、机位运动等;④分镜头设计稿,动画的每一帧基本上都是由上下两部分组成,下部分是背景,上部分是角色,背景和角色制作中分别由两组工作人员来完成,分镜头设计稿是这两部分工作的纽带。

具体创作阶段的工作内容较多,主要包括:①绘制背景:背景是根据分镜头设计稿中的背景部分绘制成的彩色画稿;②原画创作:原画师将镜头中的人物或动物、道具等角色的每一个关键动作的瞬间画面绘制出来。原画表现的只是角色的关键动作,因此角色的动作是不连贯的;③中间画制作:动画师是原画师的助手,他的任务是使角色的动作连贯,在这些关键动作之间要将角色的中间动作插入补齐,这就是中间画;④描线:影印描线是将动画纸上的线条影印在赛璐珞上,如果某些线条是彩色的,还需要手工插入色线;⑤定色与着色:描好线的赛璐珞片要交与上色部门,先定好颜色,在每个部位写上颜色代表号码,再涂上颜色;⑥质检:准备好的彩色背景与上色的赛璐珞片叠加在一起,检查有无错误。例如,某一张赛璐珞上人物的某一个部位忘记上色,画面是否干净,等等。

拍摄制作阶段的工作包括:①摄影与冲印:摄影师将不同层的上色赛璐珞片叠加好,进行每个画面的拍摄,拍好的底片要送到冲印公司冲洗;②剪接与编辑:将冲印过的底片副本剪接成一套标准的版本;③配音、配乐与音效:一部影片的声音效果是非常重要的,好的配乐可以给影片增色不少,通常的做法是请一些观众熟悉的明星来配音;④试映与发行:试映就是请各大传播媒体、文化圈、娱乐圈、评论圈的人士来欣赏与评价,评价高当然好,不过最重要的是要得到广大观众的认可。

2. 定格动画

第二种是以黏土偶、木偶或混合材料为主要角色的定格动画(stop motion animation)。定格动画是把角色的动作逐帧分解开，并摆出相应的造型，通过逐帧拍摄的方法记录下来，将画面连续放映时，画面中的角色就如同活了一般，显现出丰富的动作。定格动画的代表作包括《小鸡快跑》《圣诞夜惊魂》《神笔马良》《阿凡提的故事》等。

3. 其他艺术形式的动画

第三种是采用剪纸、皮影、提线木偶等其他艺术形式的动画。剪纸、皮影、提线木偶这些动画形式有着浓重的中国特色，早在1958年我国就有了第一部剪纸动画《猪八戒吃西瓜》，1980年采用木偶与实拍结合的电影《小铃铛》是当年卖座的大片。我国20世纪60年代制作的水墨动画片《小蝌蚪找妈妈》和《牧笛》，是最有中国特色艺术风格的动画作品。

4. 计算机动画

第四种是近年来兴起的采用计算机为工具辅助制作或完全由计算机制作的计算机动画。早期的计算机动画，又称为计算机辅助动画，主要是利用计算机辅助动画师制作传统动画。其制作同样要经过传统动画制作的四个步骤，只是在关键帧制作、中间帧生成、分层制作合成以及着色等环节，由于计算机的使用大大简化了工作程序，提高了效率。例如，在关键帧创作以及背景绘制环节，画面可以用摄像机、扫描仪、数字化仪器进行数字化输入，再用计算机生产流水线后期制作，也可以用动画软件直接绘制。通常动画软件都会提供各种工具，以方便动画师的绘图。例如，传统动画制作中的角色设计及原画创作等几个步骤，可以在计算机中一步完成。动画软件还提供随时存储、检索、修改和删除任意画面等功能，大大改进了传统动画画面的制作过程。

完全由计算机制作的动画又称为计算机三维动画或造型动画。三维动画利用三维动画软件在计算机中建立一个虚拟的"世界"，设计师在这个虚拟的三维世界中按照项目的要求去模拟真实的效果或者去实现幻想中的虚拟世界。当一个动画项目在利用三维软件制作完成以后，计算机进行自动运算生成最后的画面。《汽车总动员》《怪物公司》《马达加斯加》等动画片都是以三维技术制作出来的计算机动画。除此之外，《蜘蛛侠》《变形金刚》《魔戒》等电影大片中也用到了三维动画技术。三维动画技术应用在影视中有以下优势：能够完成实拍不能完成的镜头；制作不受天气、季节等因素影响；可修改性较强，节省成本；实拍有危险性的镜头可通过三维动画完成；无法重现的镜头可通过三维动画来模拟完成；现实中不存在的景像可以通过三维动画来实现。

三维动画和二维动画除制作手段不同以外，其最终在画面上的表现形式都是二维图像，只是在视觉上表现出不同的空间感受。如今，为了提高工作效率，很多二维动画片的制作过程已经开始广泛地利用三维制作手段来实现其中比较复杂的场景或者角色的动画制作了。例如，《千与千寻》中的无面人，《大力士》中的三头怪兽等，都是用三维技术制作出的具有二维视觉效果的动画角色。

计算机动画
分类

9.5.3　基于实现技术的角度分类

1. 关键帧动画

关键帧,又称二维动画中的原画,指角色或者物体运动/变化中的关键动作所处的那一帧。任何动画要表现运动或变化,至少前后要给出两个不同的关键帧,而中间状态的变化和衔接计算机可以自动完成。关键帧之间的帧,称为中间帧。

关键帧动画是指采用了以下过程生成的动画:首先,为需要动画效果的属性从关键帧中提取与时间相关的值,称为关键值,如位置坐标、旋转角度或纹理值;接着基于关键值采用特定的插值方法计算中间帧的值;最后计算机自动生成中间帧,制作出比较流畅的动画。

常用的插值方法包括线性插值、三次插值和样条插值等。

2. 变形动画

变形(morphing)是一种制作动画或运动图像特别效果的技术,它通过无缝的转换将一幅图像或一个形状变成另一幅图像或形状。采用变形技术生成的动画称为变形动画。变形意味着图像或形状的拉伸或超现实的变化系列,如图 9-24 所示一头狮子的头部变形为狼的头部。传统影视中通过淡入淡出技术实现变形,如今计算机软件替代了淡入淡出技术,创造出更现实的转换。例如,电影《终结者Ⅱ》中机械杀手 T- 1000 由液体变为金属人,由金属人变为影片中的其他角色(由 Alias 软件制作),就是变形动画在影视作品中的应用。图像的变形,需要对各像素点的颜色、位置作变换;形状的变形,则需要对关键顶点的位置、颜色等做变换,计算机自动生成中间点。

图 9-24　3 帧变形图

3. 过程动画

过程动画是一种实时自动生成的计算机动画,动画的实现依赖于动画算法,动画程序在运行过程中依据时间改变属性值,算法可以很复杂,也可以简单到属性值是某个常数。与关键帧动画相比,过程动画具有更多样的动作系列。过程动画常用于模拟粒子系统(烟雾、火、水)、布料和服装、刚体动力学、毛发动力学及角色动画。

过程动画经常涉及物体的变形,变形基于一定的数学模型或物理规律。最简单的过程动画是用一个数学模型去控制物体的几何形状和运动,如水波随风的运动。较复杂的过程动画包括物体的变形、弹性理论、动力学、碰撞检测等在内的物体运动。

4. 关节与人体动画

关节动画,是通过计算机实现人体(动物)造型和模拟人体(动物)行为的计算机动画技术。关节动画假定人或动物的运动是骨架的运动,因而关节动画主要研究如何控制骨架运动以及在骨架运动基础上控制诸如肌肉类的其他运动。

就人体而言,人体具有 200 个以上的自由度和非常复杂的运动,人的形状不规则,人的肌肉随着人体的运动而变形,人的个性、表情等也千变万化,常规数学与几何模型不适合表现人体形态,也很难模拟关节运动,如何控制骨架运动还存在很多问题。此外,由于人类对自身的运动非常熟悉,不协调的运动行为很容易被观察者所发现。因此,关节动画是计算机动画中最富挑战性的课题之一。

早期的动画电影 *Tony de Peltrie* 和 *Rendezvous a Montreal*,电影《终结者 Ⅰ》《侏罗纪公园》中都应用了关节动画技术,其动画效果令人惊叹不已。

在影视行业常用一种相对简单的技术模拟人体的运动,即动作捕捉技术。该项技术通过传感器记录真人的实际运动,并将运动信息(一系列空间关键点信息)转换为可用的数学参数,进而控制动画人物的运动,如图 9-25 所示。

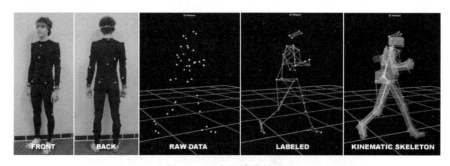

图 9-25　动作捕获技术

真实的人体面部动画(人脸动画)一直是计算机动画制作者面临的一项艰巨任务。人脸是人类实现交流的工具之一,能表现人物心情,塑造人物个性,而且在语音动画中需要做到音频同步(也称为口型同步动画),还需要考虑下巴和舌头的肌肉变形与语音同步。另外,好的面部模型在外形上能代表目标的人物角色。

要制作具有自然观感皮肤的人脸图像十分困难,这使得所生成的动画效果真实性不足。传统的几何建模器(geometric modelers)可进行人脸面部大多数器官的几何建模,但由于面部结构的复杂性,该设计过程需要较多的时间和设计技巧。

人脸的运动模式非常复杂,其动作遵循基本的、明确的结构,但不同的表情又有各自的特点。每张脸只有一个能发音的器官,它能在嘴唇快速而复杂地活动时灵活地传达各种微妙的情感。传统的人脸运动模型有三维框架系统、模拟面部内在结构的模型、基于 B 样条曲线的方法和模拟肌肉运动的方法等。

近年来对人脸,特别是面部表情的模拟技术取得了一系列的重要进展。Guenter 方法是基于一种扫描系统,使用大量的采样点来跟踪面部的三维变形(人脸在特定表情下的三维几何信息),同时获得多帧视频图像生成纹理序列(人脸的色彩、明暗信息),并被映射到三维网格的人脸模型上,重构出人脸特定表情的真实三维动画效果。使用三维扫描仪(3D scanner)和编码光距离传感器(coded light range sensor)是获得人脸几何形状最直接的方法。图 9-26 是美国哥伦比亚电影公司联合制作的全计算机动画电影 *Final Fantasy：The Spirits Within*，其中的女主人公的面部是用计算机动画技术制作的，其生动的 3D 面部表情足以乱真。

图 9-26　电影 *Final Fantasy：The Spirits Within* 女主人公的面部

5. 基于物理模型的动画

基于物理模型的动画技术是 20 世纪 80 年代后期发展起来的一种计算机动画技术，经过多年的发展，它已是一种具有明显优势的三维造型和运动模拟技术。基于物理的动画能逼真地模拟各种自然物理现象，尽管计算复杂度比传统动画技术高很多。

若采用传统动画技术模拟一个逼真的自然运动需要动画设计者细致、耐心地调整各种参数，还要依赖动画设计者对真实物理世界的直观感觉来设计物体在场景中的运动，一般来说，传统动画技术无法生成令人满意的运动。

基于物理模型的动画技术考虑了物体在真实世界中的属性，如它具有质量、转动惯矩、弹性、摩擦力等，并能采用动力学原理来自动生成物体的运动。例如，当场景中的物体受到外力作用时，可用牛顿力学中的标准动力学方程自动生成物体在各个时间点的位置、方向及其形状。因此计算机动画设计者不必关心物体运动过程的细节，只需确定物体运动所需的一些物理属性及一些约束关系，如质量、外力等。著名动画软件 Softimage 在基于动力学的动画功能方面已相当成熟，它能处理如重力、风、碰撞检测等在内的复杂动力学模型。

◆ 9.6　常用计算机动画设计软件

随着计算机技术在动画产业应用程度的深入，动画行业涌现出大量二维、三维动画设计工具软件。下面简要介绍一些知名度较高的动画设计软件，具体使用需参考各软件的用户手册。

9.6.1　二维动画设计软件

知名的二维动画设计软件主要包括 ANIMO、RETAS STUDIO、Harmony、Animator Studio、Flash、Ulead GIF Animator 等。

1. ANIMO

ANIMO 是由英国 Cambridge Animation 公司开发的二维动画制作系统，可以在 SGI

O2 工作站或 Windows 平台上运行。它是世界上最受欢迎、使用最广泛的计算机动画设计工具之一,动画片《小倩》《埃及王子》《空中大灌篮》等都是使用 ANIMO 制作 的。ANIMO 的主要特点:①画稿扫描功能,面向动画师的设计界面,扫描后的画稿保持了动画师原始的线条;②快速上色功能,提供了自动上色和自动线条封闭功能,并和颜色模型编辑器集成在一起提供不受数目限制的颜色和调色板,一个颜色模型可设置多个指定颜色;③多种特技效果处理功能,如灯光、阴影、照相机镜头的推拉、背景虚化、水波等,并可合成二维、三维画面和实拍镜头画面。图 9-27 展示了 ANIMO 的工作界面。

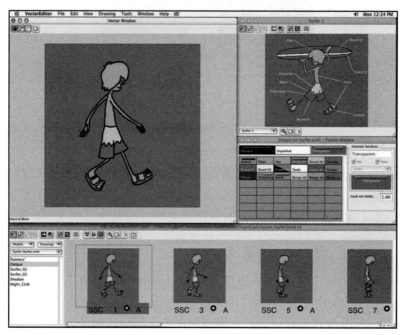

图 9-27　ANIMO 的工作界面

新版 ANIMO V6.0 在可用性和功能方面进行了大量的更新和补充,提高了 ANIMO 用户在从系统构造、扫描、处理和上色一直到合成和输出整个制作过程的使用效率。

2. RETAS STUDIO

RETAS STUDIO 是日本 Celsys 株式会社开发的二维动画制作软件,以 PC 为平台,支持 Windows 和苹果 macOS 系统,目前有日、中、英文三种官方版本。RETAS 1.0 版发布于 1993 年 10 月,目前已占领了日本动画界 80% 以上的市场份额,已有 100 家以上的动画制作公司使用 RETAS。使用它制作的作品包括《海贼王》《火影忍者》《机器猫》,TokyoMovie 制作的《鲁邦三世》,TMS 制作的《蜘蛛侠》。日本著名的动画学校——Yoyogi 动画学校以及著名的游戏制作师 Hudson、Konami 也都使用 RETAS。它曾获得第 48 届日本电影电视技术协会优胜奖和 Animation 杂志金奖。图 9-28 展示 RETAS STUDIO 软件的主要界面。

RETAS STUDIO 将简单易用的用户界面和动画制作的强大功能完美结合,其制作过程与传统的动画制作过程十分相近,它主要由四大模块组成,替代了传统动画制作中描线、

图 9-28 RETAS STUDIO 主界面

上色、制作摄影表、特效处理、拍摄合成的全部过程。同时 RETAS PRO 不仅可以制作二维动画,而且还可以合成实景和计算机三维图像。RETAS STUDIO 系列共分为四套不同的软件。

（1）支持矢量化和 48 位扫描的扫描与描线制作工具：TraceMan。

（2）为专业动画师打造的无纸作画工具：Stylos。

（3）高质量高效率的上色工具：PaintMan。

（4）满足多种表现形式及高速渲染要求的合成与特效工具：CoreRETAS。

3. Harmony

Harmony 是成立于 1994 年的加拿大软件公司 Toon Boom Animation 的产品,是专业的动画制作和故事板软件,其前身是大名鼎鼎的 USAnimation 软件。1996 年,USAnimation 将其软件开发业务出售给 Toon Boom Technologies,其动画制作服务更名为 VirtualMagic USA。Toon Boom 继续开发 USAnimation 软件,更名为 Harmony。

Harmony 是一款非常不错的大型二维动画生产工具,其为用户的整个生产过程提供完整的、低成本的动画制作服务。Harmony 支持处理剪辑动画角色（木偶）所需的工具、逐帧无纸化、从扫描到合成、集成 2D/3D 图像的传统动画工作流程。它的工具集还支持以下功能：带纹理的铅笔线、变形、反向运动学、粒子、内置合成器、3D 相机和 2D/3D 集成。支持无纸动画制作,用户可以使用图形输入板将动画直接绘制到软件中。

Harmony 自 2005 年以来一直在不断发展,许多知名的欧美动画电影都是使用它制作出来。例如,《辛普森一家》《公主和青蛙》《海绵宝宝电影：海绵出水》《国会和我的小马》等电影。图 9-29 展示了 Harmony 的界面。

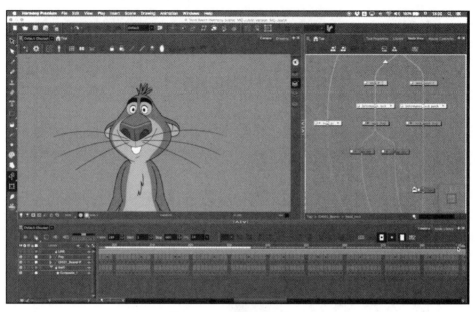

图 9-29　Harmony 的界面

4. Animator Studio

Animator Studio 是 Autodesk 公司的动画制作软件,功能强大,包含音效、动态影像及

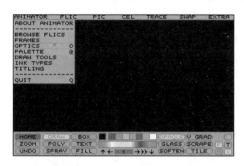

图 9-30　Animator Pro

支持全彩绘图,简单易用。其早期的版本是 Animator Pro,运行于 MS-DOS 操作系统环境,如图 9-30 所示。

Animator Studio 提供逐帧呈现和检视功能,让制作者可以检视每帧的画面,支持同时开启数个动画文档,并且在这些文档中支持帧剪切及复制等编辑操作。支持使用卡通格画方式或颜色、透明度转换等特效方式来完成动画产品。它还支持高品质的全彩动画制作,支持压力感应的喷枪绘图工具,可以直接在数字图像上作图,并且

通过控制笔压,调整色彩的强度和笔宽,支持多次复原的功能,使创作人员实验创意。

5. Flash

Flash 是 Adobe 公司的产品,集成了动画创作与应用程序开发的功能,已更名为 **Adobe Animate CC**(2015 年)。Flash 软件采用矢量方法定义图形和运算,生成的动画文件小,且可以任意放大和缩小而不影响清晰度,因此主要用于网络动画的制作。该软件还支持动作脚本编程实现交互。

Adobe Animate CC 为创建数字动画、交互式 Web 站点、桌面应用程序以及手机应用程序开发提供了功能全面的创作和编辑环境,包含丰富的视频、声音、图形和动画。支持创建原始内容或者从其他 Adobe 应用程序(如 Photoshop 或 Illustrator)导入内容,快速设计简

单的动画及使用 Adobe ActionScript 3.0 开发高级的交互式项目。图 9-31 展示了 Adobe Animate CC 2015 的界面。

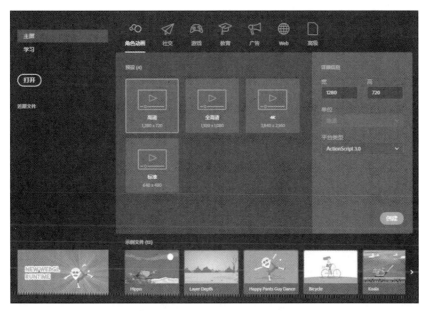

图 9-31　Adobe Animate CC 2015 的界面

6. Ulead GIF Animator

Ulead GIF Animator 是 Ulead 公司开发的一个 GIF 动画制作工具,第一个版本发布于 1992 年。它简单、快速、灵活,功能强大:①既是 GIF 动画编辑软件,也是网页设计辅助工具,还可以作为 Photoshop 的插件使用;②丰富而强大的内置动画选项,使用户制作 GIF 动画非常方便;③内置许多特效 Plugin,可以立即使用;④可将 AVI 文件转成动画 GIF 文件,而且还能优化 GIF 图片,例如,减小 GIF 文件大小,以便让使用者能够更快速地浏览网页。图 9-32 展示了 Ulead GIF Animator 的界面。

9.6.2　三维动画设计软件

知名的三维动画设计软件主要包括 3D Studio Max、Maya、LIGHTWAVE 3D、Softimage、ZBrush、Mudbox、CINEMA 4D 等。

1. 3D Studio Max

3D Studio Max 简称为 3ds Max,最早是 Discreet 公司开发的基于 DOS 操作系统的产品系列 3D Studio,Discreet 公司被 Autodesk 公司合并后更名为 Autodesk 3ds Max,并每年发布一个新版本。

3ds Max 运行于 PC 平台,打破了早期工业级 CG 制作必须要在 SGI 图形工作站上完成的垄断,使得 CG 作品更容易创作。它对计算机配置要求低,支持可堆叠的建模,使制作模型有非常大的弹性,具有强大的角色动画制作能力,集成了大量优秀插件,并支持安装插件

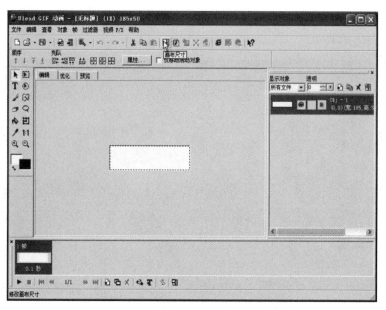

图 9-32　Ulead GIF Animator 的界面

从而扩展功能。它不但操作简洁易上手，适用于初学者，且价格低廉，对硬件设备的要求也相对较低，能够提供建模、材质、渲染、动画、动力学等多种功能模块，并具备了完善的场景管理和多用户、多软件的协作能力。

目前，3ds Max 成为了游戏开发、广告制作、建筑设计、多媒体制作、影视动画、辅助教学及工程可视化等领域的主流开发工具。在影视娱乐领域，3ds Max 用于制作游戏动画、片头动画、影视后期特效制作。《X 战警Ⅱ》《最后的武士》《古墓丽影》中的角色都是 3ds Max 的产品。建筑设计领域，3ds Max 用于制作建筑效果图和建筑动画，在国内建筑行业的使用率极高。图 9-33 为 3ds Max 的建模界面。

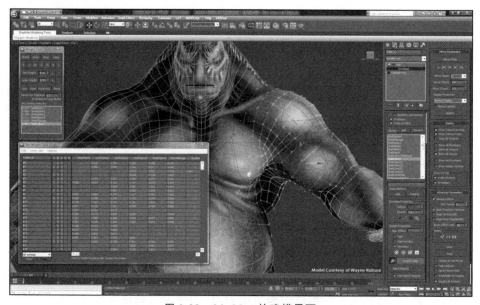

图 9-33　3ds Max 的建模界面

以下基于 3ds Max 2017 分别介绍其建模、渲染、动画三个功能模块。

1）建模功能模块

3ds Max 同时支持 2D 和 3D 建模。场景中实体 3D 对象和用于创建它们的对象称为几何体,它是组成场景的基本成分以及渲染的对象。构建场景的第一步,使用"创建"面板创建新对象。不同对象的创建过程是基本一致的,使用鼠标通过单击、拖动操作可完成对象的实际创建,如图 9-34 所示。使用"修改"面板改变创建的对象,修改范围包括从对象的创建参数到内部几何体等方面,通过更改参数、应用修改器、调整子对象几何体等操作,可以将基本参数对象建模为更复杂的对象。

3ds Max 提供了一系列现成的建筑对象,包括植物、栏杆、墙、楼梯、门、窗等。例如,可创建 4 种不同类型的楼梯:"螺旋楼梯""直线楼梯""L 型楼梯"或"U 型楼梯";操作门模型可以控制门外观的细节,也可以将门设置为打开、部分打开或关闭状态,还可设置门推开的动画;使用窗口对象,同样可以控制窗口外观的细节,设置窗户打开或关闭的状态和窗户开启的动画。其中某些图形是一个由一条或多条曲线或直线组成的对象。3ds Max 提供 11 种基本样条线图形对象、两种类型的 NURBS 曲线及 5 种扩展样条线。

3ds Max 提供骨骼系统的创建、可视编辑和行为编辑。骨骼系统由对象、链接和控制器组成,能够生成拥有动作行为的对象或几何体,如图 9-35 所示的骨骼系统。骨骼系统是骨骼对象的一个有关节的层次链接,可用于设置其他对象或层次的动画。骨骼主要用于模拟脊椎动物运动的动画序列中,其思想来源于自然界中生物运动的规律。所有脊椎动物都拥有一套用于支撑整个身体的骨骼,当骨骼位置发生改变时,会带动依附于骨骼的皮肉随骨骼一起运动。

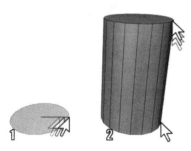

图 9-34　拖动鼠标定义对象的半径

图 9-35　骨骼模型

除了几何体建模外,3ds Max 还提供曲面建模,这是一种更加自由的建模形式。在曲面建模中,通常使用"转化为多边形"命令将对象转换为可编辑多边形格式,或者将参数化模型"塌陷"至可编辑曲面,包括可编辑多边形、可编辑网格、可编辑面片和 NURBS 对象,如图 9-36 所示。

2）渲染功能模块

3ds Max 提供了完备的渲染功能,通过灯光、所应用的材质及环境设置(如背景和大气)为场景的几何体着色。一些特殊效果,如胶片颗粒、景深和镜头模拟也可用作渲染效果。

摄像机可以模拟现实世界中的静止、运动图像或视频摄像机。3ds Max 中包含物理摄

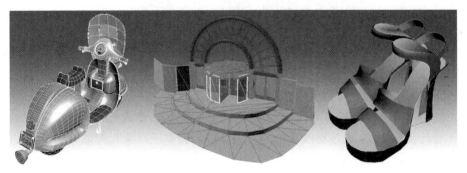

图 9-36　3 种曲面模型：面片(左)、网格(中)、NURBS(右)

像机和传统摄像机。物理摄像机将场景框架与曝光控制以及对真实世界摄影机进行建模的其他效果相集成；而传统摄像机的界面只有较少的简单控件。在创建摄像机后，可以设置摄像机观察点或者运动轨迹，获得摄像机所拍摄的图像或动画。同一个场景可设置多个摄像机，提供不同视角的场景视图。在计算机渲染过程中，3ds Max 包含与电影拍摄过程中所用摄影机移动操作(如摇移、推拉和平移)相对应的控制功能。设置好光源和材质等属性后，摄像机视口决定最终渲染成像位置，如图 9-37 所示。

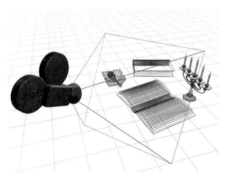

(a) 三维场景中的摄像机　　　　　　　　　　(b) 渲染后图像

图 9-37　三维场景中的摄像机和渲染后的图像

3ds Max 包含多种渲染器，主要有默认扫描线渲染器、A360 云渲染、Autodesk Raytracer (ART)渲染器、iray 渲染器、mental ray 渲染器、Quicksilver 硬件渲染器和 VUE 文件渲染器。默认扫描线渲染器可以将场景渲染为从上到下生成的一系列扫描线。A360 云渲染则使用 A360 云渲染场景；ART 渲染器是一种基于物理的快速渲染器，使用 CPU 计算，适用于建筑、产品和工业设计的渲染与动画；NVIDIA 的 iray 渲染器是全球首款物理效果正确的 GPU 加速渲染器，它通过跟踪灯光路径来创建物理上精确的渲染；同样来自 NVIDIA 的 mental ray 渲染器是一种通用渲染器，它具有良好开放性和操控性，可以生成灯光效果的物理校正模拟，包括光线跟踪反射和折射、焦散和全局照明；Quicksilver 硬件渲染器使用图形硬件生成渲染；VUE 文件渲染器可以创建使用可编辑 ASCII 格式的 VUE 文件。

3）动画功能模块

计算机动画通常指三维场景随着时间的推移产生能被观察到的事件。通过对对象进行平移、旋转操作来改变其位置,或者是随时间的行进改变对象的大小、形状、颜色、透明度等属性产生"动画"效果,此外,还可以通过改变光照、摄像机等参数生成计算机动画。3ds Max 能够创建计算机游戏的角色动画或交通工具的动画,也可以为电影和广播生成特殊的效果。

一个较为复杂的运动比简单运动需要更多的关键帧来分解运动。3ds Max 提供自动关键点模式和设置关键点模式。在自动关键点模式中,当用户更改场景事物的位置或形态时,3ds Max 会在时间滑块位置所示的当前帧创建关键点。设置关键点模式具有更强的控制力,但复杂度更高,是为专业角色动画制作人员而设计的,由用户指定运动轨迹中关键帧的位置,例如,从姿势 1 到姿势 2 的动画中,首先画出关键帧,然后再填充中间帧,一旦特定帧的角色完成了,所有可设置关键点的轨迹都要设置关键帧,如图 9-38 所示。

图 9-38　行走关键帧

在 3ds Max 中设置动画的所有内容都通过控制器处理,控制器的作用是存储动画关键点值和动画设置程序以及在动画关键点值之间插值。主要分为两种控制器:一种为单一参数控制器,用于控制单参数的动画值,无论参数有一个或多个组件,控制器都只处理一个参数;另一种为复合控制器,用于合并或管理多个控制器,包含高级变换控制器,例如 PRS、Euler XYZ 旋转控制器、变换脚本控制器和列表控制器。

除了控制器之外,3ds Max 还可以使用约束来设置动画。动画约束是自动化动画过程的控制器的特殊类型,通过与另一个对象的绑定关系,可使用约束来施加特定的动画控制,如控制对象的位置、旋转或缩放。常见的约束有:保持多个对象的相对位置,沿着一个运动路径或在多条路径之间约束对象,在一定时间内将一个对象链接到另一个对象上,等等。除此以外,约束也能应用到骨骼系统中,但如果骨骼受到 IK 控制器的控制,则只能约束层次或链的根。

对于角色动画,3ds Max 提供了两套用于各角色动画设置的独立子系统,即 CAT 和 Character Studio。这两套系统均能够进行高度自定义的内置、现成角色绑定,且与诸多运动捕捉文件格式兼容,但两者之间也存在明显区别。由于内置装备了多种多肢生物,如龙(见图 9-38)、蜘蛛、蜈蚣等,CAT 系统对于制作非人类角色和多腿动物动画具有更大的优势,如图 9-39 所示,它也可以很逼真地制作类人角色的动画。CAT 提供肌肉和肌肉股对象,能更好地模拟角色肌肉组织。Character Studio 则包含了丰富的角色动画工具集,主要用于两足动物装备，Character Studio 包含的 Physique 修改器部件能够为用户提供可定义的刚性和变形蒙皮分段等功能，此外，Character Studio 能对具有回避行为、随机运动行为和曲面跟随行为的大型角色组设置动画。

图 9-39　角色动画"龙"

2. Maya

Maya 最初是 Alias｜Wavefront 公司的产品，后被美国 Autodesk 公司收购，更名为 Autodesk Maya，是顶级三维制作软件，集三维动画、建模、仿真和渲染功能于一体，可用于动画、环境、运动图形、虚拟现实和角色创建。它功能完善，工作灵活，易学易用，制作效率极高，渲染真实感极强，同时支持 PC 平台（Windows）和 SGI 工作站平台（IRIX）。

具体来说，Maya 主要包含下列模块：①Modeling 和 Advance Modeling：建模工具，包括 NURBS、POLYGON 和 SUBDIVISON 工具；②Artisan：高度直觉化、用于数字雕塑的画笔，可以对 NURBS 和 POLYGON 模型进行操作；③Animation：Trax 非线性动画编辑器，支持逆向动力学（IK），强大的角色皮肤连接功能，高级的变形工具；④Paint Effects：可生成最复杂、细致、真实的场景；⑤Dynamics：完整的粒子系统加上快速的刚体、柔体动力学；⑥Rendering：具有胶片质量效果的交互式渲染，提供一流视觉效果；⑦Cloth：布料模块可模拟多种衣服和其他布料；⑧Fur：毛发模块，可用画笔超乎想象地完成短发及皮毛的写实造型及渲染。

Maya 支持多种脚本语言，如 Mel、基于 C++ 和 JavaScript 的 Maya 个性化程序语言、Python、Pymel（MEL 跟 PYTHON 结合的全新脚本语言）。

与 3ds Max 相比，Maya 的技术层次更高，而 3ds Max 属于普及型三维软件。Maya 主要是为了影视应用而研发的，它的 CG 功能十分丰富全面，不仅包括一般三维和视觉效果制作的功能，而且内置先进的建模、粒子系统、毛发生成、植物创建、衣料仿真、运动匹配功能，无需第三方插件。总之，从建模到动画生成，Maya 都是专业人士的首选。Maya 的典型产品包括：《星球大战》系列、《指环王》系列、《蜘蛛侠》系列、《哈利•波特》系列，以及《木乃伊归来》《最终幻想》《精灵鼠小弟》《马达加斯加》《怪物史瑞克》及《金刚》等。其操作界面如图 9-40 所示。

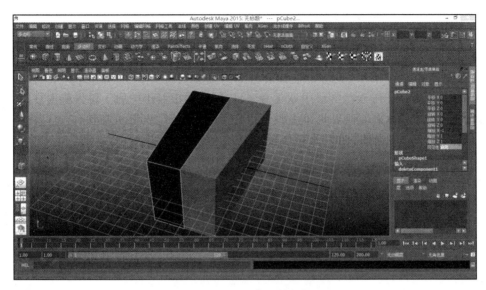

图 9-40　Maya 2015 操作界面

（源自 Maya 2015 客户端截图）

3. LIGHTWAVE 3D

LIGHTWAVE 3D 是美国 NewTek 公司开发的一款高性价比的三维动画制作软件，功能非常强大，是业界重量级三维动画软件之一，支持 Windows 和 macOS，广泛应用于影视、游戏、网页、广告、印刷等领域。它曾经是性价比最高的软件，也曾经是装机数量最多的三维软件，是第一个在 PC 平台上推出 64 位版本的三维软件。

它诞生于 20 世纪 80 年代末，年轻的天才程序员艾伦·黑斯廷斯（Allen Hastings）独自开发出了 Amiga 平台上的一个带有建模、动画和简单渲染功能的 3D 软件，这个软件就是 LIGHTWAVE 的雏形。NewTek 公司发现了艾伦，邀请他加入了公司，并为他提供了充足的环境、时间和资金来完善开发他的软件，LIGHTWAVE 便逐步发展完善起来了。

LIGHTWAVE 3D 以界面简洁而著称。整个软件分为三个模块：moderler、layout 和 sceamernet。由于 LIGHTWAVE 3D 的界面是按照动画师思考和工作的方式来设计的，据说用户只需要 20min 就能熟悉 LIGHTWAVE 3D 界面和开发流程。

与其他 3D 动画软件相比，LIGHTWAVE 3D 在建模、动画、渲染功能上独具特色。LIGHTWAVE 拥有 MetaNurbs 建模功能（一种基于层的细分表面建模技术），建模效率高，擅长生物建模。LIGHTWAVE 在 GI、动态模糊、IK、骨骼系统等方面的优势使得它在角色动画方面也很强大。它的渲染模块采用了基于光线跟踪和光能传递等技术，可获得几乎完美的渲染品质。

众多影视特效制作公司和游戏开发商采用 LIGHTWAVE 3D 制作出许多经典作品。例如，Digital Domain 公司制作《泰坦尼克》的时候，就用 LIGHTWAVE 3D 建造了那艘巨轮的船体模型；还有《海神号》《达·芬奇密码》《X 战警》《刀锋战士》《接触未来》《后天》《加菲猫》《蜘蛛侠 2》《恐龙危机 2》《生化危机-代号维洛尼卡》等作品，都是应用 LIGHTWAVE 3D 的软件技术来完成动画制作与视觉特效的。图 9-4 所示为 LIGHTWAVE 3D 软件界面。

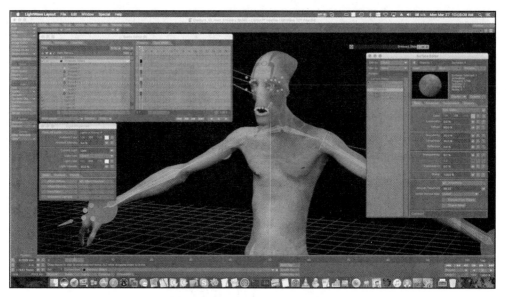

图 9-41　LIGHTWAVE 3D 2018

4. Softimage

Softimage 曾经是影视界重量级的三维动画软件之一，加拿大 Softimage 公司于 1986 年开发出 Softimage 3D，运行于 SGI 平台，是影视界第一款支持反向运动学系统和其他动画特点的商业动画软件。后经历多次收购，包括微软（推出支持 Windows 平台的版本）、Avid、Autodesk 等公司，有以全球知名的数据交换格式 XSI 命名的版本 Softimage|XSI，最后的版本是 Softimage 2015（Autodesk 在 2016 年 4 月停止 Softimage 的产品支持，建议用户迁移到 3ds Max 和 Maya 上）。

Softimage|XSI 的主要功能包括：①多边形建模工具组件，快速的细分表面建模功能以及直觉的创造工具，用户可同时掌控几百万个多边形，XSI 的非破坏性流程环境让用户可以专注于美术创作上；②动画创作，非线性动画编辑系统，支持互动式动画创作，在极精细的模型人物上设定动作和关键帧非常容易，还提供即时的播放功能，曲线编辑器和 dopesheet 让动画的掌控更加容易，支持动画分层功能；具有强大的快速交互能力的骨骼系统，高效的反向运动学系统；动画合成器功能可以将任何动作进行混合，以达到自然过渡的效果；③人物架构，拥有最灵活的控制架构工具组，可以自由地操控人物；④资源循环流程，是所有 3D 软件当中最佳的，其中，非破坏性工作流程让用户可以随时随地增加或修改人物骨架或变形动画，省去了无数的重复工作步骤；⑤互动模式，提供了业界最佳的互动合作环境模式，让动画师们能够持续地工作而不会互相妨碍对方的工作。Crosswalk 互动交换的功能能够让用户完全无瑕将所有的资产输入与输出于其他的 3D 动画软件当中；⑥着色与贴图，采用快速着色科技（quick shade technology）和贴图工具，还拥有强大的 render tree 和纹理层次编辑器（texture layer editor）让构建复杂材质等工作都变得相当容易；⑦渲染，采用记忆体分享架构，整合知名的 Mental Ray 渲染引擎，支持多层次渲染模式，生成高画质图像；⑧特效，拥有强大的粒子系统，毛发系统快速而强大。

世界上最著名的影视特技制作公司工业光魔(ILM)一直是 Softimage 软件的忠实用户,用它制作了大量电影。例如,《101 斑点狗》《拯救大兵瑞恩》《生死时速》《侏罗纪公园》《星球大战三部曲》《星战前传》《碟中碟》等。《精灵鼠小弟》《异型Ⅱ》《蝙蝠侠和罗宾》《黑客帝国》《哈利·波特》等其他一些影视作品也都是 Softimage|XSI 的作品。此外,许多游戏作品也使用 Softimage|XSI 制作,例如,《极品飞车》《FIFA 2000》《第 5 元素》《偶像大师》《半条命 2》《生化危机》等。图 9-42 所示为 Softimage|XSI 界面。

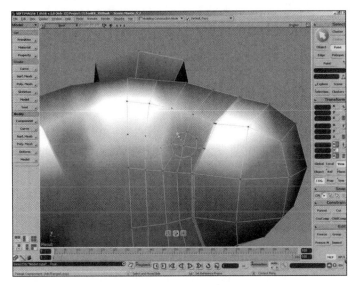

图 9-42　Softimage|XSI

5. ZBrush

ZBrush 是 1997 年成立的美国 Pixologic 公司开发的的数字雕刻工具软件,支持 3D/2.5D 建模、纹理贴图和绘画功能,为数字艺术家提供更符合艺术创作习惯的用户体验。ZBrush 首次展示在 1999 年的 SIGGRAPH 会议上,演示版本 1.55 于 2002 年发布。2009年发布支持 Windows 和 macOS 的 ZBrush 4,目前是 ZBrush 2022。

ZBrush 的出现完全颠覆了过去传统三维设计工具的工作模式,用户可以自由地制作自己的模型,不受鼠标和各种对象参数的限制。ZBrush 能够雕刻高达千亿数量级多边形的模型,将用户的灵感和想象力发挥到极致。ZBrush 的主要技术特点包括:①专利 pixol技术存储了对象屏幕相关的光照、颜色、材质以及深度信息,允许用户基于图像作品增加深度、材质、光照和复杂精密的渲染特效,真正实现了 2D 与 3D 的结合;②ZBrush 的建模工具支持用户使用手写板或者鼠标来控制立体画刷工具,自由自在地随意雕刻自己头脑中的形象,与传统建模工具相比更像是雕刻过程;③支持高分辨率的模型,模型多边形数多达 4 千万以上,广泛应用在电影、游戏以及动画的制作,支持动态分辨率,允许用户全局或局部改变模型的分辨率;④Maya、3ds Max、CINEMA 4D、LIGHTWAVE 3D、Poser Pro、DAZ Studio、EIAS、Modo、Blender 支持与 ZBrush 的集成功能。图 9-43 展示了 ZBrush 2018 的作品。

图 9-43　ZBrush 2018 的作品

6. Mudbox

Mudbox 由新西兰 Skymatter 公司的创始人 David Cardwell、Tibor Madjar 和 Andrew Camenisch 在制作《指环王》过程中开发，主要是为了扩展他们自用的工具组。该软件首先用于《金刚》的制作，2007 年发布第一个正式版本，随后公司被 Autodesk 收购。

与 ZBrush 类似，Mudbox 是一款 3D 数字绘画与雕刻软件，支持 32 位和 64 位 Windows 系统、Linux 64 位系统和 macOS 系统，操作方式类似 Maya，简单易用。它的主要特点包括：①用户界面是 3D 环境，支持移动相机；②建模从多边形网格开始，通过细分算法（catmull-clark subdivision）增加分辨率和多边形的数量直到满足需求，支持分层建模；③支持多种文件格式，如.obj、.fbx、.bio 以及.mud 文件格式；④支持设计可视化，内置一些简单多边形图元，便于创建半身像、小道具、地形等；⑤模板提供快速雕刻表面细节的功能；⑥支持直接在 3D 模型上贴图和着色；⑦通过 SDK 提供应用编程接口；⑧通过 FBX 文件格式增强与其他 3D 图形软件的互操作性。图 9-44 所示为 Mudbox 2018 的界面。

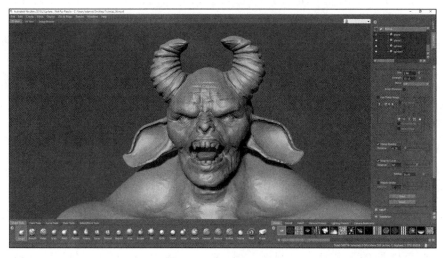

图 9-44　Mudbox 2018

7. CINEMA 4D

CINEMA 4D 是德国 MAXON Computer 公司的产品，前身是运行于 Amiga 的软件 FastRay(1989 年)，为广告、电影、工业设计等提供易用、稳定、完整、高效、强大的 3D 创作平台。

CINEMA 4D 的组件包括：①MoGraph 系统，提供类似矩阵式的制图模式，一个单一的物体经过排列和组合，可以产生不可思议的效果；②毛发系统；③高级渲染系统(advanced render)，强大的渲染插件生成出极为逼真的效果；④三维纹理绘图(bodypaint 3D)，支持在三维模型上进行绘画，有多种触笔，支持压感和图层功能，功能强大；⑤动力学模块 (dynamics)，提供模拟真实物理环境的功能，实现如重力、风力、质量、刚体、柔体等效果；⑥骨架系统(MOCCA)，多用于角色设计；⑦网络渲染模块(NET render)，支持连接多台计算机并行渲染；⑧云雾系统(pyro cluster)；⑨二维渲染插件(sketch & toon)，模拟二维马克笔效果、毛笔效果、素描效果等；⑩粒子系统(thinking particles)。其界面如图 9-45 所示。

图 9-45　CINEMA 4D 的多边形建模作品

◇ 思 考 题 9

1. 试比较计算机图形学与数字图像处理两门学科的异同。
2. 计算机图形学有哪些主要研究内容？
3. 计算机图形学有哪些应用领域？
4. 用自己的语言概述动画原理。
5. 计算机如何提高动画制作的效率？
6. 从实现技术的角度有哪些类型的计算机动画？
7. 有哪些常用的二维动画设计软件？
8. 有哪些常用的三维动画设计软件？

数 字 游 戏

◇ 10.1 数字游戏的定义

在讨论数字游戏的定义之前,首先给出游戏的定义。"游戏"这一词既有动词的意思,也有名词的意思,其作为动词就是一种会使人得到愉悦的行为动作;作为名词时就是这种行为动作的客体。游戏自古以来就有,在我国古代,就有投壶、斗蟋蟀、蹴鞠等丰富的游戏。游戏行为也并不是人类独有的特权,自然界的动物也都有各自的游戏行为,如哺乳动物的追逐嬉戏就是游戏行为。

在计算机发明出来之前,数字游戏是不存在的,数字游戏是数字技术的一种应用,现代数字游戏的快速发展也是得益于最近几十年数字技术的快速发展。具体来讲,"数字游戏"(digital game)是以数字技术为手段设计开发,并以数字化设备为平台实施的各种游戏。术语"数字游戏"最早来自 2003 年"数字游戏研究协会"(Digital Game Research Association,DIGRA)的正式命名。游戏学家 Jesper Juul 在 DIGRA 大会上指出,数字游戏的概念相对于传统游戏,具有跨媒介特性和历史发展性等特点;而学者 Espen Arseth 也在《游戏研究》杂志的创刊号上撰文指出,数字游戏的称谓具有兼容性,是许多种不同媒体的集合。目前,"数字游戏"作为一个专有名词,正在被广泛认可。

数字游戏相对于其他类型的游戏,如计算机游戏、网络游戏、街机游戏和手机游戏来说,有什么不同呢？它是一个层次更高的名词,数字游戏从本质上包括了上述几种游戏的共同特征,即在基本层面上都采用以二进制信息运算为基础的数字技术,数字技术是数字游戏的基础,数字游戏的发展也体现了数字技术的发展程度。目前,数字游戏吸引了更多的目光,并且有长期处于高速发展状态的趋势。此处补充说明下,数字技术是与计算机相伴相生的科学技术,是指借助一定的设备将各种信息,包括图、文、声、像等,转化为计算机能识别的二进制数字 0 和 1 后进行运算、加工、存储、传送、传播、还原的技术。

与传统的游戏相比,数字游戏具有模拟性和制作复杂性等特点。模拟性是指数字游戏的场景一般都是模拟出来一些实体和环境,使得游戏玩家置身其中,而这些场景可能是现实生活中存在的,也可能是制作者想象出来的。虽然数字游戏中的所有事物都是制作者虚拟出来的,但是游戏者往往容易有很强的代入感和真实感,而且这种真实感是数字游戏发展的一个趋势。例如,现今比较流行的基于虚拟现实/增强现实(VR/AR)的游戏。制作复杂性是指在制作数字游戏时,会涉及很多方面的知识、能力,一个好的数字游戏对制作者团队的要求很高。数字游戏的制作复杂程度比传统游戏要高得多,例如,一个简单的斗地主游戏,就需要有游戏音乐、美工以及程序开发人员等组成团队共同开发。

下面,将从数字游戏的发展历程、数字游戏分类、开发流程以及游戏引擎几个方面进行较为深入的介绍。

10.2　数字游戏的历史

数字游戏的历史虽然只有短暂的几十年,但其内容却十分丰富,并且目前正处于蓬勃发展的阶段。数字游戏的载体一般是计算机硬件及软件技术,所以计算机软硬件技术的发展会促进数字游戏的发展。例如,时间跨度很长的同一系列游戏作品,由于游戏硬件和软件技术的进步,会在游戏画质、性能上有很大差异。

1946 年 2 月 14 日,世界上第一台通用计算机 ENIAC 在美国宾夕法尼亚大学诞生,在随后的几十年内,计算机硬件发展的极为迅速,并且在外观、体积、性能上有了质的飞跃,可以支持更复杂的数字游戏运行。而在软件技术方面,游戏引擎以及一些画面、动画处理技术也快速发展并在数字游戏行业得到应用。本节将以游戏硬件载体的不同种类来讲述数字游戏在这几十年的发展。

10.2.1　街机游戏

街机,起源于美国的酒吧,是一种放在公共娱乐场所经营的专用游戏机,如图 10-1 所示。街机一般由显示屏、投币孔和操作板等部件组成,街机上所运行的游戏被称为街机游戏。街机游戏风靡于 20 世纪 90 年代,当时游戏厅出现了一大批画面打击感强、可玩性不错的街机游戏。街机游戏以其安置方便、打击感强、操作容易上手的优点吸引了一大批游戏玩家,成为很多人童年的回忆。下面简单回顾一下街机的发展史。

1971 年,在美国的计算机实验室中诞生了世界上第一台街机,它的名字叫 Computer Space,开发者是 Nolan Bushnell。这台计算机已经具有了街机

图 10-1　街机

的一些特征,如具有投币孔、操作台和游戏基板。随后,Nolan Bushnell 创立了世界上第一个电子游戏公司——雅达利(ATARI),其后雅达利发展成为家用游戏机制造商,并推出以乒乓球为主题的新游戏 Pong,如图 10-2 所示。其操作十分简单,白条是球拍,小方块是球,控制球拍来回移动让球不落空。Pong 很快流行各个娱乐场所,它的成功标志着街机游戏能够被大众接受认可并产生经济效应。

1978—1990 年是街机游戏飞速发展的时期。TAITO 推出了射击街机游戏《宇宙侵略者》(Sapce Invaders),标志着街机游戏从此进入一个新阶段,真正意义上的街机被纷纷制造出来,街机游戏作品也井喷式地创作出来。具有代表性的经典作品包括:NAMCO 公司的射击名作 Galaxian(1979 年)、ATARI 公司的 Missile Command(1980 年)、NAMCO 的

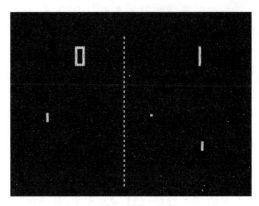

图 10-2　游戏 *Pong*

PAC-Man(《吃豆人》,1980 年)、NAMCO 的 *Tank Battalion*(《坦克大战》,1980 年)、Redigit 的 *Mario Bros*(《马里奥兄弟》,1983 年)、TECMO 的射击游戏 *Star Force*(《星际力量》,1984 年)、SNK 的 *Ikari Warriors*(1986 年)、格斗系列 *Street Fighter*(1987 年)、SEIBU 公司的 *Raiden*(《雷电》,1990 年)等。

　　20 世纪 90 年代后,街机游戏中最受欢迎的游戏种类是格斗类游戏。1991 年 3 月,CAPCOM 公司的格斗游戏 *Street Fighter* Ⅱ(《街霸Ⅱ》)登场;同年 11 月,SNK 也推出了它的首款格斗游戏《恶狼传说》(*Fatal Fury*)。这些格斗游戏画面冲击力强,打击感很丰富,能让玩家体验到格斗的刺激。最著名的格斗类游戏是 SNK 公司 1994 年开始发售的《拳皇》系列。

　　然而街机游戏在 20 世纪 90 年代的辉煌却并没有在 21 世纪延续下去,这跟电视游戏及计算机游戏的飞速发展有很大关系。由于计算机硬件水平的飞速发展,使得计算机游戏的画面相比街机游戏有了质的提升,同时人们足不出户就可以享受游戏。上述原因使得街机游戏无法继续流行。但是街机游戏会就此消失吗?答案是不会,首先街机游戏拥有一些其他平台的游戏所不具有的优点,例如,街机游戏在游戏打击感、操作方式、环境氛围上更胜一筹。其次,目前街机游戏借助计算网络技术继续推陈出新。可以期待街机游戏有新的经典作品问世。

10.2.2　电视游戏

　　电视游戏通常指以电视屏幕为显示器,在游戏机上进行游戏程序的游戏,属于电子游戏的一种。在日本,电视游戏比计算机游戏更为流行,这是由于电视游戏的价格较便宜、游戏软件种类多、设计也较合理、容易上手。

　　游戏玩家通过操控连接电视机的手柄或操纵杆与游戏交互。手柄通常包含数个"按钮"和"方向控制装置",每一个按钮和操纵杆有特定的功能,通过按下或转动这些按钮和操纵杆,游戏玩家可以控制电视屏幕上的影像。

　　电视游戏通常会绑定不同的游戏机平台来发行贩售,也就是说每款电视游戏有专用的多媒体光碟或卡带。例如,为了能玩到《地平线:黎明时分》这款游戏,你需要使用如图 10-3 所示的索尼公司的游戏主机 PlayStation 4,这是 2014 年索尼公司推出的 PlayStation 游戏机系列的第四代游戏主机。其他主流的游戏主机还包括日本任天堂公司的 Switch、微软公司的 Xbox360。已经停产或没落的经典游戏主机有 Sega Dreamcast、雅达利 2600、任天堂 Gamecube、任天堂 SNES、Sega Master System 等。

图 10-3　索尼公司的游戏主机 PlayStation 4

10.2.3　掌机游戏

掌机游戏(handheld game console),也被称为便携式游戏机、携带型游戏机或者手提游戏机,简称掌机,如图 10-4 所示。掌机是一种小型游戏机,在便携性上特别具有优势,目前广泛使用的智能手机设备也可以被视为一种掌机设备。掌机游戏的目的是随时随地为用户提供游戏及娱乐,供人们在短暂的时间段里(如排队、等候过程中)进行简单的游戏娱乐。因此,最初掌机游戏通常一台主机一个游戏,且不可扩展,与 PC 游戏相比,游戏流程短小,节奏明快,操作也不复杂。由于硬件条件的限制,一般掌机的画面和声音都不如同时期的电视、计算机游戏。

掌上游戏机产业的发展起步于 20 世纪 70 年代中期,电子游戏掌机 Mattel Auto Race 是世界上第一台掌机,它的屏幕只是一排排发光二极管,如图 10-5 所示。1980 年,任天堂打造出了世界上第一台液晶屏幕游戏掌机 Game&Watch,创下了 4340 万台的销量。液晶屏的引入,使掌机游戏画面变得生动了起来。1983 年,任天堂推出了改进版 Game&Watch。此后,任天堂推出了 Game Boy 系列掌机。1989 年中,雅达利推出第一个彩色掌上游戏系统 Atari Lynx(山猫)。

图 10-4　掌上游戏机

图 10-5　第一台掌上游戏机

在亚洲地区,特别是日本和中国,掌机游戏拥有大量的用户群,并带动了大量相关软、硬件产业的发展。这是因为掌机游戏具有便于携带和随时娱乐的特点,同时掌机游戏加入的收集、交换等要素进一步提升了这类游戏的魅力,例如,著名的游戏"口袋妖怪",已成为一种文化现象和符号,其每一部新作都会成为青少年群体的话题。

10.2.4　PC 游戏

PC 游戏,又称作计算机游戏或电脑游戏,是以个人计算机硬件为操作平台,通过人机互动形式实现的能够体现当前计算机技术较高水平的一种游戏方式。

PC 游戏具有以下特征:①依托于计算机操作平台,不能在计算机上运行的游戏,肯定不会属于 PC 游戏的范畴;②具有高度的互动性。互动性是指玩家的操作会对计算机上运行的游戏进程有影响,游戏代码的运行流程由游戏玩家的操作而发生改变,而且计算机能够根据游戏玩家的行为做出合理的反应,从而实现人机交互。游戏能够允许游戏玩家进行改动的范围越大或者说给游戏玩家的发挥空间越大,游戏玩家就能得到越多的乐趣。同时,计算机做出的反应的真实性与合理性也是吸引游戏玩家的因素之一;③PC 游戏比较能够体现计算机技术的较高水平。一般当计算机更新换代的同时,计算机游戏也会发生相应的变化。例如,PC 从 486 时代进入 586 时代时,真彩游戏就替代了原本流行的 256 色游戏。再如,当光驱成为计算机的标准配件后,原本游戏用磁盘作为存储介质也替换成了光盘。

计算机游戏出现于 20 世纪 60 年代,当时电子计算机进入了美国大学校园。1962 年一位叫史蒂夫·拉塞尔(Steve Russell)的大学生在美国 DEC 公司生产的 PDP-1 型电子计算机上编制了一款名为 *Space War* 的游戏。因此,一般认为史蒂夫·拉塞尔是计算机游戏的发明人。20 世纪 70 年代,随着电子计算机技术的发展,计算机成本越来越低。1971 年,誉为"电子游戏之父"的诺兰·布什内尔发明了第一台商业化电子游戏机。1977 年,随着苹果计算机 Apple II 的问世,PC 游戏才真正开始了商业化的道路。此时,虽然图形效果还非常简陋,但是图形化的游戏界面已经开始出现。这个时期最具代表性的作品是《波斯王子》。《波斯王子》以阿拉伯古老传说《一千零一夜》为背景,是一款动作冒险游戏。《波斯王子》取得了全球销量 200 万的傲人成绩,成为动作冒险游戏传奇的开始。从 20 世纪 80 年代开始,PC 大行其道,多媒体技术也开始成熟,PC 游戏则成为了这些技术进步的先行者。尤其是3dfx 公司生产的 3D 显示卡给 PC 游戏行业带来了一场图像革命。进入 20 世纪 90 年代,因特网的兴起为计算机游戏的发展带来了更强大的动力。21 世纪初,网络游戏成为了 PC 游戏的一个新的发展方向。

10.2.5　手机游戏

手机游戏是以手机为载体的游戏。随着移动计算的发展,智能手机的普及率超过计算机,成为最热门的游戏硬件载体,几乎每个人的手机上都会自带游戏功能或者下载安装了应用商店里的游戏软件。手机游戏的流行,主要有两方面的原因:首先,手机作为人们日常生活的工具,其覆盖率十分高,用户群体十分庞大;其次,手机的便捷性使得手机游戏玩家可以随时随地的享受手机游戏带来的快乐。

手机作为游戏的硬件载体最早是在 1993 年,当年的首款内置游戏的手机 IBM Simon 如图 10-6 所示,内置的游戏是 *Scramble*,这是一款益智游戏,玩家通过移动板块让画面或者数字正确排列。另外,IBM Simon 作为手机在那个时候的功能可以说是非常强大,它不仅可以打电话、发邮件,还有诸如地址簿、日历、计算器等功能,并且还史无前例地采用了触摸屏的设计。之后,手机厂商生产的手机基本上都会带有游戏功能作为手机的一个卖点。1994 年,总部位于丹麦的手机厂商 Hajneuk 发布了一款名叫"Hagenuk MT-2000"的 GSM 手机,内置的游戏是著名的《俄罗斯方块》。1997 年诺基亚手机 6110 的内置游戏是《贪吃蛇》。诺基亚也先后发布了数款外形类似游戏掌机的手机,如诺基亚 N-Gage 以及其继任者 N-

图 10-6　第一台内置游戏的
手机 IBM Simon

Gage QD,但由于产品本身的问题以及过高的售价,这些产品并没有大卖。

　　在高性能智能手机出现之前,由于手机硬件的性能较差,手机游戏一般都是内容和画面比较简单的小游戏。随着智能手机硬件性能的提升,手机游戏已远远不是《俄罗斯方块》《踩地雷》《贪吃蛇》这类小游戏,进而发展到了可以和掌上游戏机媲美,具有很强的娱乐性和交互性的复杂形态,有了堪比计算机游戏的网页游戏。2009 年,手机游戏 Angry Bird 横空出世,玩家可以用愤怒的小鸟来射击目标来获取分数,该游戏一推出就风靡全球。2010 年,切水果游戏《水果忍者》凭借其切割水果的音效收获了一大批玩家。随后出现的手机游戏在游戏内容丰富度和画面精美度上更上一层楼,甚至有和 PC 游戏一样的体验,这些手机游戏作品有 5V5 MOBA 游戏《王者荣耀》、大逃杀射击游戏《绝地求生:刺激战场》、集换式卡牌游戏《炉石传说》等,如图 10-7 所示。

(a) Angry Bird　　　　　　　　(b)《绝地求生:刺激战场》

图 10-7　手机游戏 Angry Bird 和《绝地求生:刺激战场》

　　根据第三方游戏市场研究机构 Newzoo 发布的全球游戏市场报告,2018 年全球数字游戏玩家达 23 亿,在游戏上花费 1379 亿美元,其中手机游戏占比超过 50%,可见,手机游戏的发展潜力是多么惊人。

◇ 10.3　数字游戏的分类

10.3.1　基于视角的游戏分类

　　数字游戏从游戏视角分为 4 类:①第一人称视角游戏;②第三人称视角游戏;③俯视视角游戏;④立体视角游戏。

　　第一人称视角游戏是指玩家进入游戏后的视角是以第一人称视角所呈现的,其中的代表游戏类就是第一人称射击游戏。下面以第一人称射击游戏为例子来介绍。

第一人称视角射击游戏(first-person shooter,FPS),顾名思义就是以玩家的主观视角来进行射击游戏。玩家不再像别的游戏一样操纵屏幕中的虚拟人物来进行游戏,而是身临其境地体验游戏带来的视觉冲击,这就大大增强了游戏的主动性和真实感。早期第一人称游戏所带给玩家的一般都是屏幕光线的刺激,简单快捷的游戏节奏。随着游戏硬件的逐步完善以及各种游戏的不断结合,此类游戏提供了更加丰富的剧情以及精美的画面和生动的音效。图 10-8 所示的游戏就是经典的第一人称射击游戏《战地之王》(*Alliance of Valiant Arms*)。

图 10-8 《战地之王》

第三人称视角游戏也被称为"跟随式"视角,由于如今大部分游戏已经具有了 3D 效果,因此游戏设计者们也很喜欢选择它。第三人称视角的游戏把角色放在屏幕当中,让玩家控制自己对应的角色。例如,玩家通过点击游戏手柄上的按钮或是键盘命令自己的角色跳起,就会看到自己的角色在屏幕上跳起。

这种视角的游戏会产生一种隔阂,即玩家是玩家,角色是角色,双方是独立的个体。但第三人称视角可以显示出玩家角色和周围环境之间的互动,例如,在第一人称视角的游戏中,玩家无法确定看到角色撞到一堵墙,如果角色面对这墙,玩家在很近的距离下只能看到墙的贴图,然后角色停下来;如果角色没有面对这墙,只是背部撞在墙上,那么玩家只能从角色停止移动来判断有什么东西阻挡了角色。在第三人称视角的游戏中,玩家无论是在什么环境下都能同时看到角色和墙,这种视角可以让游戏的体验更加直观。当然第三人称视角的游戏通常比第一人称视角的游戏更难操作。很多第三人称视角的游戏试图用各种方法来修正这个问题,但还是只能在角色和目标之间标出一条直线,而不能在屏幕中心标出目标点。如图 10-9 所示的游戏就是近年来大热的第三人称视角游戏——《绝地求生大逃杀》(*PlayerUnknown's Battlegrounds*)。

图 10-9 《绝地求生大逃杀》

俯视视角游戏以俯视的角度来进行游戏,一个俯视视角的游戏就好像在游戏环境的上方架着一台摄像机一样。这种视角在战略游戏中应用得最多,目的是为了使游戏画面中微小的管理细节和军队进行的作战行动更为逼真,同时使玩家能够一眼就看到游戏中的事物和环境。这种视角的游戏有暴雪的《星际争霸》(见图 10-10)、MICRO PROSE 公司的《文明》等。

图 10-10 《星际争霸》

立体视角游戏,这种视角很容易和俯视视角相混淆,这是微微倾斜的 3/4 视角,在游戏的过程中上方会旋转变换,并且有很强的 3D 效果。如暴雪的《暗黑破坏神》,如图 10-11 所示。

图 10-11 《暗黑破坏神》

10.3.2 基于内容的游戏分类

数字游戏从游戏内容可分为 9 类:①休闲益智类游戏;②角色扮演类游戏;③即时战略类游戏;④第一人称射击游戏;⑤动作类游戏;⑥冒险类游戏;⑦模拟类游戏;⑧运动竞技类游戏;⑨多人在线竞技类游戏(*multiplayer online battle arena game*)。

休闲益智类游戏是最常见的游戏类型之一,一般是指一些容易上手、难度适中、让人身心得到放松、大脑得到锻炼的游戏。休闲益智类游戏是一种轻度的游戏,并不需要长时间投入到上面,可以随时停止游戏。由于休闲益智类游戏的游戏时间可以由玩家自行安排,所以非常适合在一些零碎的时间段里进行游戏,如在等车、旅途中打发无聊时间。

如果将休闲益智类游戏细分,可以将其拆分成休闲类游戏和益智类游戏。休闲类游戏是一种用来打发时间的趣味游戏,一般情节平缓,不会像动作类游戏那么精彩刺激。这类游戏中常见的有消除类游戏,其代表作是 2013 年上线的《开心消消乐》,如图 10-12(a)所示。《开心消消乐》的游戏规则是玩家可以通过交换相邻的两个格子来把一些上面有物品头像的单元格子按照一定的规则排列起来以达到消除格子获取分数的目的。《开心消消乐》相对于其他消除类游戏,在游戏画面、消除特效、消除规则上做得很好,也因此拥有了数目庞大的玩家群体。而益智类游戏则比较偏重于让玩家的大脑得到锻炼,大多用在教育行业中,用来对学生、儿童进行智力开发。常见的益智类游戏有棋牌类游戏、《平衡球》(见图 10-12(b))等。

(a) 《开心消消乐》   (b) 《平衡球》

图 10-12 休闲益智类游戏《开心消消乐》和《平衡球》

角色扮演类游戏是指玩家通过扮演一个或多个特定角色,在游戏构造的虚拟世界中的特定场景下进行游戏。根据不同的游戏情节和统计数据,如力量、灵敏度、智力、魔法等,角色具有不同的能力,而这些数据会在游戏情节中根据游戏规则改变,甚至有些游戏系统可以根据这些数据的不同而改变游戏剧情。

玩家扮演游戏中的角色在所给定的虚拟世界里进行漫游、冒险,一些常见的玩法包括:①购买物品和装备来使自己与自己的队伍更为强大;②与游戏中的敌人进行战斗,从而获得金钱和经验值;③通过对话、调查等行为来完成游戏中的剧情。角色扮演游戏最有趣最吸引人的地方是,可以使玩家扮演与其本人截然不同的人物,亲身体验跌宕起伏的剧情,从而丰富玩家的体验,使玩家如同看一本小说一般,与游戏中的人物同喜同悲。

一般来说,角色扮演类游戏所需的时间较长,花费的心思也较大,但是更能抓住玩家的心。基本上,任何一个平台甚至任何一台主机想要占据主流的地位,都离不开角色扮演类游戏的支持。如图 10-13 所示的《仙剑奇侠传》就是比较著名的角色扮演类游戏。

图 10-13 《仙剑奇侠传》

即时战略类游戏是战略游戏的一种,其主要平台是 PC。此类游戏的形态经过了漫长的演变,它在英国与北美地区走过了各自的发展道路,最终融合成一个共同的形态。即时战略类游戏的定义是很严格的,要求"战略"的谋定过程必须是即时的。有一种常见的误解,认为"只要是即时进行的战争游戏就是即时战略游戏"。其实,如果只是战斗是即时的,而采集、建造、发展等战略元素却以回合制进行,则游戏不能归为即时战略游戏。另外,如果该游戏完全没有上述战略元素,则只能称其为即时战术(real-time tactics,RTT)游戏。

即时战略游戏的代表作是 1992—1998 年间由 Blizzard Entertainment 和 Westwood Studios 公司开发的系列作品。1992 年,由 Westwood Studios 公司开发的《沙丘魔堡 Ⅱ》(*Dune* Ⅱ：*The Building of a Dynasty*)阐述了现代即时战略游戏中的所有核心概念,例如,用鼠标控制单位、资源采集等,这些都是此类游戏的原型。1994 年,Blizzard Entertainment 推出了《魔兽争霸》(*Warcraft*：*Orcs* & *Humans*),主要是模仿《沙丘魔堡Ⅱ》。此后,1995 年推出《魔兽争霸Ⅱ》(*Warcraft* Ⅱ：*Tides of Darknessi*)大获成功。当前最为著名的即时战略游戏是 Blizzard Entertainment 的《魔兽争霸Ⅲ》(见图 10-14 所示)。这款游戏现在是世界电子竞技大赛(World Cyber Games,WCG)的比赛项目之一。

第一人称射击游戏(FPS),是以玩家的视角进行的游戏,玩家从显示器设备模拟的主观视角中观察游戏场景,并进行射击、运动、对话等一系列的动作。因为使用了第一人称的视角,使得玩家可以身临其境地感受游戏带来的强烈视觉冲击,具有很强的游戏主动性和真实感。第一人称射击游戏具有十分强的竞技性,对玩家的反应力、观察力具有很高的要求,玩家之间的决胜往往就在一瞬间。目前常见的第一人称射击游戏都有对应的职业联赛。第一人称射击游戏一般不仅有激烈的对抗、真实的画面、生动的音效,还拥有丰富的剧情,因而非常受玩家的青睐。

第一人称射击游戏也可归为射击型动作类游戏,由于它在主流游戏中占比很大且个性特征明显,因此单独将它划作一个类别来介绍。第一人称射击游戏的代表作有《反恐精英》(见图 10-15)、《使命召唤》系列等。

图 10-14　《魔兽争霸Ⅲ》　　　　　　　　图 10-15　《反恐精英》游戏界面

目前,越来越多的第一人称射击游戏逐渐加入了策略、生存模式等内容,提高了游戏的真实感和多元性。由于这类游戏需要营造出真实的环境场景,给予玩家置身其中的紧张感,其开发难度是非常大的,需要在很多技术问题上实现突破和创新,例如,高效渲染大型三维场景、摄像机控制的快速反应等问题。

动作类游戏以"动作"作为游戏主要表现形式,剧情一般比较简单,主要是通过熟悉操作技巧就可以进行的游戏,强调玩家的反应能力和手眼的配合。玩家通过控制角色的一系列动作，如走、跑、跳，甚至俯身、爬行、翻滚、飞行、爬墙等动作，并且可以使用各种武器或辅助道具，如近程、远程、定时武器，完成游戏设定的目标。动作类游戏的玩法支持消灭敌人过关，也支持玩家对战。

传统动作类游戏可细分为平台动作类和卷轴动作类。平台动作类需要角色在平台之间以跳跃、奔跑、滑翔等动作穿过障碍且攻击敌人，场景是纵向的。这类游戏通常有难度递进的游戏关卡，移动平台、梯子等有趣的移动方式，旋转锯齿等障碍物或意想不到的场景变化以及带有解谜冒险的环境模式。卷轴动作游戏（side-scrolling action game）是过关型的动作游戏，场景是一个横向滚动的卷轴。游戏中，一个或多个玩家控制自己选定的角色，组成队伍，以不同的招式去和计算机控制的敌人战斗，攻克一个个关卡。角色能够左右移动，还能够做靠近和远离屏幕的运动。

动作类游戏的代表作品有《超级马里奥》（*Super Mario Brothers*）、《冒险岛》（*Maple Story*）、《大金刚》（*Donkey Kong*）、《刺猬索尼克》（*Sonic the Hedgehog*）系列及近期的《三位一体》（*Trine*）系列和《奥日与黑暗森林》（*Ori and The Blind Forest*）。

冒险类游戏是一种惊险刺激的游戏，玩家通过控制角色进行虚拟冒险，故事情节往往是以完成某个任务或是解开一个谜题的形式出现。它不提供与敌方对抗的操纵过程，而是注重玩家与游戏角色之间的交互性故事。冒险类游戏主要考验玩家的观察力和分析能力，强调发掘故事线索，有点类似于角色扮演类游戏。但不同于角色扮演类游戏的是，冒险类游戏中游戏主角的属性一般不会改变，不会影响游戏的进程。

早期的冒险类游戏主要是用文字叙述辅以图片进行的，如今随着计算机图形技术的日趋成熟和灵活应用以及各类游戏之间的借鉴和融合，使得冒险类游戏也逐渐与其他类型的游戏相结合，形成了动作冒险类游戏。例如，日本 KOIE 出品的游戏《真三国无双》系列。冒险类游戏的代表作有 Eidos 推出的《古墓丽影》系列（见图 10-16）、Ubisoft 出品的《波斯王子》系列等。现在冒险类游戏通过不断的更新和创新，使它的真实感、刺激性越来越强。

图 10-16　《古墓丽影》画面

模拟类游戏，就是在游戏中构建一个虚拟的世界模拟现实生活中的事物。"仿真"是模拟游戏的核心，"真"代表真实世界。仿真程度高的模拟游戏，可用作训练专业知识，对现实生活具有帮助意义；仿真程度低的游戏，可用作一种娱乐手段。

模拟游戏带来的种种优点已经在西方教学界引起重视，许多研究人员试图支持模拟游戏的发展，使其进入生活的方方面面。此外，模拟游戏证明，如果把"游戏"二字等同于"娱乐"是片面的。游戏代表一种综合性、交互性的多媒体体验,模拟游戏是可以将这种交互性体验为社会带来贡献的游戏类型。

模拟类游戏一般可分为美式模拟类游戏和日式模拟类游戏两类,日式模拟类游戏也被称为"养成类"游戏。最常见的美式模拟类游戏有《模拟人生》(见图 10-17)、《模拟城市》。在游戏中真实地模拟了现实生活中的场景,玩家在游戏中始终是处于上帝视角,以俯视众生的视角看待自己所建造的世界,玩家能从中获得管理虚拟世界所带来的成就感或者是在自己的世界里为所欲为的快感。通常这类游戏的结局是开放式的,即使达到了游戏设计的终极目标后,玩家仍然可以继续游戏。此外,还有模拟现实世界中某一特殊职业的模拟游戏,如飞行模拟游戏、坦克模拟游戏等。这些游戏的目的是满足玩家对这些日常生活中不易接触到的事物的好奇心。

日式模拟类游戏通常是一些恋爱类模拟游戏。最为著名的是由日本科乐美公司出品的恋爱游戏《心跳回忆》系列,如图 10-18 所示。日式模拟类游戏中的模拟没有美式模拟类游戏中那样逼真细致的模拟机制,一般通过数学模型和数字式管理来实现,例如,在《心跳回忆》中有各种各样表示任务状态的数值。如今日式模拟类游戏内容也丰富了许多,可以养小动物,模拟牧场管理等。

图 10-17　《模拟人生》

图 10-18　《心跳回忆》

运动竞技类游戏是一种模拟现实的体育比赛游戏,通过控制或者管理游戏中的运动员或者运动员队伍进行。如今大多数受欢迎的体育项目都已有对应的游戏,包括足球、篮球、网球、高尔夫球、美式橄榄球、拳击和赛车等。由于体育运动本身的公平性和对抗性,运动竞技类中的部分游戏已经被列入了 WCG 的比赛项目。

运动竞技类游戏中赛车类游戏的分类在游戏界一直有不同的看法,有的主张把它分在模拟类中,有的主张分在运动竞技类中,还有的则认为虽然它具有运动竞技类游戏和模拟类游戏的某些特征,但是它自身具有一些特征,应该像第一人称射击游戏一样被当成一个独立的类型。本书将其划归为运动竞技类游戏,是因为这类游戏的乐趣在于相互之间的比赛和竞技,同时赛车原本就是一项体育运动。

运动竞技类游戏的代表作有:《极品飞车》系列、NBA 系列、FIFA 系列等,如图 10-19 所示的是足球游戏《FIFA16》。

随着互联网时代的到来,基于计算机的网络游戏得到快速发展,**多人在线类游戏**迅速成为游戏主流,典型游戏作品包括大型多人在线游戏(massively multiplayer online game, MMOG)和多人在线战术竞技游戏(multiplayer online battle arena, MOBA)。

大型多人在线游戏,以一组强大的服务器为核心,能同时支持大量玩家(1000 人左右)

图 10-19　足球游戏《FIFA16》画面

在线,这些玩家会在同一个虚拟世界中进行长时间的游戏。MMOG 游戏通常有装备系统、任务系统、社交系统、竞技系统以及商城交易系统等。玩家将会对人物角色进行养成,开发商需要定期更新游戏活动以及根据玩家体验不断调整游戏系统,最大程度地吸引新玩家以及保留老玩家。由于 MMOG 的游戏场景规模以及玩家数量都较为庞大,高效的场景渲染、性能优化都是需要关注的重要问题。

《魔兽世界》《梦幻西游》《龙之谷》《天涯明月刀》《九阴真经》等网络游戏都属于 MMOG 类。MMOG 有众多子类型游戏,如大型多人在线角色扮演游戏(MMORPG)、大型多人在线第一人称射击游戏(MMOFPS)等。

多人在线竞技游戏,是即时战略游戏的一个子类,通常是对立的两方玩家们在同一个分散的地图中进行资源的抢夺与对抗。典型游戏有 DOTA(*Defense of the Ancients*)、《英雄联盟》(*League of Legends*)、《风暴英雄》(*Heroes of the Storm*)等。由于这类游戏的对抗性以及较高的操作要求,其相关的电子竞技赛事也不断发展。2008 年,国家体育总局将电子竞技批准为第 78 个正式体育竞赛项。

◇ 10.4　数字游戏的开发流程

从本节开始,读者应将视角转换为开发者的角度,了解开发一款数字游戏产品的大致流程以及涉及的相关知识。虽然编写游戏程序是数字游戏产品开发的主体任务,但是游戏产品制作流程不完全等同于通用软件产品的开发流程,有其特殊性。同时,游戏产品规模的不同,开发流程也不完全相同。

具体来说,游戏产品开发的主要环节包括市场调研、游戏策划、游戏开发和游戏运营阶段。

1. 市场调研阶段

早期的游戏产品数量少,功能简单,通常是由独立游戏开发人开发,花费在市场调研环节的时间较少,甚至没有。随着游戏行业的不断发展,游戏产品的数量和规模在不断扩大,游戏资金的投入也越来越高。对于高额的投入资金,如何尽可能地获取更多的回报是市场调研阶段的目的和作用之一。市场调研的对象包括玩家群体、游戏渠道商、游戏合作公司、游戏论坛等。调研的内容主要针对玩家需求(品味)以及市场同类型产品进行情况调研,获取数据并分析,数据量越大越好。市场调研的结果使得后续的游戏研发和运营阶段更有针对性。

一份典型的"玩家调查报告"内容需要有以下要点。

(1)调查概述。游戏名称、目标玩家群、参与调查人员、调查开始—终止的时间、调查的工作安排。

(2)调查内容说明。玩家情况、玩家关心的问题;游戏当前和将来潜在的功能需求、性能需求、可靠性需求;实际运行环境;玩家对新游戏的期望等。

(3)调查资料汇编。将调查得到的资料分类汇总,例如,调查问卷数据、网站投票数据、会议记录等。

一份同类型产品(竞品)调研报告主要包括以下内容。

(1)调研概述。调研计划、游戏项目名称、调研单位、参与调研、调研开始—终止时间等。

(2)调研内容说明。调研的同类游戏作品名称、官方网址、制作公司、游戏相关说明、开发背景、主要玩家对象、功能描述、评价等。

(3)可借鉴的调研游戏的功能设计。功能描述、玩家界面、性能需求、可采用的原因。

(4)不可借鉴的调研游戏的功能设计。功能描述、玩家界面、性能需求、不可采用的原因。

(5)同行业对比。分析同类游戏作品和主要竞争对手产品的弱点和缺陷,本公司产品在这些方面的优势。

(6)调研资料汇编。将调研得到的资料进行分类汇总。

2. 游戏策划阶段

游戏策划是游戏产品开发的一个重要环节,工作内容实质上是一种设计工作,即设计整个游戏世界的一切细节。

游戏策划设计的内容主要包括:①故事设计(story telling),编写游戏背景故事;②脚本设计(scripting),游戏概念上的一些设计,工作类似于程序员又不同于程序员,设计角色、技能和一些复杂任务的脚本;③玩法设计(game play design),即设计游戏规则,玩家需要先学习规则后开始游戏;④关卡设计(level design),游戏场景的设计以及任务流程、关卡难度的设计,设计内容包罗万象,例如,场景中的怪物分布、AI 设计以及游戏中的陷阱等;⑤数值设定(numerical setup),游戏中数值的设定以维持游戏的平衡性设计,例如,武器伤害值、HP 值(high point),甚至包括战斗力的公式等。此外,AI 设计、音效设定、场景设定都是游戏策划的内容。

游戏策划阶段还需要撰写大量策划文档,将游戏设计的思路与想法明确表达出来,协调相关的游戏开发人员共同参与游戏制作。

3. 游戏开发阶段

本阶段的工作,也称为作品数字化开发,工作内容主要涉及美术制作、程序开发与测试、音频制作三个方面。

具体来讲,美术制作工作有原画制作、场景、人物的设计与建模、特效制作、动画制作等。

游戏程序的开发可以基于不同开发环境进行实现,直接基于某种程序语言实现或基于某个游戏引擎实现,实现的难易程度和代码量差别较大。对于一些规模较大的网络在线游戏,通常代码量在数十万行(不包括脚本和 XML 描述文件)。关于游戏的开发环境,详见 10.5 节的介绍。游戏程序编写完成后,需要进行各种类型的测试,确保程序正常运行以及设计的合理性。如 Alpha 版测试(内部测试)、Beta 版测试(公共测试,对外发布的测试)等。游戏程序的开发和测试是一个反复迭代的过程,一些开发团队会采用版本管理工具对游戏程序进行版本管理,例如,微软公司的 VSS(visual source safe)、开源工具 TortoiseSVN、Git 等。游戏的音频制作包括背景音乐、技能音乐制作等,好的制作可以增加游戏的体验感,因此这个环节也非常重要。

4. 游戏运营阶段

数字游戏在正式版本已经制作完成并经过测试后,通过出版商进行生产发售的阶段就是运营阶段。这个阶段就是将成熟的开发产品变成商品,推向由玩家组成的终端市场的过程,与拍摄完成一部电影后发行副本类似。游戏运营过程是整个游戏环节中最重要的一个环节,是使投入变为利润的一个关键环节。如果这个过程处理不好,所有的投入和心血都将付之东流,毕竟开发游戏的初衷之一就是为了利用开发出来的数字游戏作品获利。

具体来讲,本阶段的工作主要有市场宣传、产品定价、游戏活动、数据分析、售后服务等内容,部分游戏(网络游戏)在此阶段还需要维持游戏的生命周期。市场宣传通过不同的渠道进行,向众多潜在玩家宣传游戏的内容、玩法、特点和优势等,让玩家了解游戏产品,并激发他们的购买欲望。产品定价是确定游戏产品价格的过程,包括收费形式和收费金额。收费形式是指通过什么渠道收费。例如,国内的手机游戏绝大多数都是通过移动和联通代收费用的形式进行收费的;而网络游戏大多数都是以点卡的形式进行收费的。收费金额则是游戏具体的销售金额。游戏活动是周期性地开展各类活动,以增加玩家活跃度。数据分析是对玩家行为数据进行采集并分析,从而确定游戏调整的策略。游戏售后服务分为技术服务和客户服务两类。技术服务主要是管理客户信息、确保数据安全、维护硬件稳定等,网络游戏产品对技术服务的需求较高。客户服务是对客户进行具体的指导和帮助,解决遇到的相关问题。

使用正确的运营手段,不断吸引新玩家,减少玩家流失率,才能保证游戏产品在激烈的市场竞争中保持活力和竞争力。

◇ 10.5　数字游戏的开发环境

游戏程序的开发是实现游戏策划人员创意和想法的手段。没有程序人员参与,再好的游戏计划和新奇的创意也只是不着边际的空中楼阁,无法制作出游戏产品。本节将介绍数字游戏程序开发所使用的一些编程语言、软件开发工具包以及常见的游戏引擎。

10.5.1　开发语言

理论上可以采用任意一种程序语言进行游戏开发,从汇编语言到高级语言,如 C/C++、C#、Java、脚本语言等。如何选择数字游戏的开发语言呢?每种编程语言有不同的特点和

数字游戏
开发工具

优势,一些大型游戏的开发常常会混合使用多种语言,从而发挥各种编程语言的优势,使得游戏在各种硬件终端上都有好的、稳定的性能表现。

一般而言,C 语言、汇编语言编写的代码运行效率高,常用来编写游戏的核心代码。流行的脚本语言,如 Python,功能强大,开发人员编写较少的代码行就可实现相应的游戏功能。但是,脚本语言普遍存在封装过多、效率不高的问题。

针对不同平台以及不同游戏类型,数字游戏开发语言的选取也有所不同。例如,对于 PC 游戏,由于这类游戏一般运行在计算性能比较高的计算机上,常使用 C 语言或者 C++ 语言。再如,对于近年来流行的手机游戏来说,安卓平台一般使用 Java 语言开发,iOS 平台则主要使用 Object-C 开发。对于网页游戏(WebGame,简称页游,基于网页浏览器的多人在线网络游戏),多采用网页开发工具支持的脚本语言进行开发。例如,ActionScript,运行在 Flash 上的脚本语言。二维页游常使用 ActionScript 3.0＋ JavaScript 之类的脚本语言,而三维页游常使用 ActionScript 3.0＋C♯。

10.5.2　开发工具包

软件开发工具包(software development kit,SDK)是为特定应用开发提供的开发工具集合。例如,JDK——Java 平台上安卓应用程序开发的工具包;iOS SDK——iOS 平台上的工具包,通用 Windows 平台上的.NET Framework SDK。

一般情况下,SDK 是支持某种程序设计语言的一些程序库文件,为应用程序开发提供应用编程接口(application programming interface,API)。这些文件与应用程序开发的工具集,如调试工具、编译连接工具,集成在集成开发环境(IDE)中。SDK 还提供示例代码和一些技术支持相关的文档。也有一些 SDK 安装在应用程序中,用来搜集应用程序的运行数据,供后续的数据分析之用。

数字游戏的开发常用的 SDK 有 OpenGL、DirectX、SDL 等。

1. OpenGL

OpenGL 的英文全称为 open graphic library,中文名称为开放图形库,源自美国硅谷 SGI 公司的图形库(graphics library,GL),SGI 公司是 20 世纪 90 年代 3D 图形工作站领域的领导者。OpenGL 是一组跨平台、跨语言的 API,支持 2D 和 3D 图形渲染,API 的数量大约在 350 个左右。用 OpenGL 编写的程序可以在多种平台上运行,从手机到超级计算机,从 SGI、DEC、SUN、HP 等图形工作站到 PC。此外,通过语言绑定技术,OpenGL 的官方绑定语言有 C/C++ 、FORTRAN,非官方绑定有 Java、C♯、Perl、Python 等。OpenGL 也是公认的开放 3D 图形标准 SDK,流行于工业界。OpenGL 自 1992 年发布第一个版本以来,于 2019 年 2 月已发布 OpenGL V4.6,各版本的具体信息详见 OpenGL 官方网站。

OpenGL 库文件主要包括核心库、实用库以及辅助库。核心库(GL)的相关文件有 opengl32.lib、opengl32.dll、gl.h,实现最基本的图形操作,函数以 gl 开头。许多核心函数可以接收不同数据类型的参数,因此派生出来的函数原型多达 300 个。实用库(GLU)的相关文件有 glu32.lib、glu32.dll、glu.h,包含有 43 个函数,函数名的前缀为 glu。这部分函数通过调用核心库的函数,为开发者提供相对简单的用法,实现一些较为复杂的操作。如坐标变换、纹理映射、绘制椭球、茶壶等较为复杂的多边形。OpenGL 的核心库和实用库可以在所有的 OpenGL 平台上运行。OpenGL 的辅助库是一些与窗口系统、系统硬件相关的库,包含一些特殊函数,用于窗口管理、输入输出处理以及绘制一些简单的三维形体。这些函数不能在所有的 OpenGL 平台上使用。常用的辅助库包括:X 窗口系统下的 GLX、Windows 系统下的 WGL、苹果系统下的 AGL 以及一些跨平台的辅助库 GLUT、SDL、FLTK、QT 等。其中 GLUT 库文件包括 glut32.lib、glut32.dll、glut.h。为了使得 OpenGL 的应用程序具有良好的移植性,应尽量使用跨平台的辅助库。由于 OpenGL 强大的跨平台、跨语言优势,当前热门的虚拟现实(VR)应用以及游戏引擎开发广泛采用 OpenGL。

OpenGL 支持的基本图形操作包含模型绘制、模型观察、颜色模式的指定、光照应用、图像效果增强、位图和图像处理、纹理映射、实时动画、交互技术等。例如,调用 OpenGL 提供的 API 能够绘制点、线和多边形。应用这些基本的几何形体,可以构造出几乎所有的三维模型。OpenGL 包含的具体函数以及使用说明详见官方文档。

2. DirectX

其全称是 Direct eXtension,简称 DX,是由微软公司创建的多媒体编程 API,支持微软系列平台上的多媒体应用开发,如 Microsoft Windows、Microsoft XBOX、Microsoft XBOX 360 和 Microsoft XBOX ONE 平台上的游戏开发。DirectX 由很多 API 组成,按照性质分类,主要包括显示组件、声音组件、输入组件、网络组件、流媒体组件等。

显示组件为 Direct Graphics,包含 Direct 3D (D3D)和 Direct Draw (DDraw),承担图形处理的关键功能。DDraw 负责 2D 图像加速,如播放 mpg、DVD 电影、看图、玩小游戏等;D3D 负责 3D 效果的显示,如游戏 CS 的场景和人物、FIFA 中的人物就使用了 D3D。

声音组件 Direct Sound,播放声音和处理混音,加强了 3D 音效,并提供了录音功能。

输入组件 Direct Input 可以支持很多的游戏输入设备,除了键盘和鼠标之外还可以连接手柄、摇杆、模拟器等,它能够让这些设备充分发挥全部功能,达到最佳状态。

网络组件 Direct Play 支持游戏开发具有连网功能,提供了多种连接方式,TCP/IP、IPX、Modem 串口等,支持玩家用各种连网方式加入网络对战。Direct Play 也提供网络对话功能及保密措施。

流媒体组件 Direct Show 是基于 COM(component object model)的流媒体处理开发包,通过 Direct Show,可以很方便地从支持 WDM 驱动模型的采集卡上捕获数据,并且进行相应的后期处理乃至存储到文件中,使得多媒体数据的存取变得更加方便。Direct Show 支持多种媒体格式,包括 ASF、MPEG、AVI、DV、MP3、WAVE 等,为多媒体数据流的捕捉和回放提供了强有力的支持。而组件 Direct Setup 功能相对简单,用于自动安装 DirectX 驱动程序。

3. SDL

其全称是 Simple DirectMedia Layer,是一套开放源代码的跨平台多媒体开发库,采用 C 语言写成。SDL 提供了数种控制图像、声音、输入输出的函数,让开发者只要用相同或是相似的代码就可以开发出跨众多平台(Linux、Windows、macOS X 等)的应用软件。目前 SDL 多用于开发游戏、模拟器、媒体播放器等多媒体应用领域。

10.5.3 游戏引擎

游戏引擎是一组已经编写好的程序(工具),为游戏开发者设计的游戏开发环境。提供游戏引擎的目的是让游戏开发者不用从零开始,就能容易而快速地开发出游戏。基于游戏引擎的游戏开发可用公式概括为:游戏=游戏引擎+游戏资源,其中游戏资源包括图像、模型、动画、声音、视频、材质等;游戏引擎如同汽车发动机,是游戏的核心部件,控制着游戏各部分能有序运行。大部分游戏引擎都支持多种操作系统平台,如 Linux、macOS X、Windows 平台。

经过不断的发展,游戏引擎已经发展成为一个复杂的系统,由多个子系统共同构成,通常包含渲染、动画、物理、碰撞检测、人工智能、音效、网络等,如图 10-20 所示。游戏引擎几乎能为开发流程中的所有重要环节提供支持,从建模、动画到光影、粒子特效,从物理系统、碰撞检测到文件管理、网络特性,还提供专业的编辑工具和插件。游戏引擎大大提高了游戏开发效率,也减少了开发者所必须掌握的复杂专业技能。下面对游戏引擎的一些关键子系统做简要介绍。

图 10-20 游戏引擎构成

1. 渲染引擎

渲染是游戏引擎最重要的功能之一,渲染引擎是游戏引擎中最大最复杂的子系统之一。渲染引擎可以把模型、动画、光影、特效等所有效果实时计算出来生成游戏画面并展示在屏幕上,它的功能是否强大直接决定着游戏画面的质量。一般情况下,渲染引擎是基于一个或多个图形软件开发包提供的 API 构建,例如,前一节提及的 OpenGL、DirectX、SDL 等。这些软件开发包提供 API 实现对图形处理单元(GPU)访问使用。渲染引擎分为硬件渲染引擎和软件渲染引擎,在游戏和虚拟现实应用中常常使用硬件渲染引擎进行实时渲染。

渲染引擎通常采用分层架构的设计,由低阶渲染器、场景图、效果系统和前端构成。其中,低阶渲染器可高速完成所有原始的渲染功能,但并不考虑场景中物体相互遮挡导致三维物体表面部分不可见的问题;场景图则是解决不可见问题的数据结构,它能迅速判别潜在可见集,使得渲染更加高效;效果系统包括粒子系统、贴花系统、光照贴图、动态阴影等视觉效果;前端用于实现人机交互界面,例如,游戏内置的装备栏技能板等图形用户界面。

2. 物理引擎

物理引擎的作用是对三维场景中的刚体赋予物理属性,从而使刚体的运动遵循固定的规律。例如,当游戏角色跳起的时候,系统内定的重力值将决定他能跳多高及他下落的速度有多快。再如,炸弹爆炸后爆炸物的飞散、子弹的飞行轨迹都是由物理引擎决定的。使用物理引擎,还能模拟复杂的机械装置,对于开发人员来说也比编写脚本来设计和实现某种机械动作更容易。

NVIDIA 设计的物理运算技术 PhysX 提供了粒子、流体、软体、关节和布料五大应用,能够实时地高速实现各种复杂的物理运算效果,为游戏场景模拟出丰富多彩、身临其境的物理学环境。PhysX 技术的广泛应用,将游戏制作水准提高到一个全新的境界。

3. 碰撞检测

碰撞检测技术用于探测游戏中各物体的物理边缘,避免"穿越"现象的发生,即当两个3D 物体撞在一起时,这种技术可以防止它们相互穿过。例如,游戏中的角色与门或者墙等障碍物相遇时,不会穿门/墙而过。碰撞检测技术会根据角色和门/墙之间的位置关系确定两者的相互作用关系。

碰撞检测技术通常会使用一个或者多个简单几何图形来代表一个对象。常见几何图形有包围球、AABB 包围盒和 OBB 包围盒。包围球就是利用一个球形包围住整个模型;AABB 包围盒要求包围盒四条边界与系统坐标轴保持平行;OBB 包围盒则是根据模型的各个方向外径来确定一个紧贴模型的包围盒,其边界不一定平行于坐标轴。碰撞检测算法通过计算物体包围球、包围盒之间位置关系确定物体之间的位置关系。

4. 动画系统

游戏引擎所采用的动画系统是针对模型的,可以分为两种:骨骼动画系统和顶点动画系统。骨骼动画系统用内置的骨骼带动物体产生运动,较为常用;顶点动画系统则是在模型的基础上直接变形产生运动。动画师基于这两种动画系统为角色设计丰富的动作造型。

骨骼动画中,模型由许多刚性的"骨骼"构成,由三角形网格构成的皮肤会绑定在骨骼上,皮肤顶点会随着骨骼的方向位置的改变而移动。顶点动画的每一帧是由模型的两个或两个以上的姿势混合而成,通过每个姿势的顶点位置线性插值得到模型的每个顶点位置,以获得平滑的动画效果。

多数动画系统由动画管道、动作状态机以及动画控制器所组成。动画管道将输入的模型姿势经过混合处理后变换成输出姿势;动作状态机用于管理角色的不同动作状态(站、跑、跳等)并实现平滑过渡;动画控制器则用于管理时间相对较长的行为,如边跑边打、驾车、爬楼梯等。

5. 人工智能引擎

在游戏中所碰到的自动寻路问题,塔防游戏中的人机模式,棋牌类游戏中的计算机对手,足球游戏中传接球问题,等等,都涉及了人工智能(AI)。游戏 AI 的定义非常灵活,只要以适当智能的水平使得游戏更加逼真、更具有趣味性和沉浸感,都可以称作游戏 AI。游戏AI 可按功能分为个体智能系统和群体智能系统,前者主要用于模拟控制游戏中的人物角色,如玩家的同伴、敌人等,后者则需要控制系统中的多个个体或环境活动,如整个战斗局势的判断。常见的游戏 AI 技术主要有以下几种:有限状态机、脚本语言、决策树、神经网络、遗传算法等。

6. 音效引擎

音效引擎是由一组提供音频加载、音频解压缩以及音频文件输出等功能的相关算法组成的引擎。在此不过多赘述。

第一款游戏引擎诞生于 1992 年,由 id Software 公司的首席程序师约翰·卡马克开发,为游戏 Wolfenstein 3D 的引擎。id Software 公司的另一款著名引擎 Doom 是著名第一人称射击游戏——《毁灭战士》的引擎。同时,Doom 引擎是第一个授权的引擎,Raven 公司基于 Doom 引擎开发了游戏《投影者》《异教徒》《毁灭巫师》。

id Software 公司的另一个贡献是开发了第一款 3D 游戏引擎——Quake,即游戏《雷神之锤》的引擎。Quake 引擎是当时第一款完全支持多边形模型、动画和粒子特效的真正意义上的 3D 引擎,而 Doom 只是 2.5D 引擎,而且 Quake 引擎支持网络在线功能。紧接着 id Software 公司推出游戏《雷神之锤 2》的引擎 Quake Ⅱ,确定公司在 3D 引擎市场上的霸主地位。Quake Ⅱ 引擎充分地利用 3D 加速和 OpenGL 技术,在图像和网络方面比 Quake 引擎有了质的飞跃。游戏《异教徒 2》《军事冒险家》《原罪》《首脑:犯罪生涯》《安纳克朗诺克斯》都采用了 Quake Ⅱ。

游戏引擎经过多年的发展,种类繁多,精品众多。下面简要介绍几款在游戏界影响力较大的引擎。

虚幻引擎(unreal engine,UE)诞生于 1998 年,是 Epic Game 公司的产品,最高版本是 UE 5。虚幻引擎是当今世界上最知名、授权最广的顶尖游戏引擎,占有全球商用游戏引擎 80% 的市场份额,其游戏整体细节的把握和丰富的大场景构建都代表了目前单机大作的最高水平。基于它开发的游戏大作无数,除《虚幻竞技场》外,还包括《战争机器》《质量效应》《生化奇兵》等。中韩众多知名游戏开发商基于该引擎开发了诸如《剑灵》《战地之王》《一舞成名》等网游。iPhone 上的游戏中使用该引擎的有《无尽之剑》《蝙蝠侠》等。

虚幻引擎 4 支持 DX11、物理引擎 PhysX、APEX 和 NVIDIA 3D 技术,生成的游戏画面非常逼真,支持的设备包括 PC、主机、手机和掌机。早期的虚幻 3 引擎优势在于开发难度低,开发环境配置要求不高,开发的游戏画面人物流畅。缺点是物体边缘锯齿现象明显,游戏无法支持抗锯齿,光影效果真实度低,成像效果细节不佳,导致大部分运用该引擎的游戏都通过"雾化"效果来掩盖真实画面的不足,因而虚幻 3 引擎产出的游戏都会有一种所谓的"朦胧美"、卡通化效果。

Creation 引擎是一款基于 Gamebryo 的引擎,同时优化改良了 id Tech 5 引擎的 3D 游戏引擎。它继承了 id Tech 5 引擎的远景绘制技术,基本能做到所有贴图都不相同,通过对贴图的优化和压缩,不仅解决了游戏容量大的问题,同时保留了游戏逼真的细节和景深效果,远景绘制水平相当出色。此外,它在光影效果上表现也不俗。游戏代表作品有《上古卷轴 5》《辐射 4》。

寒霜引擎(Frostbite Engine)是美国 EA 的 Digital Illusions CE AB(DICE)游戏工作室为著名电子游戏产品《战地》(*Battlefield*)系列设计的一款 3D 游戏引擎。该引擎从 2006 年起开始研发,寒霜引擎的首次亮相是在 2008 年的《战地叛逆连队》中。从当时的水平来看,游戏最值得称道的是它的画面。寒霜引擎 1.0 完美支持 DirectX 9.0c,加上全局动态光照等先进技术,让《战地叛逆连队》成了当时少有的以高画质为卖点的 FPS 游戏之一。

2009 年和 2010 年 DICE 工作室相继发布使用寒霜 1.5 引擎开发的游戏《战地 1943》《战地叛逆连队 2》。与寒霜 1.0 相比,寒霜 1.5 加强了跨平台开发的适用性,升级成为一款全平台通用的引擎。寒霜引擎 1.5 支持 DirectX 11,支持高清环境光遮蔽(HBAO)画面、HDR 画面增强效果、音效等。

2011 年寒霜引擎 2 集成动态光影技术、表面着色器、高分辨率纹理贴图等技术,使得游戏画面质量进一步提升。加上升级过的破坏系统,玩家第一次在游戏中体验到了"真正的战场"。同一年,EA 旗下的赛车游戏《极品飞车》也使用寒霜引擎开发。

寒霜引擎的特色是游戏地图庞大而又细节丰富,擅长渲染地面、建筑、杂物的全破坏效果,同时对系统资源要求不高。

CRYENGINE 引擎,德国 CRYTEK 公司开发的一款对应 DirectX 11 的游戏引擎,采用了延迟渲染(deferred shading)技术,即像素的渲染被放在最后进行,再通过多个缓冲(buffers)同时输出。该引擎经过多个版本的开发,优化了代码层,增强了画面效果而降低了配置要求。基于该引擎生成的游戏画面真实,游戏细节清晰度高,具有真实光影效果,要求极低的物理效果,物体边缘效果好。如今,CRYENGINE 的使用率稳步提升,使用该引擎开发的游戏中比较出名的为网游《永恒之塔》。

IW 引擎,美国动视暴雪公司 Infinity Ward 游戏工作室开发使命召唤系列游戏所使用的主要引擎。该引擎是 id Software 开发的雷神之锤 III 引擎大加修改后的版本,包含 GtkRadiant 关卡开发等组件。

高版本 IW 引擎的主要技术特点:①支持 DirectX 11;②支持皮克斯的 Sub-Division 技术,实时智能提升模型精度;③新的动作系统,提升下滑、倾斜等效果;④加入流体动力学物理运算;⑤加入烟雾互动效果;⑥提升 AI 效果;⑦加入置换贴图技术;⑧使用真正实时 HDR 照明;⑨采用粒子镜面映射;⑩使用 Umbra 的高级渲染技术。此外还有虹膜调整技术,PC 版支持 PhysX 物理运算等。

铁砧引擎(Anvil Engine)是 Ubisoft Montreal 公司 2007 年开发出来的引擎,被应用于微软公司 Windows、索尼 PlayStation3 与 XBOX 360。它独特的动态效果以及与环境的互动非常柔和优雅,善于在游戏世界中填充 AI。铁砧引擎 2 在诸如光照、反射、动态画布、增强型 AI、与环境的互动、更远距离的图像绘制、昼夜循环机制等方面做了更多的优化。该引擎的代表作:《刺客信条》和《波斯王子 4》。

起源引擎(Source Engine)是 Valve 软件公司开发第一人称射击游戏《半条命 2》整合的一款 3D 游戏引擎,该引擎对其他的游戏开发者开放授权。起源引擎对开发者提供多种服务,包括物理模拟、画面渲染到服务器管理、用户界面设计、美工创意等。引擎包含两个包:起源开发包(Source SDK)和起源电影制作包(Source Film Maker)。起源开发包用于制作游戏,起源电影制作包是业界首个专门制作游戏电影的 CG 程序。代表游戏作品:《半条命 2》系列、《反恐精英》系列、DOTA2 等。

起源引擎提供尖端的动画功能、先进的 AI、真实的物理解析、基于着色器的画面渲染,以及高度可扩展的开发环境。动画工具包括骨骼动画系统、面部动画系统、算法动画以及动画融合。物理系统具备高度可扩展的网络功能,重视处理器和带宽效率,游戏世界人物互动与人工智能对象身体的模拟,以及声音和图像都遵循从物理学。图形绘制系统包含支持多核处理及单指令多数据流(SIMD)的着色器,支持真实感和非真实感渲染,支持 LOD 模型,启用高超的动态渲染和抗锯齿 α 测试。支持辐射照明、高动态范围照明(HDR)和高解析动态阴影,突出模型的边缘照射效果。

Unity3D 是由 Unity Technologies 公司开发的一款能让开发者轻松创建诸如三维视频游戏、建筑可视化、实时三维动画等互动内容类型的多平台综合型游戏开发工具,是一个全面整合的专业游戏引擎。Unity3D 引擎对 3D 模型的兼容性十分优秀,几乎任何 3D 模型都可以导入到 Unity 里去。Unity 采用交互的图形化开发环境,其编辑器运行在 Windows 和 macOS X 下,可发布游戏至 Windows、macOS、Wii、iPhone、WebGL(需要 HTML5)、Windows phone 8 和 Android 等平台。引擎同时支持利用 Unity web player 插件发布网页游戏,支持 macOS 和 Windows 的网页浏览。Unity3D 引擎支持 C♯、Boo 和 JavaScript 编程。目前比较著名的游戏《神庙逃亡:勇敢传说》《王者荣耀》《纪念碑谷》就是由 Unity3D 引擎制作出来的。

◇ 思 考 题 10

1. 什么是游戏？什么是数字游戏？

2. 数字游戏的硬件载体有哪些？

3. 从视角的角度,数字游戏有哪些类型？

4. 从内容的角度,数字游戏有哪些类型？

5. 游戏作品的开发制作有哪些阶段？

6. 游戏开发有哪些常用开发语言？

7. 游戏开发有哪些可用的工具包？

8. 游戏开发必须基于游戏引擎开发吗？说明原因。

9. 游戏引擎由哪些主要功能模块构成？

10. 游戏行业有哪些知名的游戏引擎？试深度调研一款游戏引擎,列出其主要功能和特色算法。

第11章

虚 拟 现 实

◆ 11.1 基 本 概 念

当电影《头号玩家》的主角韦德戴上"头盔"(见图 11-1),进入一个完全虚拟的宇宙"绿洲",随之而来的是各类目眩神迷的场景和脱离现实的奇幻现象。在绿洲,人们可以随心所欲,做任何事、去任何地方、成为任何人,可以变高、变矮、甚至改变性别,可以和蝙蝠侠一起攀登珠穆朗玛峰,可以在城市废墟之间超高速驾车,可以在房间里看到《闪灵》血河喷涌的景象,甚至可以与高达一起战斗。高度自由化的绿洲,真实的触觉、视觉、嗅觉等感知,让人们获得了身临其境的绝妙体验,然而随处可见的未来蒸汽风建筑,充满想象力的各类道具武器,奇形怪状的人物外形,又提醒着人们这是一个不同于现实的虚拟世界。

图 11-1 电影《头号玩家》主角头戴显示器

这样的场景在当今的科幻影视作品中并不少见,电影《环太平洋》中男主角罗利与搭档真子在操作"机甲猎人"进行神经校准时,罗利进入了真子的回忆世界,目睹了被外星怪兽袭击的城市以及逃亡的幼年真子,并试图唤醒深陷回忆的真子。由著名导演克里斯托弗·诺兰(Christopher Nolan)执导的烧脑佳作《盗梦空间》也同样是在梦境与现实中往返穿梭,"筑梦师"能够构建各级梦境中的大体环境框架,以便目标人物进入这个梦境后会相信是在自己的梦里;"伪装者"能够在梦境里幻化成任何一种外形;而"盗梦者"需要一个图腾,如旋转陀螺,如果陀螺倒下就是现实,如果不倒下就是梦境,只有这样能够在高度逼真的梦境中分辨出虚拟与现实。

除了创造全新的虚拟世界,虚拟人物或景象在现实世界中的结合也层出不穷。科幻电影《银翼杀手 2049》中的虚拟人乔伊,虽然只是个人工智能产品,只能从投影装置中投射出来,然而她的声音和表情及肢体动作,富有感情的关怀和陪伴,都和真实的人类一样。《王牌特工:特工学院》中相隔千里的众人却能通过投影在同一张桌上进行会议,共同观看演示资料,沟通没有任何距离,如图 11-2 所示。

图 11-2　电影《王牌特工:特工学院》中的虚拟会议

这些极具想象力、沉浸感及交互性的体验,正是虚拟现实的重要特征。虚拟现实带来的奇思妙想为呆板枯燥的技术增添了浪漫理想主义的气息,它就像一把打开新世界大门的万能钥匙,这是一种全新的体验。随着虚拟现实技术的不断发展,在不远的未来,这些只能在影视或游戏作品中出现的场景都将可能成为现实。那么什么是虚拟现实呢?

11.1.1　认识虚拟现实

虚拟现实

虚拟现实(virtual reality,VR),顾名思义,就是虚拟与现实的结合。它是以计算机为核心,结合计算机图形学、传感技术、人机交互技术、人工智能等多种相关科学技术的交叉技术、前沿学科和研究领域。虚拟现实技术利用计算机模拟生成在视、听、触觉等多种感知都逼近真实环境的三维立体场景,用户借助必要的交互感应设备,充分发挥人类自身的感知能力和理性认识,完全地沉浸在该虚拟场景中,与之产生交流互动,获得身临其境的感受和体验。

由此可见,虚拟现实的三个特点如下。

(1)虚拟现实向用户提供视觉、听觉、触觉、嗅觉等多种感官刺激。

(2)虚拟现实给用户提供身临其境的沉浸感。

(3)用户能以自然的方式与该环境中的一些对象进行交互操作,即不使用键盘鼠标等常规输入设备,而强调使用手势、体态和自然语言等自然的方式与计算机进行交互。

11.1.2　虚拟现实的基本特征

虚拟现实的基本特征分别是沉浸性(immersion)、交互性(interaction)以及想象性(imagination),这是由美国科学家 Burdea G 和 Philippe Coiffet 在 1993 年世界电子年会上提出的,又称为 3I 特性,三者缺一不可。

沉浸性又称临场感,指用户感受到被虚拟世界包围,置身于虚拟环境中所感知到的真实程度。包括视觉沉浸、听觉沉浸、触觉沉浸、嗅觉沉浸以及味觉沉浸。利用头盔显示器和输入传感器等交互设备,用户便可在虚拟场景中畅游,成为虚拟环境中的一部分,达到身临其境的感觉。用户与虚拟环境中各种对象产生交互行为,就如同在现实世界中的一样自然流畅。

交互性是指用户对模拟环境内物体的可操作程度和从环境得到反馈的自然程度。在虚拟现实系统中,人机交互力求达到一种近乎自然的状态,如同人与人之间的交互。用户既可以通过键盘、鼠标以及头盔、手柄、动作捕捉器等传感设备对虚拟环境中各种对象进行交互操作,系统也可以根据用户各部位的肢体运动、如头部转动、手的移动、语音等,调整呈现的图像及声音,使得用户得到实时立体的反馈。

想象性是指用户在虚拟环境的人机交互过程中,通过系统中多感知传感及反应装置,可获得视觉、听觉、触觉等多种感知。虚拟现实的目的是为了扩展人类的认知与感知能力,建立和谐的人机环境。虚拟现实采用人机交互技术,其主体依然是人,利用 VR 技术,人们通过获取的时间信息和空间信息不断提升自己的感知和认知能力,从而深化概念,拓宽人们认知的广度与深度。发挥主观能动性,萌发新意,寻求解答,最终达到更本质客观地反映现实世界的实质。

11.1.3　增强现实的概念

增强现实(augmented reality,AR)是在虚拟现实技术的基础上,进一步将现实世界与虚拟信息结合起来的新技术。由计算机进行模拟运算,然后将虚拟信息叠加到真实世界中,利用头戴显示器,用户可以同时感知到两种维度的信息,进一步模糊真实世界与计算机所生成的虚拟世界之间的界线。传统 VR 技术为用户提供了沉浸式的虚拟体验,是另外创造一个世界;而 AR 技术则把计算机技术融合到真实世界中,通过听、看、摸、闻感知虚拟信息,来增强对现实世界的感受。AR 系统具有三个特点:①真实环境和虚拟对象的信息集成;②能够实时交互;③能在三维空间中增添、定位虚拟对象。

增强现实的基本理念是将图像、声音和其他感官增强功能实时添加到真实世界的环境中。根据表现形式的不同,大致可分为两类:一种是基于计算机视觉的 AR:利用计算机视觉方法建立现实世界与屏幕之间的映射关系,使绘制的图形或是 3D 模型同现实场景融为一体,展现在屏幕上。本质上就是找到现实场景中的一个依附平面,然后再将这个三维场景下的平面映射到二维屏幕上,然后再在这个平面上绘制图形或 3D 模型;另一种是基于地理位置信息的 AR,其原理是通过 GPS 获取用户的地理位置,然后从某些数据源处获取该位置附近物体(如周围的餐馆、银行、学校等)的信息,再通过移动设备的电子指南针和加速度传感器获取用户手持设备的方向和倾斜角度,通过这些信息建立目标物体在现实场景中的平面基准,从而基于该平面进行绘制。

◆ 11.2　虚拟现实的发展历程

虚拟现实技术的发展与仿真技术密不可分,其萌芽阶段最早可追溯到春秋战国时期,《鸿书》曾言:"公输班制木鸢以窥宋城",后来人们在纸鸢上系上口哨,风吹动时如筝鸣,故名"风筝"。风筝模拟飞行动物与大自然的互动中产生的拟真、拟声行为蕴含了虚拟现实的思想。后来技术传到西方,1929 年,发明家 Link E. A 发明了飞行模拟器;1962 年,美国人 Morton Heiling 发明了名为 Sensorama 的全传感仿真器,如图 11-3 所示,能够提供真实的 3D 体验。这三个较为典型的发明不仅推动了仿真技术的发展,也促成了虚拟现实技术的萌芽。

1968 年,就读于麻省理工学院的伊凡·苏泽兰特(Ivan Edward Sutherland)在准备博士论文时研发出了著名的"画板"系统。该系统能够进行实时的素描创作,使用者可利用"光笔"与计算机屏幕进行交互。画板的成功奠定了苏泽兰特作为"计算机图形学之父"的基础。同年,苏泽兰特与学生鲍勃·斯普劳尔(Bob Sproull)共同研制出了第一款头戴显示器,它能够跟踪用户的头部运动,并且随着运动显示不同的内容。因此,苏泽兰特也被认为是"虚拟现实之父"。

1989 年,美国 VPL Research 公司创始人 Jaron Lanier 正式提出了"虚拟现实"这一概念。VPL Research 创办于 1985 年,是世界上第一个虚拟现实的商业化公司,产品主要包括数据手套 Data Glove、头戴显示器 Eyephone 以及全身动作捕捉系统 Datasuit,如图 11-4 所示。由于当时虚拟现实技术以及商业环境的不成熟,1990 年,VPL 公司宣布破产。

图 11-3　Sensorama 仿真器

图 11-4　VPL Research 公司的 VR 产品

进入 21 世纪后,尽管早前市场失利,但人们对虚拟现实技术的探索仍未止步。2014 年,Facebook 公司的创始人扎克伯格宣布收购一款名为 Oculus Rift 的虚拟现实显示器,重新点燃了大众对虚拟现实的热情。此后,谷歌公司推出了廉价的简易 3D 眼镜装置 Cardboard;三星联合 Oculus 推出了虚拟现实眼镜 Gear VR;索尼公司推出了面向 PS4 游戏主机的头戴显示器 PlayStation VR,如图 11-5 所示;HTC 联合 Valve 推出的 HTC Vive,并且凭借庞大的用户群,优秀的性能且适中的价格,成为目前最受人们喜爱的虚拟现实体验产品。

总体来说,虚拟现实技术是人类视觉和人机交互的一次革命,是将复杂数据进行可视化操作的一种新的展现方式,为各传统产业提供了全新的思维方式。无论是在军事航天、远程医疗、文化教育,还是城市规划设计等方面,虚拟现实技术都具有重要的现实意义。

图 11-5　PlayStation VR 头戴显示器

11.3　虚拟现实的分类

按照系统功能和实现方式的不同,虚拟现实大体可分为四种类型：桌面式 VR 系统、沉浸式 VR 系统、分布式 VR 系统以及增强式 VR 系统。

桌面式 VR 系统利用计算机和低级工作站进行模拟仿真,将计算机的屏幕作为用户通往虚拟世界的一个窗口,通过各种立体眼镜、3D 控制器或者鼠标、追踪球、力矩球等输入设备使监视器实现与虚拟现实世界的充分交互。桌面式 VR 系统结构简单,价格低廉,易于推广使用,但其体验感较差,虚拟现实效果不佳。

沉浸式 VR 系统又称为"可穿戴的 VR",利用头盔式显示器或其他设备,可以将用户感官与现实世界隔离开来,提供一个完全封闭的,虚拟的环境,从而使用户真正成为虚拟世界的参与者,通过位置跟踪器、数据手套、其他手控输入设备、声音等,与虚拟世界全方位地交互,使得用户产生一种身临其境、全心投入和沉浸其中的感觉。沉浸式 VR 系统可以尽可能地模拟出逼近真实的虚拟环境,但由于较高成本的显示以及输入设备,大规模地普及推广存在一定难度。

分布式 VR 系统是基于网络连接的虚拟现实系统,将不同资源充分利用整合以达到协同合作的目的。多个用户通过计算机网络连接集结在一起,同时参加一个虚拟空间,共同体验虚拟经历,这不仅提高了空间便利性,也使得团队工作效率大大提升。分布式 VR 系统进一步提高了虚拟现实的境界。

增强式 VR 系统基于增强现实技术,在虚拟现实模拟现实世界的基础上,进一步缩进虚拟与真实空间之间的距离,使用户能够同时感知到两种维度的信息,增强对真实环境的感受。作为新型的人机接口和仿真工具,AR 受到的关注日益广泛,其潜力是巨大的,在医疗、军事、教育、古迹复原、工业维修、游戏娱乐等领域都能够有广泛的应用。通过充分发挥创造力,AR 为人类的智能扩展提供了强有力的手段,对生产方式和社会生活都将产生巨大深远的影响。

11.4　立体显示技术

立体显示技术是实现三维虚拟现实的关键,在介绍立体显示技术之前,读者需要了解立体视觉原理。

人类视觉系统是立体显示技术的基础条件,例如,双眼视差,左右眼观察到的景象会略微不同;运动视差,头部运动会带来视觉的变化;人眼的适应性,人眼能够根据物体观察距离的变化进行焦距调节;同时成像于左右眼视网膜上的视差图像在大脑中融合。

在人们观察一定距离的物体时,由于人眼瞳孔间距为 58～72mm,根据几何光学投影,双眼观察物体视角不同,物体在双眼视网膜上的成像也略微有所不同,这称为双眼视差。双眼视差的形成还与眼球的构造和视神经有关。通过眼球的运动,大脑皮层将具有视差的两幅图像调整、融合,并感知到物体的深度信息,从而产生了立体感的图像。距离较远的物体将会产生差别较大的视差图像,反之,距离较近的物体会产生差别较小的视差图像。图 11-6 展示了立体视觉原理。

人类之所以能感知物体的深度信息,是由于深度暗示的存在。深度暗示通常分为心理深度暗示和生理深度暗示。心理深度暗示主要由平时的经验和记忆积累获得,事实上,用单眼观察物体也会产生立体效果。例如,通过对比视网膜成像的大小,通过后天学习的经验判断该物体的大小来粗略估计它的远近。此外,通过改变与物体的距离,可以估计它的远近。光线、颜色、对比度、物体阴影等因素同样能作为心理深度暗示。

生理深度暗示相较于其他深度暗示强度更大,当与其他深度暗示发生冲突时,生理深度暗示通常占主导作用,其包括单眼立体视觉暗示和双眼立体视觉暗示。双眼立体视觉暗示即上述由于双眼视差产生立体图像效果。单眼立体视觉暗示主要体现在:①调整焦距,指人在观察近处物体时,通过眼部肌肉的收缩改变晶状体形状,使物体清晰成像的同时,大脑会计算出物体的距离;②移动视差。指人移动的时候,距离不同的物体在观察者眼中的相对速度不相同,从而可以得到物体的前后关系,如图 11-7 所示。

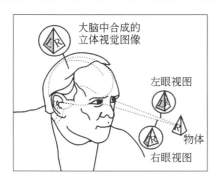

图 11-6　立体视觉原理

图 11-7　调整焦距观察近处物体

基于人眼深度感知的基本原理,通过相关技术分别对人左右眼形成具有一定视差的图像,就能产生立体效果。具体的实现技术包括分色、分光、分时、光栅及全息投影立体显示技术,其中分色、分光和分时技术的流程相似,都需要对画面进行两次过滤,一次在显示器端,一次在观看端。

1. 分色技术

分色技术的基本原理是让某些颜色的光只进入左眼,另一些颜色的光只进入右眼。由 Tomas Young 和 Helmholtz 提出的视觉三原色学说认为,人眼视网膜上分布有三种不同的视锥细胞,分别含有对红、绿、蓝三种光敏感的视色素。当某一波长的光线作用于视网膜时,可以一定的比例使三种视锥细胞分别产生不同程度的兴奋,这样的信息传至中枢,就产生某一种颜色的感受。分色技术基于以上原理,在显示器端过滤时将一边画面中的蓝色和绿色去除,另一边画面中的红色去除,再将处理过的两幅画面不完全叠合起来。在观看端,观众佩戴专用的滤色眼镜,左右眼分别为红色和青色(红色的补色,青色由蓝色和绿色的不同强度值合成)的镜片,滤色眼镜吸收掉补色光线,而画面与镜片相同颜色的光线进入双眼。这样包含在一幅红色或青色立体图中的两幅图像的信息就被分别传送到了双眼,在脑海中形成一幅立体图像,如图 11-8 所示。滤色眼镜操作简单,可在任何显示器上使用,价格低廉,但长时间佩戴容易造成视觉疲劳。

2. 分光技术

分光技术利用光线的偏振原理产生立体图像,即利用光线的传播方向与振动方向的不对称性。通过在显示器端上放置偏光滤镜或偏光板,过滤掉除特定角度以外的其他所有光线,产生包含两种不同偏振方向的画面。观众佩戴好偏振眼镜(见图 11-9),使得两只眼睛分别只能看到屏幕上叠加的纵向、横向图像中的一个,从而观看到立体效果。目前,分光技术主要用于投影仪器上。

图 11-8　分色 3D 画面

图 11-9　偏振眼镜

3. 分时技术

分时技术利用时间差分别产生进入左右眼的显示画面,使得左右眼观看的画面有略微不同,从而形成立体效果。具体操作为当显示器播放左眼画面时,专用眼镜将遮住右眼视野,反之播放右眼画面时,遮住左眼视野。专用眼镜与显示器通过同步信号,如红外线、蓝牙、高频无线信号等进行刷新同步操作,使左右眼画面间来回快速切换,由于人眼视觉暂留效应,切换画面将在大脑中形成连续的图像。分时技术是根据人眼对影像频率的刷新时间来实现的,只有提高画面的刷新率,通常为左眼和右眼各 60Hz 的刷新频率才不会造成画面抖动感。

4. 光栅技术

光栅技术不同于前面三种技术,无须借助眼镜等设备,它将两个左右眼不同角度的图像划分成多条垂直的栅条,然后通过插排的方式将两幅图像交错地重合在一起。例如图 11-10

中,偶数部分显示右眼图像,奇数部分显示左眼图像。狭缝光栅显示器在屏幕和观众之间设一层视差障碍,它由与栅条相同宽度的不透光屏障组成,并留有相同宽度的狭缝透过光线。视差障碍能够阻挡观众视线,保证左眼看到的栅条右眼无法看见,这样就能在双眼形成不同的视差图像,产生立体感。

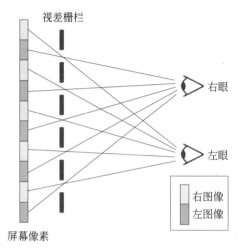

图 11-10　狭缝光栅成像

柱透镜光栅显示器采用了相同的原理,如图 11-11 所示,只是将狭缝换成了透镜来设置视差障碍。由于光线进入透镜后产生折射,交错的左右眼图像折射后分开,进入人眼的是两幅含有视差的图像,这样便产生了立体效果。光栅技术产生的立体图像受到观察位置的约束,如果观众移动位置,那么视差障碍位置也要随之改变。

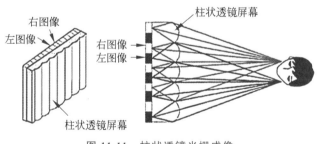

图 11-11　柱状透镜光栅成像

5. 全息投影

3D 全息投影技术是利用干涉和衍射原理记录并再现物体真实的三维图像的虚拟显示技术,观众无须佩戴眼镜即可看到逼真的立体虚拟影像。不同于光栅立体成像,全息投影不受限于观看位置和角度,且具有高分辨率等特点。全息投影技术的第一步是拍摄,利用干涉条纹间的反差和间隔记录物体的光波振幅和相位的全部信息;第二步是成像,利用全息图中记录物体各点的光信息,还原物体的整体图像,即使是破损后部分全息图也能再现物体的立体图像。图 11-12 展示的就是 2016 年央视春晚的全息投影舞台《蜀绣》的效果。

图 11-12 《蜀绣》的效果

◇ 11.5 虚拟现实开发

与游戏开发类似,虚拟现实开发通常基于虚拟现实引擎。虚拟现实引擎为实现虚拟现实项目提供一系列的工具,通常包括渲染引擎、物理引擎、碰撞检测系统、音效、计算机动画、人工智能以及场景管理。此外,还支持多种虚拟现实硬件设备,如操纵杆、数据手套、位置跟踪器等数据输入输出设备。开发引擎像一台发动机,控制各部件按照项目设计的要求顺序地调用场景资源,包括图像、模型、动画、声音、视频、材质等。虚拟现实引擎的很多模块,如渲染引擎、物理引擎、碰撞检测系统等模块,其原理和功能与游戏引擎的相关模块相同,详见10.5.3 节。

常见的虚拟现实开发引擎有以下这些。

1. Virtools

Virtools 是一款来自法国的多平台虚拟现实编辑软件,具备丰富的互动行为模块,也是最早应用于制作虚拟现实的开发工具。该软件操作简单便捷,应用范围广(游戏、虚拟现实、建筑设计、工业合作等),提供各阶层的参与者从初期产品设计、虚拟环境仿真到三维互动操作的完整体验,因此受到了很多虚拟现实开发初学者的青睐。然而 Virtools 在 2015 年已经停止更新,同时其母公司达索也关闭了在我国的官网。

2. Quest3D

Quest3D 是一款由 Act-3D 公司开发的实时三维建构工具,能提供快捷高效的实时环境交互功能。它几乎不用编写代码,所有的编辑器都是可视化、图形化的,只需简单操作就能创建自己的图形应用程序。除了强大的图形编辑功能,Quest3D 还提供物理引擎、人工智能以及数据库操作,支持力反馈设备,使得开发人员能够以最高的效率完成自己的设计。

3. Nibiru Studio

Nibiru Studio 是一款由中国睿悦信息研发的虚拟现实开发工具,面向专业的虚拟现实应用开发者。它拥有清晰的代码结构和完善的功能机制工作流,提供专业的图形渲染服务,优化三维图形渲染流程。同时,其开发流程类似 Android 应用,Android 开发人员能快速上手。Nibiru Studio 应用直接利用手机运算和传感器,只需在智能手机上装上 Nibiru 平台,同时购买 Nibiru 授权的梦镜系列眼镜,就可以体验沉浸式游戏了。目前 Nibiru 已经拥有完美世界的《神鬼幻想》、艾格拉斯的《格斗刀魂》等大型虚拟现实游戏,并积极与国内外知名虚拟现实外部设备厂商展开深度合作。

4. Unity3D

Unity3D 既是一款由 Unity Technologies 开发的多平台综合型游戏引擎,是最专业、最热门、应用最广泛的游戏开发工具之一,也是一款虚拟现实开发引擎。它可以安装于Windows、macOS X、Web 浏览器、Wii 游戏机、iPhone、iPad、Android、微软 Xbox 360 和PlayStation 3。Unity3D 包含了 NVIDIA 的 PhysX 物理引擎,能提供逼真的物理效果,拥有 DirectX 和 OpenGL 的图形最佳化技术,不需复杂的程序语言,为游戏和虚拟现实制作大幅度降低了门槛。

◈ 11.6　虚拟现实硬件设备

11.6.1　感知设备

虚拟现实的感知设备与人类的感觉器官相关,包括视觉感知设备、听觉感知设备和触觉感知设备。

1. 视觉感知设备

人获取的信息 70%～80% 来自视觉,在虚拟世界中,沉浸感主要依赖于人的视觉感官,因此视觉系统是 VR 最重要的感知通道。想要拥有逼真的 VR 视觉体验,必须借助专业的三维立体显示设备。

人类视觉系统(human visual system,HVS,如图 11-13 所示)的信息处理机制是一个十分复杂的过程,视觉信息的处理始于人眼,主要由角膜、虹膜、晶状体及视网膜组成。信息的获取来自视网膜中,物体的反射光线通过眼睛晶状体透镜,在视网膜上形成倒置图像,视网膜将光信号转变为电信号,再通过视神经传给大脑,大脑对接收到的信息进一步处理后,形成视觉。视觉系统是目前为止研究得广泛而深入的感觉系统之一。

目前视觉感知设备包括主动立体显示器、被动立体显示器、头盔显示器、桌面式显示设备、投影式显示设备等。

主动立体显示器,也称为快门式 3D 显示器,需要配合主动快门式眼镜使用。其原理是用一台投影机将左右眼画面交替显示,例如,屏幕显示左眼的画面,主动立体眼镜会同步将右眼遮住,确保所看到的画面是正确的,以此来实现左、右眼的影像分离。由于人眼的视觉暂留效应,左右眼所看到的两幅图像将会融合到一起来体现,从而产生了立体感的单幅图像。画面交替的频率非常快,人眼几乎无法感觉到画面交替过程的存在。

被动立体显示器,也称为光学偏振显示器。通过两台投影机,同时用振动相垂直的两束

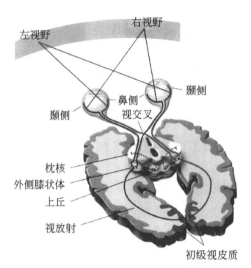

图 11-13 人类视觉系统的通路

偏振光把两幅经过立体处理的图像同步投射到银幕上。由于这两幅图像的景深略有差别，如果直接观看，所看到的画面将会是模糊不清的重影，观众需要戴上采用透光方向相互垂直的两个偏振光透镜组成的偏振眼镜观看画面，每只眼睛只看到相应的偏振光图像，即左眼只能看到位于左方的投影机放映出的画面，而右眼也只能看到右方的画面，从而得到立体影象。

头盔显示器(head mounted display，HMD)将 2 个显示器安置于头盔内部靠近眼睛的地方，分别向左右眼提供具有微小差别(双眼视差)的图像，头盔显示器随着头部运动，由位置跟踪器实时监测头部的位置和方向，计算机根据头部位置和方向绘制当前视野下的场景。由于目前技术尚不成熟，VR 硬件开发者还需借助额外的外部装置(如外部摄像头、LED 传感器等)来实现对头部位置的精确捕捉。知名的头盔显示器有 Oculus rift、HTC vive(见图 11-14)、Sony PlayStation VR 等。头盔显示器可带来绝佳的虚拟现实体验，沉浸感强，但价格昂贵，且存在眼睛疲劳、眩晕等问题。

图 11-14 HTC vive

头盔显示器可细分为非透视头盔显示器和透视头盔显示器,以上提及的 Oculus Rift、HTC vive、Sony PlayStation VR 都是非透视头盔显示器,这种头盔将现实世界屏蔽在外,为用户提供了绝佳的沉浸效果,但也容易引起眼镜疲劳、眩晕等问题。透视头盔显示器主要应用于增强现实领域,视频透视式 HMD 利用安装在头盔前部的双目摄像机获取真实环境信息,处理器在视频中实时叠加数字、文字和图形等内容。

桌面式显示设备利用中低端图形工作站及立体显示器来产生虚拟场景,尽管桌面式现实设备的沉浸感不强,缺乏完全沉浸式的效果,但由于其成本相对较低,同时也具备了投入型虚拟现实系统的技术要求,应用仍然较为普遍。

投影式显示设备的典型代表是洞穴式 VR 系统(cave automatic virtual environment,CAVE),它是一种基于投影的环绕屏幕的洞穴自动化虚拟环境系统。用户身处在该系统提供的虚拟环境中,能够来回走动,从不同的角度观察它,甚至改变它的形状。投影系统除了有 CAVE 之外,还有圆柱形或者由矩形拼接构成的投影屏幕等。该系统适合用于一些大型场所,如博物馆、艺术馆等较为空阔的地方,其系统设计复杂且价格高。

2. 听觉感知设备

听觉是人类仅次于视觉的第二大感知来源,是对视觉感知的补充。人类对客观世界的感知信息有 15% 左右来自听觉。它不仅是人们交流感情所必需的功能,而且能够让人们感知周围的环境,产生安全感。声音设备是一类计算机接口,能够在虚拟环境中为用户提供合成的声音反馈。声音设备大大增强了仿真的真实感,有了声音,虚拟现实系统的交互性、沉浸感以及用户感知图像的质量都会有明显提高。

人类听觉系统(human auditory system,HAS)能够探测到声源相对于头部的位置,以此来感知声音,如图 11-15 所示。人类的听觉感知除了声音的三要素:音强、音调和音色之外,还有声源的方向和距离信息。

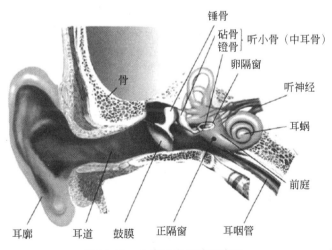

图 11-15　人类听觉系统示意图

人耳判断声源方向主要是借助头部、躯干以及耳廓等对声波的散射作用,双耳接收到的声波信号产生了差异。声音到达两只耳朵的时间差称为双耳时差(interaural time difference，ITD），声音到达两只耳朵的强度差称为双耳强度差（interaural intensity difference，IID）。声波双耳差异定义为一个包含声波信号本身以及人体物理参数的函数。此外，这些声波双耳差异函数在不同频率范围对方向定位起到的作用是不同的。

人耳对声音的距离判断是根据声源在人耳处产生的直达声响度以及环境的反射声这两个因素。声源与人耳间的距离越近，在人耳处产生的直达声响度也越高，人耳感知到声源的空间距离也就越近。环境的反射声包括早期反射声和混响声，将这些反射声、直达声以及时间因素结合考虑，才能为距离判断提供依据。除此之外，在近距离判断中，人耳感知声源距离还受声波双耳差异函数的影响，例如，耳语声虽然响度小，但仍会产生声源就在耳边的感觉。这是因为耳语声的低频缺失，并且双耳强度差和双耳时间差同时达到了极大值。

基于扬声器的三维声音是借助多扬声器听觉系统产生立体声，它产生的声音来自扬声器所定义的平面。在具有三维音效技术的声卡中，只需要利用一组喇叭或者是耳机，就可以发出逼真的立体声效，定位出环绕使用者身边不同位置的音源。这种声卡使用头部相关位置转换函数（head related transfer function，HRTF）来转换声音效果，误导大脑听到声音来自不同地方。例如，在支援声源定位的游戏中，声音是与游戏的各种环境音来源结合在一起的，当玩家在游戏中的位置发生改变时，声卡就依据玩家的相对位置来调整声波信息的发送。

3. 触觉感知设备

触觉是接触、滑动、压觉等机械刺激的总称。人依靠皮肤表面的游离神经末梢能感受温度、痛觉、触觉等多种感觉。它是人类的第五感官，也是最复杂的感官，在触觉中至少包含有11种截然不同的感觉。借助触觉技术，设备制造商可以在其设备上创造出个性化的触觉反馈，从而为使用者提供更加逼真的独特体验。

触觉感知设备是刺激人的力触觉的人机接口装置，人的力触觉包括肌肉运动觉和触觉两种感觉。力触觉设备分为触觉接口设备和力觉接口设备。触觉接口设备提供接触表面真实的触觉要素，如纹理、粗糙度、形状和温度等实时信息，它不会主动禁止用户的触摸运动，不能阻止用户穿过虚拟表面。力觉接口设备提供远程或虚拟环境中的表面柔顺性、重量和惯量信息等实时信息，它能够主动对用户的触摸行为进行抵抗并阻止。

触觉接口设备最适合于灵巧操作的任务，例如，Cyber Touch 手套（见图 11-16）能够为每个手指提供反馈信息。它的结构虽然轻巧，却能产生复杂的触觉反馈模式，大大提高用户运动的自由度，但是价格相对较高，普及率低。而力觉接口设备与触觉接口设备的主要区别在于，力觉接口设备要求能够提供真实的力来抵抗或阻止用户的运动，这就必须采用更大的激励器和更复杂的结构来实现，从而使得这类设备更复杂、更昂贵。其次，力觉接口设备需要很牢

图 11-16　Cyber Touch 手套

固地固定在某些支撑结构上，以防止滑动等安全事故。目前市面上的力觉接口设备有 Cyber Grasp 手套、ARAIG（as real as it gets）可穿戴盔甲等。

11.6.2　空间位置定位跟踪设备

　　许多计算机应用都需要获得移动对象的空间信息(位置和方向)。跟踪器是用于在 VR 中测量三维对象位置和方向实时变化的专门硬件设备。在虚拟现实环境中,通常需要测量用户头部和四肢的状态改变来控制运动、观察方向和操作对象。以头盔显示器为例,头部跟踪器被放置在用户的头部,当头部运动时,跟踪器的位置也会变化,计算机利用跟踪器改变后的位置信息来计算新的观察方向,并绘制更新后的虚拟场景。跟踪器有机械式、电磁式、超声波式、光学式以及惯性式等类型。

　　机械跟踪器是一种绝对位置传感器,是由多个带有传感器的关节连接在一起的连杆构成的运动结构,每个连杆的维数是已知的,并且可供计算机中运动学计算机模型直接使用。其工作原理为:通过机械连杆装置上的参考点与被测物体相接触的方法来检测物体位置的变化。例如,将一个端点固定在桌子或地板上,另一个端点放置在对象上,计算机就能跟踪到这个对象相对于固定端的三维位置。

　　机械跟踪器的优点是测量精度稳定,且不受声音、光线、磁场等环境因素干扰。抖动小、延迟低,不存在被跟踪对象被遮挡的问题。缺点是比较笨重,不灵活而且有一定的惯性,受到机械臂的尺寸限制,工作范围有限,并且存在工作死角问题。当同时使用多个机械跟踪器时,情况会变得更加复杂混乱。由于用户活动范围受限,只有在一些特定的应用场合(如飞行模拟训练)机械跟踪器才具有优势。

　　Animazoo Gypsy 7 简称 G7,如图 11-17 所示,是 Animazoo 公司推出的外骨骼陀螺复合产品,配有统一的动作捕获软件。G7 配有 18 个非动作捕捉控制触发器,可同时对两台设备进行捕捉,极大地提高了事件控制能力。

图 11-17　Animazoo Gypsy 7

　　电磁跟踪器是一种非接触式的空间定位设备,一般由磁场发射器、接收传感器和数据处理单元组成。其工作原理为:磁场发射器发射电磁场,固定在跟踪对象上的接收器检测到电磁场的强度和相位信息,将其转换为电信号后传送给数据处理单元,由此计算得出跟踪对象的六自由度数据。

　　电磁跟踪器的优点是体积小,重量轻,因此常用于手部运动跟踪,不受视线阻挡的限制,且价格便宜。缺点是延迟较长,极容易受到干扰,对环境中的金属物体或其他磁场敏感,由于磁场强度随距离增加而减弱,导致跟踪范围有限,同时也影响了跟踪精度。

超声波跟踪器同样是一种非接触式的空间定位设备,一般由超声波发射器、接收器和数据处理单元组成。其技术原理是超声测距,多个超声波发射器发出高频超声波脉冲,安装在跟踪目标上的接收器计算收到不同声源信号的时间差、相位差或声压差等,即可完成跟踪对象的定位与跟踪。

超声波跟踪器与电磁跟踪器相比,最大的优点是不受环境磁场和金属物质的影响,测量范围更大,且价格便宜,操作简单,可成为电磁跟踪器的廉价替代品。但缺点也较为突出,如延迟较大、实时性较差、精度不高;要求发射器与接收器间不能有遮挡物;并且受到影响空气中声波传播速度的因素,如气压、温度、湿度等影响,必须在算法中做出相应的补偿。

光学跟踪器使用光学感知来获得跟踪目标的实时空间信息。光学定位技术是目前精度最高的定位方法,其工作原理为利用感光设备来接收环境光或者控制光源所发出的光,通过接收不同时刻的投影及光源和传感器空间位置来计算跟踪对象运动的信息。

光学跟踪器可分为两类:一种是"外-内"(outside-in,OI),另一种是"内-外"(inside-out,IO)。OI式光学跟踪器的传感器固定,光源发射器安装在被跟踪对象上,这种跟踪器可直接进行位置测量,测量精度随着跟踪目标身上光源发射器之间距离的增加和跟踪目标与传感器之间距离的增加而降低。OI式光学跟踪器主要用于动画制作和生物力学中的运动捕捉。IO式光学传感器的光源发射器固定,传感器安装在跟踪目标上。它的特点是响应速度快,数据刷新频率高,适合于实时应用,并且可通过使用多个光源发射器来扩大工作范围。同时它能够敏锐地捕捉方向上的变化,因此在头盔显示器跟踪中具有优势。

惯性跟踪器一般由定向陀螺和加速度计组成,陀螺用于测量三个转动自由度的角度变化,加速度计用于测量三个平动自由度的位移。现代惯性跟踪器采用微机械学技术的固态结构,最大的优点是不需要发射源,通过运动系统内部的推算得到跟踪目标的空间信息。传统的陀螺难以满足测量精度的要求,测量误差易随时间产生角漂移,受温度影响的漂移也比较明显,新型压电式固态陀螺大幅度改善了上述问题。

11.6.3 增强现实的设备与产品

2012年,谷歌公司发布了一款AR眼镜,称为Google Project Glass,其拍照功能如图11-18所示。在宣传视频中,可以看到用户佩戴眼镜后,通过语音指令以及简单的操作,

图 11-18　Google Project Glass 拍照功能

可以实现短信、导航、拍照、电话等功能,不仅大大提高了生活便捷性,充满科技感和想象力的创意也令人向往。虽然这款眼镜的销售以失败告终,它仍然为增强现实以及虚拟现实技术提供了新的思路。

2015 年,微软公司在 Windows 10 发布会发布了一款名为 HoloLens 的 AR 眼镜,并搭载 Windows 10 系统,如图 11-19 所示。它是首个不受线缆限制的全息计算机设备,也不需要连接计算机或智能手机。HoloLens 具有全息、高清镜头、立体声等特点,通过传感器,摄像头和叠层的彩色镜片等硬件设施,能够让佩戴者看到身边或周围的全息影像,并实现交互操作。

图 11-19　HoloLens 头戴显示器

2016 年,一款由任天堂、口袋妖怪公司以及谷歌 Niantic Labs 联合制作开发的 AR 宠物养成手机游戏 *Pokemon Go* 一经推出便火爆全球,玩家可以通过智能手机对现实世界中出现的宝可梦进行探索、捕捉、战斗以及交换,如图 11-20 所示。游戏允许玩家在世界范围内进行探索,不同类型的地点能够搜索出不同属性的宝可梦。该游戏登录 Apple App Store 的第一天,就直取下载榜第一,任天堂的市场价值在游戏推出后第一周增加了 90 亿美元,墨尔本大街小巷随处可见搜索宝可梦的玩家,其火爆程度可见一斑。

图 11-20　在现实世界里捕获宝可梦

无论是不断提升的硬件设备,还是现象级的增强现实内容产品,可以预见 AR 将逐渐渗透到人们日常工作生活中。通过将虚拟信息与真实世界相结合,AR 将是科技发展的一次大变革,具有不可估量的广阔前景。

◇ 11.7 虚拟现实应用领域

11.7.1 游戏

将 VR 技术应用到游戏中,可以说是最完美的搭配。游戏天马行空的想象结合 VR 的创造性,能够为玩家打造出一个逼真、代入感十足的虚拟世界。VR 游戏不仅为玩家提供了完全沉浸式的虚拟空间,力求还原真实的视觉、听觉、触觉等感官体验,更能真正实现人与计算机的深层互动,在未知世界中自由探索创造。这与传统游戏有着很大的区别,过去玩家只能坐在屏幕前用键盘鼠标操作游戏角色,而在 VR 游戏中,玩家以第一人称视角完全置身于游戏场景中,与角色真正合二为一。

2018 年,Steam 游戏平台公布了本年度最畅销的 100 款 VR 游戏,其中 *Beat Saber* 荣登榜首。*Beat Saber* 是一款音乐打节拍游戏,游戏有着精致的游戏场景、高清的画质,还结合了创新的 VR 玩法。在游戏中玩家可以伴随着动感的音乐,使用指尖模拟光剑切开飞驰而来的方块。另一款备受好评的射击游戏 *Arizona Sunshine* 也为玩家带来了全新的射击体验,如图 11-21 所示。许多人玩过射击游戏,并且很熟练了,于是他们认为自己肯定也能玩好 VR 射击,然而事实并非如此。在 VR 中,射击时没有传统游戏中的瞄准辅助,玩家必须完全依赖自己的感觉。*Arizona Sunshine* 提供了多人模式,例如,玩家可以选择拿走所有的弹药,但是同伴就要倒霉了。实际上,很多关卡必须通过与他人合作才能完成。

图 11-21 *Arizona Sunshine* 中射击丧尸

VR 游戏固然能带给玩家更好的体验,然而在现阶段 VR 游戏都只是能为玩家们带来即时的刺激和快感,很难带来如同手游、端游等其他平台的游戏一样的流畅感。首先是玩法单一,无论是通过手势比划打击迎面而来的物块,还是拾取武器射杀扑向玩家的丧尸怪物等,玩家们的操作都过于单一。其次便是游戏时长较短,目前的 VR 游戏,大多都是只需要消耗 1~2h 即可通关,然而相比获得视听享受或者短暂的激情之外,玩家们更渴望的是如同《头号玩家》里面的那种虚拟现实世界,广阔无垠的世界,高自由度、充满探索地发现游戏乐趣,而不是无聊地"玩单机"。最后 VR 游戏存在眩晕问题,由于目前 VR 设备的限制,如刷新率以及画质等方面的影响,玩家们在游戏中进行瞬移等操作时,会出现眩晕的感觉,相当影响游戏体验。VR 游戏要想如同手游一样普及,这也是亟需解决的一大问题。

11.7.2　影视

3D 电影能够给观影者带来真实的体验。如今在电影院里,常常能看到戴着 3D 眼镜的观众不时躲避一些从镜头里飞向自己的东西,这与传统的荧幕电影有着很大不同。而随着虚拟现实技术在影视方面的不断拓展,另一种观影形式也随之产生。观众戴上虚拟现实头盔,作为参与者体验全景电影内容,既可以跟着镜头探索电影不同场景,也可以选择性地发掘其他内容。

电影《晚餐聚会》(见图 11-22),取材自 20 世纪 60 年代"美国夫妇被外星人劫持事件",是一部剧情片,同时配备了中文字幕,便于观众理解。在进行 VR 观影时,观众一开始以外星人的旁观视角居高临下地俯瞰这个家庭的晚餐宴会,自上而下落在房间里,之后可以花几分钟停下来环顾四周,切换不同方向观察几组人的对话。电影其中一个场景是丈夫进入催眠模式,在进入回忆的几秒钟,镜头会将观众的视角锁定,不会将视角转向其他方向,场景从餐桌切换到对面的窗外夜景,进入回忆中的驱车场景。此时,原有的空间消失了,新的场景从那里展开。

图 11-22　电影《晚餐聚会》

对观众而言,VR 体验的奇妙之处就在于此。VR 电影对于拍摄者而言,是全新的语言,目前还没有构成一套成熟的写作体系。它与以往的电影语言不同,导演引导观众的媒介变了,就连编剧都需要具备全景摄影的概念,用场景写剧本导出故事,这一点与传统模式(通过连贯顺畅的剪辑手段达成的表现方式)非常不同。传统模式下,观众基本上只能待在一个特定时间的特定场景中。而在《晚餐聚会》里,总共出现了三个场景——家中、夜路上、第三度空间。视角的不统一也是 VR 电影的一把双刃剑,观众可以选择性观看,非常自由,但也很可能会错失重要细节。

11.7.3　社交

Facebook 创始人马克·扎克伯格曾说:"虚拟现实不只是游戏,它将成为下一代的计算平台和社交媒介",其于 2014 年以 20 亿美元收购了 Oculus,这一举动也大大刺激了科技圈和资本市场,使得虚拟现实成为了 2015 年最受关注的新兴技术之一。人类最根本的特性是社会性,处于不同的时代,通过各式各样的社交媒介,人们表达和交流的方式也是不同的。从书信到短信,到智能手机时代的各类社交 App,社交在人们生活中占据了相当大的比例。

而虚拟现实技术能改变的不仅是游戏、观影方式，它同样能成为一种具有开拓意义的社交方式。

2018 年，来自开发商林登实验室的 *Sansar* 结束公测阶段，并以抢先体验版的形式正式免费登录游戏平台 Steam，如图 11-23 所示。在这里上，"创作者"可以管理供别人访问和体验的虚拟世界。这种世界与体验不是一个连续的虚拟空间，相反，它们更像是离散的互连虚拟环境，可通过浏览世界的地图集进行访问。*Sansar* 不仅创造了令人惊叹的环境场景，虚拟角色还集成了全身逆运动学功能，使其能够映射用户完整的身体运动。另外，语音图形能够自动同步面部动画以匹配语音模式，所有这些都有助于在 VR 中实现更多自然的社交交互。

图 11-23 *Sansar* 虚拟场景

在传统的聊天方式中，人们可以通过文字、视频、语音和对方进行交流，而 VR 将彻底改变这一方式，通过创造不同的场景，例如，和朋友在阳光明媚的沙滩上看潮起潮落，在青翠幽然的竹林间听风声与蝉鸣，在电影院观看一场声色俱佳的电影，足不出户，却能消除和朋友的距离，真实且自然地面对面交流。借助 VR 技术，甚至可以通过图片还原用户的脸部贴图和模型，也可以自由定制专属于自己的人物外型。由此可见，VR 技术应用到社交领域，不仅可以解决不同空间的问题，消除传统聊天方式的隔阂和束缚，还能够为用户提供真实的交互方式，将临场感发挥到最大限度。

2021 年 10 月 28 日，美国著名社交媒体平台 Facebook 宣布，该平台的品牌将部分更名为 Meta。Facebook 的这一举动，跟 2021 年大火的流行语"元宇宙"相关。"元宇宙"还荣获 2021 年度十大网络用语。

元宇宙，英文全称为 Metaverse，源于 Neal Stephenson 1992 年的科幻小说《雪崩》，书中描述的 Metaverse 是一个脱胎于现实世界，又与现实世界平行、相互影响，并且始终在线的虚拟世界。小说中主角通过目镜设备看到元宇宙的景象，身处于计算机绘制的虚拟世界，其中灯火辉煌，数百万人在中央大街上穿行。元宇宙的主干道与世界规则由"计算机协会全球多媒体协议组织"制定，开发者需要购买土地的开发许可证，之后便可以在自己的街区布局大街小巷，建造楼宇、公园以及各种有悖于现实物理法则的东西。小说主角以自定义的"化身"在元宇宙中活动，小说的故事情节在基于信息技术的虚拟世界中展开。

单从小说对元宇宙的描述来看，元宇宙并不是一个全新的概念，而是随着互联网技术、虚拟现实、增强现实、云计算等系列新技术的发展为计算机用户构建的一个独立于现实世界的虚拟世界。它的基本特征包括：①沉浸式体验,低延迟和拟真感让用户具有身临其境的感官体验;②虚拟化分身,现实世界的用户将在数字世界中拥有一个或多个 ID 身份;③开放式创造,用户通过终端进入数字世界,可利用海量资源展开创造活动;④强社交属性,现实社交关系链将在数字世界发生转移和重组;⑤稳定化系统,具有安全、稳定、有序的经济运行系统。本质上,元宇宙是一个覆盖范围广泛的虚拟现实系统,系统中既有现实世界的数字化复制物,也有虚拟世界的创造物。

当然,元宇宙概念的大火,还与苹果、谷歌、亚马逊、微软、Facebook 等世界计算机公司巨头对虚拟现实和增强现实技术研究加大投入密切相关。元宇宙甚至被视为继智能手机和移动互联网技术之后的下一代新技术。

当然,真正将 VR 技术与社交平台结合还面临着不少难题。首先是略显复杂的操作,用户需要佩戴一些相关的虚拟现实设备,比起简易便捷的传统社交软件,价格也是难以忽略的问题。其次是技术上的难题,如动作捕捉、面部表情识别、手势识别、场景创建等,都需要深入地研究和探索。最后是产品的运营,相较于流行的社交平台,VR 社交需要更多的推广和更有效且具吸引力的设计。VR 市场还尚未成熟,究竟 VR 能给社交生活带来怎样的改变,让我们拭目以待。

11.7.4 教育

虚拟现实技术带来的创造性同样能应用到教育领域,不仅能激发学习的探索积极性,也能打破教学时间和空间的限制。例如,谷歌公司向全世界开放的 VR 教育平台 Google Expeditions 能够将学生"运送"到地球的各个地方,"实习考察"一些标志性地标和历史遗迹。只需使用最普通的 Android 手机搭配 VR 眼镜 Cardboard,或者使用 Tango AR 手机,就能访问 Google Expeditions 里的整个课程,如图 11-24 所示。

图 11-24 Google Expeditions 课程探索海底世界

虚拟现实的沉浸性和交互性能够使学习者全身心地投入教学,更好地完成技能训练。如驾驶员模拟飞行、机械维修、外科手术模拟等,在避免了危险的同时,能够提供真实的反馈和信息,学习者可以通过重复学习直至掌握。Google 的 Daydream 实验室的其中一项实验是教人们制作咖啡(见图 11-25),实验结果表明,看视频学习的小组通常看了三遍教程,而进行 VR 训练的小组通常进行了两次教程,使用 VR 能够更快地掌握制作咖啡的技巧。一些人在真实环境中做完咖啡后,还会重新体验 VR 教程,更好地理解了虚拟训练的环境和意义。由此看来,

VR 不仅能够有效的帮助人们学习新技能,并且能帮助人们练习、巩固所学的技能。

图 11-25　Daydream 实验室咖啡制作教程

此外,虚拟现实技术无疑也是建筑与设计方面的好工具,设计者受制于现实条件的天马行空的想象力都能在虚拟现实中得到充分展现。建筑师利用计算机生成 3D 建筑模型,观众通过虚拟现实设备就能身临其境般置身于这些奇妙的建筑中。在爱尔兰的一所小学,学生们借由 VR 来构建爱尔兰历史遗址的 3D 模型,然后虚拟地访问它们。

虚拟现实与游戏强有力的结合能对学习方式产生很大的改变。基于游戏的学习是十分有效的,借助游戏的趣味性和探索性,虚拟现实可以使得学习更加深入和透彻,并使参与者产生持续的兴趣。虽然虚拟现实游戏并不是课堂上唯一的乐趣和参与来源,但它可以产生重大影响。在现实生活中无法实现的,在虚拟环境中却能够尽可能真实地呈现出来,再加上沉浸式的视觉和动觉体验更有助于提高学习能力。

虚拟现实技术使得虚拟仿真校园成为了可能,许多学校开始推行虚拟现实校园旅游,学生不需要亲临现场,就可以看到其他城市和国家的大学环境,感受校园的学习氛围和文化。虚拟现实游览使用校园及其周围环境的照片和视频,使学生能够全方位探索校园,这使得各类有实力的学校走向开放办学的模式。目前,北京大学、浙江大学、上海交通大学(见图 11-26)等著名高校都建设了虚拟校园项目。

图 11-26　上海交通大学虚拟校园

11.7.5　医疗

医学是一门实践性很强的学科,实验操作和临床试验贯穿着整个医学教学的过程,优良的实验环境教学对学生是否能够掌握该课程起到巨大的作用,而虚拟现实技术所营造的临场感以及可重复实验将对医疗教学效果有很大的提升,如虚拟解剖和虚拟手术等。除此之外,基于虚拟现实的治疗手段也是新兴技术之一。

在虚拟解剖方面,虚拟现实技术基于真实的解剖三维数据模型提供一个逼真的实验环境便于实验者理解复杂的人体结构,并附带上不同结构的注释便于更清晰的理解。此外,传统的解剖实验需要学生大量地观察真实标本和模型,从而进行解剖操作,虚拟解剖能够大大节约资源,使实验可重复操作。虚拟现实具有的强互动性也将增加学生的兴趣和专注程度,提升了教学质量以及学习的积极性。图 11-27 展示了美国加利福尼亚大学旧金山分校医学院的学生们使用 HTC vive 头盔作为虚拟现实设备学习虚拟解剖教学课程,学生能够仔细地观察人体每一部分,可以对人体进行解剖和剔除,从皮肤深入骨头,同时详细的标注可以帮助学生更好地了解肌肉、器官、神经和血管之间的相互作用。

图 11-27　学生正进行虚拟解剖课程

传统的手术训练一般采用动物实验进行实际操作,与真实的手术环境往往存在较大的偏差,不可重复进行并有一定的手术风险。而利用虚拟现实技术,训练者可以完全置身于手术场景进行外科手术训练。一家名为 Fundamental VR 的公司推出的 Fundamental Surgery 模拟器重现了实际的手术过程,并通过触觉反馈设备让医生感受手术过程中人体的触感。在手术模拟时,各种"手术"的画面和声音都将真实地呈现传来,手术中所涉及的操作工具通过一支连接到标准机械臂上的触笔来体现。当操作工具按压、探测或切入虚拟环境中的皮肤、肌肉或者骨头时,反馈臂根据不同介质带来的不同的阻力,以"亚毫米精度"向后推回用户的手,模拟医生在真实手术过程中会遇到的阻力。另外这种模拟器也可以编程引入意外情况,如意外出血或异常解剖。图 11-28 展示了虚拟关节手术的场景。

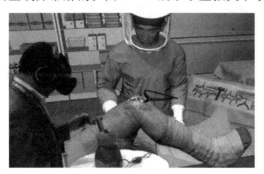

图 11-28　虚拟膝关节手术

　　基于虚拟现实的心理治疗为患者营造出一个安全可靠的环境,可以让患者不仅是以视觉和思维介入虚拟环境,还是以完整的生物个体融入到虚拟系统中,模拟很危险或挑战性很强的情景,提供一个安全的学习环境。在虚拟环境中,患者可以通过模拟一些危险或挑战性很强的情景,在错误中总结来提高学习和自我察觉能力,而不会造成任何伤害。患者在虚拟环境中感觉安全,再加上有治疗师的支持,可以毫无困难地面对自己的障碍。目前,虚拟现实可应用到恐高症、厌食症、精神分裂症以及社交障碍的治疗手段中,如图 11-29 所示。

图 11-29　虚拟现实用于恐高症治疗

11.7.6　军事

　　虚拟现实技术最早的应用就是在军事领域。军事是国家实力的直接体现,许多国家在作战模拟训练和作战环境的模拟中都投入了大量的研发时间和人力物力,不断将新兴技术应用到军事模拟训练中。2013 年,美国在布拉格堡虚拟训练场部署了"美国陆军步兵训练系统",这是第一个沉浸式虚拟训练系统,由著名游戏引擎 Unreal Engine 改造而成,能为训练人员模拟出极其逼真的作战环境以及多种作战对手,训练各种战术动作。2014 年,挪威军方使用 Oculus Rift 头戴显示器,如图 11-30 所示,让坦克驾驶员毫无盲区地看到周边的环境,并且减少了过去使用的军用摄像头带来的成本消耗。2018 年,美国海军与 Modock 公司达成合作,将 VR/AR 技术应用到海军训练、维护、生命周期工程和产品支持等方面,以提高美国海军的舰队战备能力。随着虚拟现实技术的蓬勃发展,"VR+军事"已经得到了越来越多国家的关注。

图 11-30　挪威坦克驾驶员佩戴 Oculus Rift

　　虚拟现实技术可用于生成高分辨率的三维作战区域环境,通过将航拍图片、卫星影像和数字高程数据相结合,创造出真实的战争环境和场面,参战人员在与实际环境十分贴近的模拟空间中进行训练、战术演练、推演作战过程、战术设计和评估等操作,可不断重复直至综合选择最优的作战方案。

　　此外,虚拟战场还可以解决军队面临的训练场地受限的问题。训练人员在虚拟作战环境下进行各种战术动作训练以及武器操作训练,通过携带各种传感设备,选择特定的作战环境,如高楼、街巷、丛林、沙漠等,如同参演实战一样,能够从专业技能、战术动作、应变能力以及心理承受力等各方面提高参训人员的素质。除此以外,虚拟战场将危险性大大降低,训练人员不会因为失误而受伤,人身安全得以保证。模拟武器操作训练是在虚拟环境中进行的,传统的实兵演习周期长、耗费大,并且军用物品都比较昂贵,如果利用真实设备进行训练,会对军备物品造成一定程度上的损坏和消耗,而在 VR 技术创造的虚拟场景中,所有的武器战备都是虚拟的,这不仅大大节省了开支和损耗,同时能有效地解决军队现阶段大型新式武器装备数量少的难题。美国空军的航空联合战术训练系统(AVCATT-A)是美军进行旋翼飞机作战训练的联合飞行训练模拟器。AVCATT-A 的独特之处在于它有 6 个模拟直升机座舱的房间,能在短时间内完成重构,能模拟 AH-64"阿帕奇"武装直升机、OH-58"基洛瓦勇士"侦察直升机、UH-60"黑鹰"通用直升机和 CH-47"支奴干"运输直升机等四种直升机座舱的作战任务训练,操作人员通过仪表盘面板可控制转换不同类型的模拟直升机座舱,如图 11-31 所示。

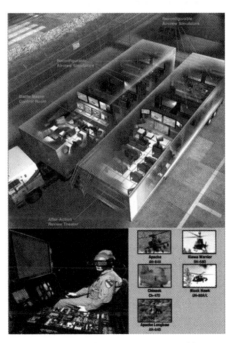

图 11-31　美军 AVCATT-A 系统

　　结合现代网络通信技术和分布式交互技术,由模拟训练指挥中心统筹协调不同区域的作战单位进行军事演练,实现跨地域的联合作战训练,是军事虚拟训练的又一大趋势。例如,美军研制的近战战术训练系统(CCTT),是美国陆军迄今为止最大的分布式交互模拟系统,如图 11-32 所示。该系统涵盖了各个方面的模拟作战车辆,为士兵提供极具真实感的模拟战场,主要培训内容包括全员模拟器、模拟指挥车、现场营指挥车、联合武装机动、广域安全战术任务等。它能够还原大量近战部队车辆进行战术训练,包括 M1"艾布拉姆斯"坦克、M2"布雷德利"战车、M3 骑兵战车、"布雷德利"火力支援车、M113 装甲输送车、重型高机动战术卡车和高机动多用途轮式车等。

图 11-32　CCTT 系统内场景

◇ 思 考 题 11

1. 什么是虚拟现实? 它有哪些特点?

2. 如何理解虚拟现实的 3I 特性?

3. 虚拟现实与增强现实是怎样的关系?

4. 简述虚拟现实的分类。

5. 简述立体视觉的原理。

6. 如何产生立体效果? 具体有哪些实现技术?

7. 如何开发虚拟现实产品?

8. 虚拟现实常用哪些感知设备?

9. 虚拟现实常用哪些空间定位与跟踪设备?

10. 在网上收集增强现实设备产品的相关信息并整理成设备调研报告。

11. 在网上收集虚拟现实在某一领域的应用情况并整理成应用调研报告。

◇ 附录 A　显示器的发展历程

1897年,诺贝尔物理学奖获得者,同时也是杰出物理学家和发明家的卡尔·布劳恩(Karl Ferdinand Braun),建造了第一个阴极射线管(CRT)。该CRT包含一个能够通过电子束触及磷光表面创造出图像的真空管。之后,此项技术被用于早期电视和计算机显示器上显示图像。1907年英国无线电研究员亨利·约瑟夫·享德(Henry Joseph Round)发现电场发光,发现奠定了LED技术发展的基础。同年,俄罗斯科学家波瑞斯·罗辛(Boris Rosing)首次运用CRT将简单的几何图像显示到了电视屏幕上。1925—1928年,苏格兰工程师约翰·罗杰·贝尔德(John Logie Baird)演示了电视的一些功能,包含传输识别人脸(1925年)、动态图像(1926年)和彩色图像(1928年)。1947年,苏联放映了电影 *Bwana Devil*(《博瓦纳的魔鬼》)并称其为"首部3D电影"。在1952—1955年,共有46部3D电影放映,包括著名的 *House of Wax*(《神秘蜡像馆》)。然而,当时3D电影劣质的视觉效果使得观众大失所望,因此也就没有流行开来。

20世纪50年代早期,电视首次显示彩色图像,包括图像的亮度和色度。1961年,德州仪器公司的罗伯特·比亚德(Robert Biard)和加里·皮特曼(Gary Pittman)为红外线LED(首个发光二极管)申请了专利。然而,该产品是人眼不可见的。1962年,尼克·何伦亚克(Nick Holonyak)发明了首个人眼可见的LED灯,被称为"LED之父"。1964年首个LCD(液晶显示器)和首个PDP(等离子显示器)双双问世。LCD技术使得平板电视成为可能。之后,美国发明家詹姆斯·弗格森(James Ferguson)对于LCD的研究促成了1972年首台液晶电视的诞生。然而等离子电视在那时并未成为可能,直到数年后数字技术的出现才实现。

1965年,E. A. Johnson研发出了世界上首个触摸屏。1967年,加拿大电影制作人齐聚蒙特利尔,通过9部电影放映机的同步放映实现了多屏的电影放映,这是第一次真正意义上的大屏电影,即IMAX。日本广播公司(NHK)在1964年东京奥运会后开始实验高清电视。在1974年,日本松下公司(Panasonic)设计出了可显示1125行像素的电视机(是标准画质的2.5倍)。之后,更大、更好的显示器不断涌现。1984年,首台Mac计算机配备了9英寸显示器,单色分辨率达512×342像素,如今Mac配置的Retina 5K,屏幕分辨率达5120×2880像素,支持十亿色彩。

1987年,OLED技术(有机发光二极管)由伊士曼·柯达公司(Eastman Kodak)的研究员发明,化学家Ching W. Tang和Steven Van Slyke是其主要的发明者。20世纪八九十年代,更轻薄的数字电视、硅基液晶电视和改良的等离子及液晶电视兴起。2007年左右,液晶电视凭借着更大的尺寸和更低廉的价格取代等离子电视,成为主流。与此同时,LED技术不断发展,LED背光技术液晶电视越来越普遍。OLED技术也不断发展,没有背光的情况下也能运作。在2014年,Apple首次在市场上发布其配备Retina Display和Retina HD Display的产品。本质上,Retina Display意味着该屏幕的分辨率太高,人眼是无法识别的。Retina屏幕应该说是一个苹果公司提出的概念,被运用于iPad、iPhone、iPod、Mac和MacBook之上。

◆ 参 考 文 献

[1] VON NEUMANN J. First draft of a report on the EDVAC[J]. IEEE Annals of the History of Computing，1993，15(4)：27-43.

[2] DENNING P J, COMER D E, GRIES D, et al. Computing as a discipline[J]. Communications of ACM，1989，32(1)：9-32.

[3] DALE NELL,LEWIS JOHN. 计算机科学概论[M]. 张欣,胡伟,译. 北京：机械工业出版社,2009.

[4] FOROUZAN BEHROUZ, MOSHARRAF FIROUZ. 计算机科学导论[M]. 刘艺,刘哲雨,译. 北京：机械工业出版社，2015.

[5] 朱青. 计算机算法与程序设计[M]. 北京：清华大学出版社,2009.

[6] CORMEN THOMAS H, LEISERSON CHARLES E, RIVEST RONALD L, et al. 算法导论[M]. 殷建平,徐云,王刚,等译. 3版. 北京：机械工业出版社,2012.

[7] KUNTH DONALD E.计算机程序设计艺术[M].李伯民,范明,蒋爱军,译.3版.北京：人民邮电出版社,2016.

[8] WEISS MARK ALLEN. 数据结构与算法分析C语言描述[M]. 冯舜玺,译. 2版，北京：机械工业出版社，2019.

[9] 战德臣,聂兰顺. 大学计算机：计算思维导论[M]. 北京：电子工业出版社,2013.

[10] SCHATZ DANIEL, BASHROUSH RABIH, WALL JULIE. Towards a more representative definition of cyber security[J]. Journal of Digital Forensics，Security and Law，2017，12(2)：53-74.

[11] 闫兴亚,刘韬,郑海昊. 数字媒体导论[M]. 北京：清华大学出版社,2012.

[12] GONZALEZ DAFAEL C, WOODS RICHARDE. 数字图像处理[M]. 阮秋琦,阮宇智,译. 3版. 北京：电子工业出版社,2017.

[13] GAZZANIGA MICHAEL S, IVRY RICHARD B, MANGUN GEORGE R. 认知神经科学[M]. 周晓林,高定国,译. 北京：中国轻工业出版社,2011.

[14] CARLSON NEIL R. 生理心理学[M]. 苏彦捷,译. 9版. 北京：中国轻工业出版社,2016.

[15] 王汝传. 计算机程序设计语言的发展[J]. 电子工程师,1999,14(11)：1-5.

[16] 杜宜同. 机器语言浅谈[J]. 电脑知识与技术，2009,5(21)：5755-5757.

[17] KUROSE J F,ROSS K W. 计算机网络：自顶向下方法[M]. 陈明,译. 6版. 北京：机械工业出版社，2014.

[18] 谢希仁. 计算机网络[M]. 6版. 北京：电子工业出版社,2013.

[19] 王晓华. 算法的乐趣[M]. 北京：人民邮电出版社,2015.

[20] TANENBAUM A S.现代操作系统[M]. 陈向群,马洪兵,译. 3版. 北京：机械工业出版社,2009.

[21] 刘乃琦,蒲晓蓉. 操作系统原理、设计及应用[M]. 北京：高等教育出版社,2008.

[22] 恽如伟. 数字游戏概论[M]. 北京：高等教育出版社,2012.

[23] 黄石. 数字游戏策划[M]. 北京：清华大学出版社,2008.

[24] 潜龙. 游戏设计概论[M]. 北京：科学出版社,2006.

[25] PARENT RICK. 计算机动画设计指南[M]. 王锐,王冠群,冷林霞,译. 北京：清华大学出版社,2013.

[26] GREGORY JASON. 游戏引擎架构[M]. 叶劲峰,译. 北京：电子工业出版社,2014.

[27] 曹华. 游戏引擎原理及应用[M]. 武汉：武汉大学出版社,2016.

[28] 詹青龙,董雪峰. 数字媒体技术导论[M]. 北京：清华大学出版社,2014.

［29］ SHREINER DAVE，SELLERS GRAHAM，KESSENICH JOHN M，et al. OpenGL programming guide：the official guide to learning openGL，version 4. 3. 8th Edition［M］. Addison-Wesley Professional. 2013.

［30］ ROST RANDI J，LICEA-KANE BILL，GINSBURG DAN，et al. OpenGL shading language［M］. 3 版. Addison-wesley Professional，2009.

图书资源支持

感谢您一直以来对清华版图书的支持和爱护。为了配合本书的使用，本书提供配套的资源，有需求的读者请扫描下方的"书圈"微信公众号二维码，在图书专区下载，也可以拨打电话或发送电子邮件咨询。

如果您在使用本书的过程中遇到了什么问题，或者有相关图书出版计划，也请您发邮件告诉我们，以便我们更好地为您服务。

我们的联系方式：

地　　址：北京市海淀区双清路学研大厦 A 座 714

邮　　编：100084

电　　话：010-83470236　010-83470237

客服邮箱：2301891038@qq.com

QQ：2301891038（请写明您的单位和姓名）

资源下载：关注公众号"书圈"下载配套资源。

资源下载、样书申请

书圈

图书案例

清华计算机学堂

观看课程直播